零基础学
三菱PLC技术

申英霞 主 编

刘克生 吴 尽 赵丽丽 副主编

化学工业出版社

·北京·

本书针对三菱 PLC 应用技术，从初学者学习角度，以视频讲解与图解相结合的方式，由浅入深，详细介绍了三菱 PLC 从编程指令、梯形图设计到工程实践的各项知识和应用技术。包括可编程控制器的硬件结构组成、软件开发环境、基本指令及应用、步进指令、功能指令、数字量、模拟量、通信、系统设计、功能模块等。书中列举了大量典型应用实例，读者可以举一反三，直接用于工控系统的设计以及解决工作岗位现场安装、操作、控制等方面遇到的问题。

本书配套视频生动讲解三菱 PLC 编程、应用的方法和技巧，扫描书中二维码即可观看视频详细学习，如同老师亲临指导。

本书可作为电工、电子技术人员和工业自动化领域的技术人员的入门读物，为电气技术人员、PLC 初学者等自学 PLC 技术提供有益的指导。

图书在版编目（CIP）数据

零基础学三菱PLC技术/申英霞主编.—北京：化学工业出版社，2020.4（2022.2重印）
ISBN 978-7-122-35977-3

Ⅰ.①零⋯　Ⅱ.①申⋯　Ⅲ.① PLC 技术　Ⅳ.① TM571.61

中国版本图书馆 CIP 数据核字（2020）第 007717 号

责任编辑：刘丽宏　　　　　　　　　　　　文字编辑：赵　越
责任校对：李雨晴　　　　　　　　　　　　装帧设计：刘丽华

出版发行：化学工业出版社（北京市东城区青年湖南街13号　邮政编码100011）
印　　装：涿州市般润文化传播有限公司
710mm×1000mm　1/16　印张23　字数515千字　2022年2月北京第1版第2次印刷

购书咨询：010-64518888　　　　　　　　　售后服务：010-64518899
网　　址：http：//www.cip.com.cn
凡购买本书，如有缺损质量问题，本社销售中心负责调换。

定　　价：89.80元

前 言

可编程控制器综合了微机电技术、电子应用技术、自动控制技术以及通信技术，是新一代的工业自动化控制装置。可编程控制器自问世以来，经过了几十年的发展，在工业自动化、生产过程控制、机电一体化、机械制造业等方面的应用非常广泛，已成为当代工业自动化控制的重要支柱之一。随着集成电路的发展和应用，PLC 将会得到更大的发展空间。

本书针对三菱 PLC 应用技术，从初学者学习角度，以视频讲解与图解相结合的方式，由浅入深，全面介绍了三菱 PLC 的基本控制原理、各编程指令系统、使用方法、编程设计及工程应用案例。

全书具有以下特点：

● 针对零基础入门，PLC 初学者可以快速上手　以工业电气控制（尤其是顺序控制）中 PLC 典型实例和实物控制原理图引入，从控制基础讲起，到编程指令应用、梯形图、程序设计，以及仿真、故障排查等，各环节循序渐进，利于读者快速学习。

● 视频教学　对梯形图设计、电路识读、仿真应用配有专业的视频讲解，扫描书中二维码即可观看视频详细学习，如同老师亲临指导。

● 典型 PLC 控制系统实例讲解　读者可以举一反三，直接用于工控系统的设计以及解决工作岗位现场安装、操作、控制等方面遇到的问题。

● 三菱 PLC 应用全覆盖　涵盖三菱 FX 系列 PLC 从编程指令、梯形图到软件仿真、工程应用全部实用知识和应用技术，书中全面系统地讲解了电器控制线路原理、小型可编程控制器的硬件结构组成、软件开发环境、部分指令、功能模块、通信、系统设计、变频器、触摸屏及综合应用实例。

本书可作为电气、电工、电子技术人员和工业自动化领域的技术人员的入门读物，为电气技术人员、PLC 初学者等自学 PLC 技术提供全面的指导。

本书由申英霞主编，由刘克生、吴尽、赵丽丽副主编，参与编写的还有蔺书兰、孔凡桂、曹振华、张校珩、王桂英、张校铭、焦凤敏、张胤涵、张振文、赵书芬、曹祥、曹铮、孔祥涛，全书由张伯虎统稿。在编写过程中，得到了相关同事和朋友的热心帮助，在此对所有参与本书编写的相关工作人员表示感谢。

因水平有限，书中不足之处在所难免，恳请广大同行批评指正（欢迎关注下方二维码及时反馈和交流）。

编者

目　录

第一章　电气控制线路原理　①

第一节　PLC输入输出用电器控制
　　　　部件 …………………………… 1
　一、各种按钮开关 ………………… 1
　二、行程开关 ……………………… 3
　三、电接点压力表 ………………… 4
　四、磁控接近类开关 ……………… 5
　五、温度开关 ……………………… 6
　六、熔断器 ………………………… 7
　七、断路器检测与应用 …………… 9
　八、小型电磁继电器与固态
　　　继电器 ………………………… 11
　九、中间继电器 …………………… 16
　十、热继电器 ……………………… 19
　十一、速度继电器 ………………… 21
　十二、接触器 ……………………… 23

　十三、电磁铁 ……………………… 29
　十四、光电耦合器 ………………… 31
第二节　电气系统控制电路 ………… 36
　一、点动控制电路 ………………… 36
　二、自锁电路 ……………………… 37
　三、互锁电路 ……………………… 37
　四、闭锁联动电路 ………………… 37
　五、三相电动机正反转电路 ……… 39
　六、三相电动机的制动电路 ……… 40
　七、三相电动机开关联锁过载
　　　保护电路 ……………………… 41
　八、三相电动机Y-△降压启动
　　　电路 …………………………… 42
　九、单相双直电容电动机正反转
　　　控制启动运行电路 …………… 43

第二章　PLC入门基础　44

第一节　三菱FX系列PLC的硬件结构
　　　　原理 ………………………… 44
　一、PLC的结构及基本配置 ……… 44
　二、FX系列PLC的工作原理 ……… 46
　三、FX系列PLC内部继电器编号
　　　及功能 ………………………… 47
　四、FX系列PLC的外部接线 ……… 59

第二节　电气控制部件在PLC中的
　　　　表示及应用 ………………… 64
　一、按钮开关在PLC中的表示及
　　　应用 …………………………… 64
　二、行程开关在PLC中的表示及
　　　应用 …………………………… 65
　三、转换开关在PLC中的表示及
　　　应用 …………………………… 65

视频页码
01，03，09，13，17，19，23，30， 31，36，37，40，41，42，64，65

四、急停按钮在PLC中的表示及
　　应用·················· 66

五、传感器在PLC中的表示及
　　应用·················· 66

六、继电器在PLC中的表示及
　　应用·················· 67

七、接触器在PLC中的表示及
　　应用·················· 67

八、信号指示灯在PLC中的表示
　　及应用·················· 67

九、三极管在PLC中的表示及
　　应用·················· 68

第三节　PLC的引入及各单元电路
　　　　梯形图·················· 69

一、PLC的引入——点动电路··· 69

二、PLC自保持（自锁）电路编程
　　举例·················· 72

三、PLC优先（互锁）电路编程
　　举例·················· 72

四、产生脉冲的PLC程序梯形图··· 75

五、单脉冲PLC程序梯形图·········· 76

六、断电延时动作的PLC程序梯
　　形图·················· 76

七、分频PLC程序梯形图·········· 77

第三章　三菱FX系列PLC的编程软件及梯形图设计　79

第四章　精通编程指令　80

第一节　基本逻辑指令·········· 80

一、触点串联指令·········· 80

二、触点并联指令·········· 81

三、串并联混合应用·········· 81

第二节　基本控制指令·········· 83

一、主控与主控复位指令·········· 83

二、多重输出指令·········· 85

三、连接驱动器指令·········· 86

四、置位复位指令·········· 87

五、脉冲指令·········· 88

第三节　步进控制指令·········· 89

一、状态元件与控制指令·········· 89

二、步进接点指令（STL）········ 90

三、步进返回指令（RET）·········· 92

第四节　选择性分支程序与并行分支
　　　　程序·················· 92

一、选择性分支程序·········· 92

二、并行分支程序·········· 95

第五节　功能指令·········· 97

一、程序流程控制指令·········· 97

二、比较指令·········· 100

三、传送指令·········· 101

四、算数运算指令·········· 102

五、移位寄存器指令·········· 104

六、数据处理指令·········· 107

七、高速处理指令·········· 111

视频页码
68，79

第六节　PLC实现单元控制设计
　　　　实例……………………116
　　一、开环电路实现门铃控制……116
　　二、自锁电路（自保持电路）与
　　　　自保持控制程序……………117
　　三、互锁程序……………………118
　　四、延时接通的定时器应用
　　　　程序……………………118
　　五、限时控制程序………………119
　　六、断开延时控制程序…………120
　　七、长延时控制程序……………120
　　八、振荡电路程序………………122

　　九、清除一组软元件数据的程序…122
　　十、数值运算程序………………124
　　十一、代数和计算程序…………124
　　十二、两地控制照明灯的开和关
　　　　　的程序………………126
　　十三、安全报警控制系统………127
　　十四、高速计数器检测速度控制
　　　　　程序………………128
　　十五、求平均数程序……………129
　　十六、启动、保持、停止、点动
　　　　　与连续运行控制程序……130
　　十七、交通灯控制程序…………131

第五章　精通PLC功能模块　135

第一节　模拟量输入模块……………135
　　一、端子排列和端子定义………135
　　二、电源的连接…………………136
　　三、FX3U可编程控制器与多台模拟
　　　　量输入模块连接的电源接线…137
　　四、FX3U-4AD模拟量输入模块
　　　　的硬件接线与软件编程……137
　　五、控制程序实例………………140
第二节　模拟量输出模块……………147
　　一、端子排列和端子定义………147
　　二、电源的连接…………………148
　　三、模拟量输出部分的端子
　　　　接线………………………149
　　四、模拟量输出…………………150
第三节　铂电阻输入模块……………158
　　一、端子排列和端子定义………158
　　二、电源的连接…………………158

　　三、铂电阻的接线………………159
　　四、温度单位的选择……………160
　　五、测定温度……………………162
　　六、基本程序举例………………163
第四节　温度传感器输入模块………163
　　一、端子排列和端子定义………163
　　二、电源的连接…………………164
　　三、温度传感器的接线…………165
　　四、程序编写……………………166
第五节　热电偶输入…………………167
　　一、端子排列和端子定义………167
　　二、电源的连接…………………168
　　三、程序编写……………………169
第六节　高速计数器模块……………170
　　一、端子排列和端子定义………170
　　二、FX3U-2HC连接器接线……171
　　三、程序示例……………………173

第六章　FX系列PLC的通信　176

第一节　FX系列PLC基本通信功能 … 176

一、FX系列PLC支持的通信

　　功能…………………………176

二、相互链接的功能…………176

三、与$N:N$网络有关的软元件及

　　其设置…………………………177

四、模式程序举例……………179

五、并联链接功能……………184

六、计算机链接功能…………186

七、变频器通信功能与程序

　　实例………………………189

八、无协议通信功能（RS.RS2

　　指令）……………………201

九、无协议通信功能

　　（RX2N-232IF）…………203

第二节　MODBUS 通信与实例 … 205

一、MODBUS协议……………205

二、程序实例…………………208

第七章　PLC系统设计　215

第一节　系统设计原则和步骤 … 215

一、设计原则…………………215

二、设计步骤…………………215

第二节　硬件设计和软件设计 … 216

一、机型选择…………………216

二、软件设计方法和步骤……217

三、PLC软件系统设计的步骤 … 218

第三节　系统安装及调试 … 219

一、系统的安装………………219

二、系统的调试………………220

第八章　三菱PLC与变频器的应用　223

第一节　认识变频器……………223

第二节　PLC以开关量方式控制变频器

　　应用实例一………………228

一、硬件接线图………………228

二、参数设置…………………228

三、软件编程…………………229

第三节　PLC以开关量方式控制变频器

　　应用实例二………………230

一、硬件接线图………………231

二、参数设置…………………231

三、软件编程…………………232

第四节　PLC以模拟量方式控制变频器

　　应用实例…………………236

第五节　三菱PLC与变频器通信应用

　　实例（RS-485）…………243

一、变频器和PLC的RS-485通

　　信口……………………244

二、硬件接线图………………246

三、通信协议…………………246

四、软件编程…………………250

第一节　三菱触摸屏型号参数及硬件
　　　　连接…………………………254
　　一、参数规格……………………254
　　二、型号含义……………………255
　　三、触摸屏与PLC等硬件设备的
　　　　连接…………………………256

第二节　三菱GT Designer触摸屏软件
　　　　的安装………………………257

第三节　触摸屏与PLC联机实例………260
　　一、硬件接线图…………………260
　　二、PLC软件编程………………261
　　三、触摸屏编程…………………261

第一节　商场照明电路…………………263
　　一、控制要求……………………263
　　二、PLC接线与编程……………263

第二节　电动机的信号灯指示
　　　　电路…………………………267
　　一、控制要求……………………267
　　二、PLC接线与编程……………268

第三节　艺术灯控制电路………………269
　　一、控制要求……………………269
　　二、PLC接线与编程……………270

第四节　站点呼叫小车PLC控制………272
　　一、控制要求……………………272
　　二、控制方案设计与编程………272

第五节　运料小车PLC控制……………274
　　一、控制要求……………………274
　　二、PLC接线与编程……………274

第六节　小车往返运行PLC控制………277
　　一、控制要求……………………277
　　二、控制方案设计与编程………278

第七节　电动机的启动停止控制………280
　　一、控制要求……………………280

二、控制方案设计与编程………280

第八节　电动机的正反转控制…………281
　　一、控制要求……………………282
　　二、PLC接线与编程……………282

第九节　三相异步电动机三速控制
　　　　电路…………………………283
　　一、控制要求……………………283
　　二、PLC接线与编程……………284

第十节　报警灯控制电路………………286
　　一、控制要求……………………286
　　二、PLC接线与编程……………286

第十一节　霓虹灯控制电路……………287
　　一、控制要求……………………287
　　二、PLC接线与编程……………288

第十二节　广告灯控制电路……………290
　　一、控制要求……………………290
　　二、控制方案设计与编程………290

第十三节　汽车自动清洗机控制
　　　　　电路………………………292
　　一、控制要求……………………292
　　二、控制方案设计与编程………292

| 视频页码 | 263，268，269，273，274，278，280
282，284，286，288，290，292 |

第十四节　抽水泵控制电路 ················ 293
　　一、控制要求 ······················ 293
　　二、PLC接线与编程 ················ 294
第十五节　搅拌机控制电路 ················ 295
　　一、控制要求 ······················ 295
　　二、控制方案设计与编程 ·········· 295
第十六节　传送带控制电路 ················ 296
　　一、控制要求 ······················ 296
　　二、控制方案设计与编程 ·········· 297
第十七节　传送带产品检测PLC
　　　　　控制 ························· 299
　　一、控制要求 ······················ 299
　　二、控制方案设计与编程 ·········· 299
第十八节　步进电机控制电路 ············ 300
　　一、控制要求 ······················ 300
　　二、PLC接线与编程 ················ 301
第十九节　乒乓球比赛PLC控制 ······ 304
　　一、控制要求 ······················ 304
　　二、控制方案设计与编程 ·········· 304
第二十节　拔河比赛PLC控制 ·········· 306
　　一、控制要求 ······················ 306
　　二、控制方案设计与编程 ·········· 306
第二十一节　知识竞赛抢答PLC
　　　　　　控制 ····················· 308
　　一、控制要求 ······················ 308
　　二、PLC接线与编程 ················ 308
第二十二节　红绿灯控制电路 ············ 310
　　一、控制要求 ······················ 310
　　二、控制方案设计与编程 ·········· 310

第二十三节　停车场剩余车位控制
　　　　　　电路 ····················· 314
　　一、控制要求 ······················ 314
　　二、控制方案设计与编程 ·········· 314
第二十四节　密码锁控制电路 ············ 315
　　一、控制要求 ······················ 315
　　二、PLC接线与编程 ················ 315
第二十五节　饮料自动售货控制
　　　　　　电路 ····················· 319
　　一、控制要求 ······················ 319
　　二、控制方案设计与编程 ·········· 319
第二十六节　闹钟控制电路 ··············· 321
　　一、控制要求 ······················ 321
　　二、控制方案设计与编程 ·········· 321
第二十七节　洗衣机控制电路 ············ 323
　　一、控制要求 ······················ 323
　　二、PLC接线与编程 ················ 323
第二十八节　液压动力台控制电路 ···· 326
　　一、控制要求 ······················ 326
　　二、控制方案设计与编程 ·········· 327
第二十九节　污水处理控制电路 ········ 328
　　一、控制要求 ······················ 328
　　二、PLC接线与编程 ················ 329
第三十节　锅炉水位控制电路 ············ 331
　　一、控制要求 ······················ 331
　　二、PLC接线与编程 ················ 331
第三十一节　五层电梯控制电路 ········ 335
　　一、控制要求 ······················ 335
　　二、PLC接线与编程 ················ 336

参考文献

视频
页码　294，295，297，299，301，304，306，309，311
314，316，319，321，323，326，329，331，335

二维码视频目录

- 1页 - 按钮开关的检测
- 3页 - 行程开关的检测
- 9页 - 断路器的检测1
- 9页 - 断路器的检测2
- 13页 - 继电器的检测
- 17页 - 中间继电器的检测
- 19页 - 热继电器的检测
- 23页 - 接触器的检测1
- 23页 - 接触器的检测2
- 30页 - 电磁铁的检测
- 31页 - 光电耦合器的检测
- 36页 - 点动控制与故障排查
- 36页 - 三相电动机点动控制电路
- 37页 - 电动机自锁控制与故障排查
- 37页 - 自锁式直接启动电路
- 40页 - 正反转电路1
- 40页 - 正反转电路2
- 41页 - 电机能耗制动电路
- 41页 - 开关联锁过载保护电路
- 42页 - Y-△降压启动电路
- 64页 - 按钮开关的检测
- 65页 - 行程开关的检测
- 65页 - 万能转换开关的检测1
- 65页 - 万能转换开关的检测2
- 68页 - 三极管的检测
- 79页 - 梯形图设计
- 79页 - 编程与仿真软件使用指导
- 79页 - GX Simulator软件的安装
- 263页 - 商场照明电路PLC应用
- 268页 - PLC接线与编程
- 269页 - 艺术灯控制电路PLC应用
- 273页 - 站点呼叫小车PLC控制
- 274页 - 运料小车PLC控制
- 278页 - 小车往返运行PLC控制
- 280页 - 电动机的启停控制
- 282页 - 电动机的正反转控制
- 284页 - 三相异步电机三速控制
- 286页 - 报警灯控制
- 288页 - 霓虹灯控制
- 290页 - 广告灯控制
- 292页 - 汽车自动清洗控制
- 294页 - 抽水泵控制
- 295页 - 搅拌机控制
- 297页 - 传送带控制
- 299页 - 传送带产品检测PLC控制
- 301页 - 步进电机控制
- 304页 - 乒乓球比赛PLC控制
- 306页 - 拔河比赛PLC控制
- 309页 - 知识竞赛抢答PLC控制
- 311页 - 红绿灯PLC控制
- 314页 - 停车场停车位控制电路
- 316页 - 密码锁PLC控制
- 319页 - 饮料自动售货PLC控制
- 321页 - 闹钟控制电路PLC应用
- 323页 - 洗衣机控制电路PLC应用
- 326页 - 液压动力台电路PLC应用
- 329页 - 污水处理电路PLC应用
- 331页 - 锅炉水位PLC控制
- 335页 - 电梯控制PLC应用

第 一 章
电气控制线路原理

第一节 PLC输入输出用电器控制部件

一、各种按钮开关

1. 按钮的用途

按钮是一种用来短时间接通或断开小电流电路的手动主令电器。由于按钮的触点允许通过的电流较小，一般不超过5A，所以在一般情况下，不直接控制主电路的通断，而是在控制电路中发出指令或信号去控制接触器、继电器等电器，再由它们去控制主电路的通断、功能转换或电气联锁，其外形如图1-1所示。

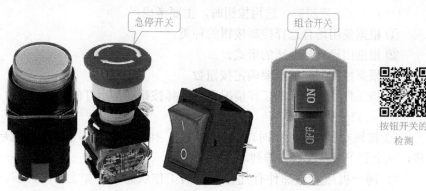

图1-1　按钮外形

2. 按钮的分类

按钮由按钮帽、复位弹簧、桥式触点和外壳等组成，通常被做成复合触点，即具有动触点和静触点。根据使用要求、安装形式、操作方式不同，按钮的种类很多。

根据触点结构不同，按钮可分为停止按钮（常闭按钮）、启动按钮（常开按钮）及复合按钮（常闭、常开组合为一组的按钮），它们的结构与符号见表1-1。

表1-1　按钮的结构与符号

名称	常闭按钮（停止按钮）	常开按钮（启动按钮）	复合按钮
结构			按钮帽 复位弹簧 支柱连杆 常闭静触点 桥式动触点 常开静触点 外壳
符号	SB	SB	SB

3. 常见故障处理及按钮选用原则

（1）常见故障处理　按钮的常见故障及处理措施如表1-2所示。

表1-2　按钮常见故障及处理措施

故障现象	故障分析	处理措施
触点接触不良	触点烧损	修正触点和更换产品
	触点表面有尘垢	清洁触点表面
	触点弹簧失效	重绕弹簧和更换产品
触点间短路	塑料受热变形，导线接线螺钉相碰短路	更换产品，并查明发热原因，如由灯泡发热所致，可降低电压
	杂物和油污在触点间形成通路	清洁按钮内部

（2）按钮选用原则　选用按钮时，主要考虑：

① 根据使用场合选择控制按钮的种类。

② 根据用途选择合适的形式。

③ 根据控制回路的需要确定按钮数。

④ 按工作状态指示和工作情况要求选择按钮和指示灯的颜色。

4. 按钮使用注意事项

① 按钮安装在面板上时，应布置整齐，排列合理，如根据电动机启动的先后顺序，从上到下或从左到右排列。

② 同一机床运动部件有几种不同的工作状态时（如上、下，前、后，松、紧等），应使每一对相反状态的按钮安装在一组。

③ 按钮的安装应牢固，安装按钮的金属板或金属按钮盒必须可靠接地。

④ 由于按钮的触点间距较小，如有油污等极易发生短路故障，因此应注意保持触点间的清洁。

二、行程开关

1. 行程开关用途

行程开关也称位置开关或限位开关。它的作用与按钮相同，特点是触点的动作不靠手，而是利用机械运动部件的碰撞使触点动作来实现接通或断开控制电路。它是将机械位移转变为电信号来控制机械运动的，主要用于控制机械的运动方向、行程大小和进行位置保护。

行程开关主要由操作机构、触点系统和外壳 3 部分构成。行程开关种类很多，一般按其机构分为直动式、转动式和微动式。常见的行程开关的外形、结构与符号见表 1-3。

行程开关的检测

表 1-3　常见的行程开关的外形、结构与符号

外形	直动式	单轮旋转式	双轮旋转式
结构	推杆　弯形片状弹簧　常开触点　常闭触点　恢复弹簧		
符号	常开触点　SQ	常闭触点　SQ	复合触点　SQ

2. 行程开关选用原则

行程开关选用时，主要考虑动作要求、安装位置及触点数量，具体如下。

① 根据使用场合及控制对象选择种类。

② 根据安装环境选择防护形式。

③ 根据控制回路的额定电压和额定电流选择系列。

④ 根据行程开关的传力与位移关系选择合理的操作形式。

3. 常见故障处理

行程开关的常见故障及处理措施见表1-4。

表1-4　行程开关的常见故障及处理措施

故障现象	故障分析	处理措施
挡铁碰撞位置开关后，触点不动作	安装位置不准确	调整安装位置
	触点接触不良或线松脱	清理触点或紧固接线
	触点弹簧失效	更换弹簧
杠杆已经偏转，或无外界机械力作用，但触点不复位	复位弹簧失效	更换弹簧
	内部撞块卡阻	清扫内部杂物
	调节螺钉太长，顶住开关按钮	检查调节螺钉

4. 行程开关使用注意事项

① 行程开关安装时，安装位置要准确，安装要牢固；滚轮的方向不能装反，挡铁与其碰撞的位置应符合控制线路的要求，并确保能可靠地与挡铁碰撞。

② 行程开关在使用中，要定期检查和保养，除去油垢及粉尘，清理触点，经常检查其动作是否灵活、可靠，及时排除故障。防止因行程开关触点接触不良或接线松脱产生误动作而导致设备和人身安全事故。

三、电接点压力表

1. 结构

电接点压力表由测量系统、指示系统、接点装置、外壳、调整装置和接线盒等组成。电接点压力表是在普通压力表的基础上加装电气装置，在设备达到设定压力时，现场指示工作压力并输出开关量信号的仪表，如图1-2所示。

图1-2　电接点压力表的结构

2. 工作原理

电接点压力表的指针和设定针上分别装有触点，使用时首先将上限和下限设定针调节至要求的压力点。当压力变化时，指示压力指针达到上限或者下限设定针时，指针上的触点与上限或者下限设定针上的触点相接触，通过电气线路发出开关量信号给其他工控设备，实现自动控制或者报警的目的。

3. 应用

由图1-3可知，闭合自动开关 QK 及开关 S，电源给控制器供电。当气缸内空气压力下降到电接点压力表"G"（低点）整定值以下时，表的指针使"中"点与"低"点接通，交流接触器 KM_1 通电吸合并自锁，气泵 M 启动运转，红色指示灯 LED_1 亮、绿色指示灯 LED_2 不亮，气泵开始往气缸里输送空气（逆止阀门打开，空气流入气缸内）。气缸内的空气压力也逐渐增大，使表的"中"点与"高"点接通，继电器 KM_2 通电吸合，其常闭触点 K_{2-0} 断开，切断交流接触器 KM_1 线圈供电，KM_1 即失电释放，气泵 M 停止运转，LED_2 熄灭，逆止阀门闭上。喷漆时，手拿喷枪端，则压力开关打开，关闭后气门开关自动闭上；当气泵气缸内的压力下降到整定值以下时，气泵 M 又启动运转。如此周而复始，使气泵气缸内的压力稳定在整定值范围，满足喷漆用气的需要。

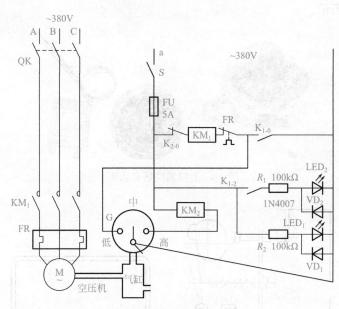

图1-3 喷漆自动压力控制电路

四、磁控接近类开关

磁控开关即磁开关入侵探测器，由永久磁铁和干簧管两部分组成。干簧管又称舌簧管，其构造是在充满惰性气体的密封玻璃管内封装2个或2个以上金属簧片。根据舌簧触点的构造不同，舌簧管可分为常开、常闭、转换三种类型。

该装置应用电路工作原理如图1-4。它可

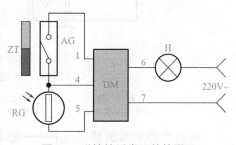

图1-4 磁控接近类开关的原理

用于仓库、办公室或其他场所作开门灯之用。当永久磁铁 ZT 与干簧管 AG 靠得很近时，由于磁力线的作用，使 AG 内两触片断开，控制器 DM 的④端无电压，照明灯 H 中无电流通过，故灯 H 熄灭。一旦大门打开，控制器 DM 开通，H 点亮。

白天由于光照较强，光敏电阻 RG 的内阻很小，即使 AG 闭合，RG 的分压也小于 1.6V，故白天打开大门，H 是不会点亮的。夜晚相当于 RG 两极开路，故控制器 DM 的④端电压高于 1.6V，H 点亮。RG 可用 MG45-32 非密封型光敏电阻，AG 可用 $\phi3\sim4$mm 的干簧管（常闭型）。

五、温度开关

1. 机械式温度开关

机械式温度开关又称旋钮温控器，实物图如图 1-5 所示。其由波纹管、感温包（测试管）、偏心轮、微动开关等组成一个密封的感应系统和一个传送信号的动力系统，如图 1-6 所示。

图1-5　旋钮温控器实物图

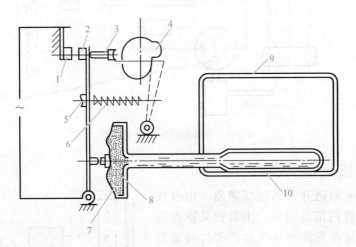

图1-6　旋钮温控器的工作原理图

1—固定触点；2—快跳活动触点；3—温度调节螺钉；4—温度调节凸轮；
5—温度范围调节螺钉；6—主弹簧；7—传动膜片；8—感温腔；9—蒸发器；10—感温管

将温度控制器的感温元件——感温管末端紧压在需要测试温度的位置表面上，

由表面温度的变化来控制开关的开、停时间。当固定触点 1 与活动触点 2 接触时（组成闭合回路），电源被接通；温度下降，使感温腔的膜片向后移动，便导致温控器的活动触点 2 离开触点 1，电源被断开。要想得到不同的温度，只要旋动温度控制旋钮（即温度高低调节凸轮）即可；改变平衡弹簧对感温囊的压力实现温度的自动控制。

2. 电子式温控器

电子式温控器感温元件为热敏电阻，所以又称为热敏电阻式温度控制器，其控温原理是将热敏电阻直接放在冰箱内适当的位置，当热敏电阻受到冰箱内温度变化的影响时，其阻值就发生相应的变化。通过平衡电桥来改变通往半导体三极管的电流，再经放大来控制压缩机运转继电器的开启，实现对温度的控制作用。控制部分的原理示意图如图 1-7 所示。

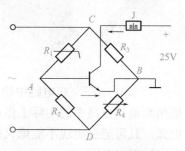

图1-7 控制部分原理示意图

图中 R_1 为热敏电阻，R_4 为电位器，J 为控制继电器。当电位器 R_4 不变时，如果温度升高，R_1 的电阻值就会变小，A 点的电位升高。R_1 的阻值越小，其电流越大，当集电极电流的值大于继电器 J 的吸合电流时，继电器吸合，J 触点接通电源。温度下降，热敏电阻则变大，其基极电流变小，集电极电流也随着变小。

六、熔断器

1. 熔断器的用途

熔断器是低压电力拖动系统和电气控制系统中使用最多的安全保护电器之一，其主要用于短路保护，也可用于负载过载保护。熔断器主要由熔体和安装熔体的熔管以及底座组成，各部分的作用如表 1-5 所示。

表1-5 熔断器各部分作用

各部分名称	材料及作用
熔体	由铅、铅锡合金或锌等低熔点材料制成，多用于小电流电路；由银、铜等较高熔点金属制成，多用于大电流电路
熔管	用耐热绝缘材料制成，在熔体熔断时兼有灭弧的作用
底座	用于固定熔管和外接引线

熔体在使用时应串联在需要保护的电路中，熔体是用铅、锌、铜、银、锡等金属或电阻率较高、熔点较低的合金材料制作而成的。如图 1-8 所示为熔断器实物。

2. 熔断器选用原则

在低压电气控制电路选用熔断器时，我们常常只考虑熔断器的主要参数，如额定电流、额定电压和熔体的额定电流。

① 额定电流 在电路中熔断器能够正常工作而不损坏时所通过的最大电流，该电流由熔断器各部分在电路中长时间正常工作时的温度所决定。因此在选用熔断器

的额定电流时不应小于所选用熔体的额定电流。

图1-8　熔断器实物

② 额定电压　在电路中熔断器能够正常工作而不损坏时所承受的最高电压。如果熔断器在电路中的实际工作电压大于其额定电压，那么熔体熔断时有可能会引起电弧，且可能会出现不能熄灭的恶果。因此在选用熔断器的额定电压时应高于电路中实际工作电压。

③ 熔体的额定电流　在规定的工作条件下，长时间流过熔体而熔体不损坏的最大安全电流。实际使用中，额定电流等级相同的熔断器可以选用若干等级不同的熔体电流。根据不同的低压熔断器所要保护的负载，选择熔体电流的方法也有所不同，如表 1-6 所示。

表1-6　低压熔断器熔体选用原则

保护对象	选用原理
电炉和照明等电阻性负载短路保护	熔体的额定电流等于或稍大于电路的工作电流
保护单台电动机	考虑到电动机所受启动电流的冲击，熔体的额定电流应大于等于电动机额定电流的1.5～2.5倍。一般，轻载启动或启动时间短时选用1.5倍，重载启动或启动时间较长时选2.5倍
保护多台电动机	熔体的额定电流应大于等于容量最大电动机额定电流的1.5～2.5倍与其余电动机额定电流之和
保护配电电路	防止熔断器越级动作而扩大断路范围后，后一级熔体的额定电流比前一级熔体的额定电流至少要大一个等级

3. 熔断器常见故障及处理措施

低压熔断器的好坏判断：用指针万用表电阻挡测量，若熔体的电阻值为零说明熔体是好的；若熔体的电阻值不为零说明熔体损坏，必须更换熔体。低压熔断器的常见故障及处理措施如表 1-7 所示。

表1-7　熔断器的常见故障及处理措施

故障现象	故障分析	处理措施
电路接通瞬间，熔体熔断	熔体电流等级选择过小	更换熔体
	负载侧短路或接地	排除负载故障
	熔体安装时受机械损伤	更换熔体
熔体未见熔断，但电路不通	熔体或接线座接触不良	重新连接

七、断路器检测与应用

1. 断路器的用途

各类型断路器如图1-9所示。低压断路器又称自动空气开关或自动空气断路器，是一种重要的控制和保护电器，主要用于交直流低压电网和电力拖动系统中，既可手动又可电动分合电路。它集控制和多种保护功能于一体，可对电路或用电设备实现过载、短路和欠电压等保护，也可以用于不频繁地转换电路及启动电动机。低压断路器主要由触点、灭弧系统和各种脱扣器3部分组成。常见的低压断路器外形结构及用途见表1-8。

表1-8　低压断路器外形结构及用途

名称	框架式	塑料外壳式
结构图	电磁脱扣器　按钮　自由脱扣器　动触点　静触点　热脱扣器　接线柱	DW10系列　DW16系列
用途	适用于手动不频繁地接通和断开容量较大的低压网络和控制较大容量的电动机（电力网主干线路）	适用于配电线路的保护开关以及电动机和照明线路的控制开关等（电气设备控制系统）

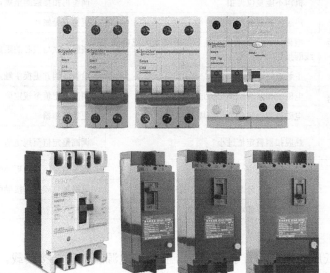

断路器
的检测1

断路器
的检测2

图1-9　断路器实物

2. 断路器的选用原则

在低压电气控制电路中选用低压断路器时，常常只考虑低压断路器的主要参数，如额定电流、额定电压和壳架等级额定电流。

① 额定电流　低压断路器的额定电流应不小于被保护电路的计算负载电流，即用于保护电动机时，低压断路器的长延时电流整定值等于电动机额定电流；用于保护三相笼型异步电动机时，其瞬时整定电流等于电动机额定电流的 8 ～ 15 倍，倍数与电动机的型号、容量和启动方法有关；用于保护三相绕线式异步电动机时，其瞬间整定电流等于电动机额定电流的 3 ～ 6 倍。

② 额定电压　低压断路器的额定电压应不高于被保护电路的额定电压，即低压断路器欠电压脱扣器额定电压等于被保护电路的额定电压，低压断路器分励脱扣器额定电压等于控制电源的额定电压。

③ 壳架等级额定电流　低压断路器的壳架等级额定电流应不小于被保护电路的计算负载电流。

用于保护和控制不频繁启动的电动机时，还应考虑断路器的操作条件和使用寿命。

3. 断路器的常见故障及处理措施

断路器的常见故障及处理措施见表1-9。

表1-9　断路器的常见故障及处理措施

故障现象	故障分析	处理措施
不能合闸	欠压脱扣无电压和线圈损坏	检查施加电压和更换线圈
	储能弹簧力过大	更换储能弹簧
	反作用弹簧力过大	重新调整
	机构不能复位再扣	调整再扣接触面至规定值
电流达到整定值，断路器不动作	热脱扣器双金属片损坏	更换双金属片
	电磁脱扣器的衔铁与铁芯的距离太大或电磁线圈损坏	调整衔铁与铁芯的距离或更换断路器
	主触点熔焊	检查原因并更换主触点
启动电动机时断路器立即分断	电磁脱扣器瞬动整定值过小	调高整定值至规定值
	电磁脱扣器某些零件损坏	更换脱扣器
断路器闭合后经一定时间自行分断	热脱扣器整定值过小	调高整定值至规定值
断路器温升过高	触点压力过小	调整触点压力或更换弹簧
	触点表面过分磨损或接触不良	更换触点或整修接触面
	两个导电零件连接螺钉松动	重新拧紧

4. 断路器使用注意事项

① 安装时低压断路器垂直于配电板，上端接电源线，下端接负载。

② 低压断路器在电气控制系统中若作为电源总开关或电动机的控制开关，则必

须在电源进线侧安装熔断器或刀开关等，这样可出现明显的保护断点。

③ 低压断路器在接入电路后，在使用前应将防锈油脂擦在脱扣器的工作表面上；设定好脱扣器的保护值后，不允许随意改动，避免影响脱扣器保护值。

④ 低压断路器在使用过程中分断短路电流后，要及时检修触点，若发现电灼烧痕现象，应及时修理或更换。

⑤ 定期清扫断路器上的积尘和杂物，定期检查各脱扣器的保护值，定期给操作机构添加润滑剂。

八、小型电磁继电器与固态继电器

1. 小型电磁继电器

（1）结构　继电器是具有隔离功能的自动开关元件，广泛应用于遥控、遥测、通信、自动控制、机电一体化及电力电子设备中，是最重要的控制元件之一。电磁继电器如图1-10所示。

图1-10　电磁继电器实物图

（2）电磁继电器的主要技术参数

① 额定工作电压和额定工作电流　额定工作电压是指继电器在正常工作时线圈两端所加的电压，额定工作电流是指继电器在正常工作时线圈需要通过的电流。使用中必须满足线圈对工作电压、工作电流的要求，否则继电器不能正常工作。

② 线圈直流电阻　线圈直流电阻是指继电器线圈直流电阻的阻值。

③ 吸合电压和吸合电流　吸合电压是指使继电器能够产生吸合动作的最小电压值，吸合电流是指使继电器能够产生吸合动作的最小电流值。为了确保继电器的触点能够可靠吸合，必须给线圈加上稍大于额定电压（电流）的实际电压（电流）值，但也不能太高，一般为额定值的1.5倍，否则会导致线圈损坏。

④ 释放电压和释放电流　释放电压是指使继电器从吸合状态到释放状态所需的最大电压值，释放电流是指使继电器从吸合状态到释放状态所需的最大电流值。为保证继电器按需要可靠地释放，在继电器释放时，其线圈所加的电压（电流）必须小于释放电压（电流）。

⑤ 触点负荷　触点负荷是指继电器触点所允许通过的电流和所加的电压，也就是触点能够承受的负载大小。在使用时，为避免触点过电流损坏，不能用触点负荷小的继电器去控制负载大的电路。

⑥ 吸合时间　吸合时间是指给继电器线圈通电后，触点从释放状态到吸合状态所需要的时间。

（3）电磁继电器的识别

根据线圈的供电方式，电磁继电器可以分为交流电磁继电器和直流电磁继电器两种，交流电磁继电器的外壳上标有"AC"字符，而直流电磁继电器的外壳上标有"DC"字符。根据触点的状态，电磁继电器可分为常开型继电器、常闭型继电器和转换型继电器三种。三种电磁继电器的图形符号如表1-10所示。

表1-10　电磁继电器的图形符号

线圈符号	触点符号	
KR	KR-1	常开触点（动合），称H型
	KR-2	常闭触点（动断），称D型
	KR-3	转换触点（切换），称Z型
KR_1	KR_{1-1}　　KR_{1-2}　　KR_{1-3}	
KR_2	KR_{2-1}　　KR_{2-2}	

常开型继电器也称动合型继电器，通常用"合"字的拼音字头"H"表示，此类继电器的线圈没有电流时，触点处于断开状态，当线圈通电后触点就闭合。

常闭型继电器也称动断型继电器，通常用"断"字的拼音字头"D"表示，此类继电器的线圈没有电流时，触点处于接通状态，当线圈通电后触点就断开。

转换型继电器用"转"字的拼音字头"Z"表示，转换型继电器有3个一字排开的触点，中间的触点是动触点，两侧的是静触点，此类继电器的线圈没有导通电流时，动触点与其中的一个静触点接通，而与另一个静触点断开；当线圈通电后动触点移动，与原闭合的静触点断开，与原断开的静触点接通。

电磁继电器按控制路数可分为单路继电器和双路继电器两大类。双控型电磁继电器就是设置了两组可以同时通断的触点的继电器，其结构及图形符号如图1-11所示。

2. 固态继电器

（1）固态继电器的作用　固态继电器（SSR）是一种全电子电路组合的元件，它依靠半导体器件和电子元件的电磁和光特性来完成其隔离和继电切换功能。固态继电器与传统的电磁继电器相比，是一种没有机械、不含运动零部件的继电器，但具有与电磁继电器本质上相同的功能。固态继电器的输入端用微小的控制信号直接驱动大电流负载，被广泛应用于自动化控制，如电炉加热系统、热控机械、遥控机械、电机、电磁阀以及信号灯、闪烁器、舞台灯光控制系统、医疗器械、复印机、洗衣机、消防保安系统等都有大量应用。固态继电器的外形如图 1-12 所示。

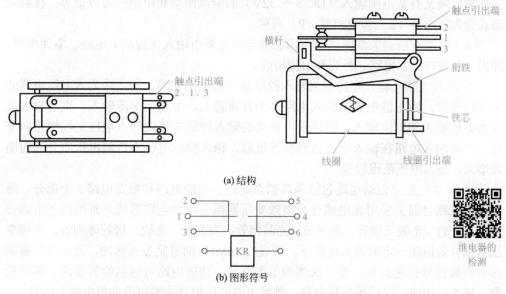

(a) 结构

(b) 图形符号

图1-11　双控型电磁继电器的结构及图形符号

图1-12　固态继电器的外形

（2）固态继电器的特点　固态继电器的特点如下：一是输入控制电压低（3～14V），驱动电流小（3～15mA），输入控制电压与 TTL、DTL、HTL 电平兼容，直流或脉冲电压均能作输入控制电压；二是输出与输入之间采用电隔离，可在以弱控强的同时，实现强电与弱电完全隔离，两部分之间的安全绝缘电压大于 2kV，符合国际电气标准；三是输出无触点、无噪声、无火花、开关速度快；四是输出部分内部一般含有 RC 过电压吸收电路，以防止瞬间过电压而损坏固态继电器；五是过零触发型固态继电器对外界的干扰非常小；六是采用环氧树脂全灌封装，具有防尘、耐湿、寿命长等优点。因此，固态继电器已广泛应用在各个领域，不仅可以用于加热管、红外灯管、照明灯、电机、电磁阀等负载的供电控制，而且可以应用到电磁继电器无法应用的单片机控制等领域，将逐步替代电磁继电器。

（3）固态继电器的分类　交流固态继电器按开关方式分为电压过零导通型（简称过零型）和随机导通型（简称随机型）；按输出开关元件分为双向晶闸管输出型

13

（普通型）和单向晶闸管反并联型（增强型）；按安装方式分为印制电路板上用的针插式（自然冷却，不必带散热器）和固定在金属底板上的装置式（靠散热器冷却）；另外输入端又有宽范围输入（DC 3～32V）的恒流源型和串电阻限流型等；按触发形式分为零压型（Z）和调相型（P）两种。

（4）固态继电器的电路结构　固态继电器主要由输入（控制）电路、驱动电路、输出（负载控制）电路、外壳和引脚构成。

① 输入电路　输入电路是为输入控制信号提供的回路，使之成为固态继电器的触发信号源。固态继电器的输入电路多为直流输入，个别为交流输入。直流输入又分为阻性输入和恒流输入。阻性输入电路的输入控制电流随输入电压呈线性正向变化，恒流输入电路在输入电压达到预置值后，输入控制电流不再随电压的升高而明显增大，输入电压范围较宽。

② 驱动电路　驱动电路包括隔离耦合电路、功能电路和触发电路3个部分。隔离耦合电路目前多采用光电耦合和高频变压器耦合两种电路形式。常用的光电耦合器有发光管-光敏三极管、发光管-光晶闸管、发光管-光敏二极管阵列等。高频变压器耦合是指在一定的输入电压下，形成约10MHz的自励振荡脉冲，通过变压器磁芯将高频信号传递到变压器二次侧的工作方式。功能电路可包括检波整流、零点检测、放大、加速、保护等各种电路。触发电路的作用是给输出器件提供触发信号。

③ 输出电路　固态继电器的功率开关直接接入电源与负载端，实现对负载电源的通断切换，主要使用大功率三极管（开关管-Transistor）、单向晶闸管（Thyristor或SCR）、双向晶闸管（Triac）、大功率场效应管（MOSFET）和绝缘栅型双极晶体管（IGBT）。固态继电器的输出电路也可分为直流输出电路、交流输出电路和交直流输出电路等形式。按负载类型，可分为直流固态继电器和交流固态继电器。直流输出时可使用双极性器件或功率场效应管，交流输出时通常使用两只晶闸管或一只双向晶闸管。交流固态继电器又可分为单相交流固态继电器和三相交流固态继电器。交流固态继电器按导通与关断的时机，可分为随机型交流固态继电器和过零型交流固态继电器。

目前，直流固态继电器的输出器件主要使用大功率三极管、大功率场效应管、IGBT等，交流固态继电器的控制器件主要使用单向晶闸管、双向晶闸管等。

接触发方式，交流固态继电器又分为过零触发型和随机导通型两种。其中，过零触发型交流固态继电器是当控制信号输入后，在交流电源经过零电压附近时导通，不仅干扰小，而且导通瞬间的功耗小。随机导通型交流固态继电器则是在交流电源的任一相位上导通或关断，因此在导通瞬间要能生产较大的干扰，并且它内部的晶闸管容易因功耗大而损坏。按采用的输出器件不同，交流固态继电器分为双向晶闸管普通型和单向晶闸管反并联增强型两种。单向晶闸管具有阻断电压高和散热性能好等优点，多被用来制造大电流产品和用于感性、容性负载中。

（5）固态继电器的主要参数

① 输入电流（电压）　输入流过的电流值（产生的电压值），一般标示全部输入

电压（电流）范围内的输入电流（电压）最大值；在特殊声明的情况下，也可标示额定输入电压（电流）下的输入电流（电压）值。

② 接通电压（电流） 使固态继电器从关断状态转换到接通状态的临界输入电压（电流）值。

③ 关断电压（电流） 使固态继电器从接通状态转换到关断状态的临界输入电压（电流）值。

④ 额定输出电流 固态继电器在环境温度、额定电压、功率因数、有无散热器等条件下，所能承受的电流最大的有效值。一般生产厂家都提供热降曲线，若固态继电器长期工作在高温状态下（40～80℃），用户可根据厂家提供的最大输出电流与环境温度曲线数据，考虑降额使用来保证它的正常工作。

⑤ 最小输出电流 固态继电器可以可靠工作的最小输出电流，一般只适用于晶闸管输出的固态继电器，类似于晶闸管的最小维持电流。

⑥ 额定输出电压 固态继电器在规定条件下所能承受的稳态阻性负载的最大允许电压的有效值。

⑦ 瞬态电压 固态继电器在维持其关断的同时，能承受而不致造成损坏或失误导通的最大输出电压。超过此电压可以使固态继电器导通，若满足电流条件则是非破坏性的。瞬态持续时间一般不做规定，可以在几秒的数量级，受内部偏置网络功耗或电容器额定值的限制。

⑧ 输出电压降 固态继电器在最大输出电流下，输出两端的电压降。

⑨ 输出接通电阻 只适用于功率场效应管输出的固态继电器，由于此种固态继电器导通时输出呈线性电阻状态，故可以用输出接通电阻来替代输出电压降表示输出的接通状态，一般采用瞬态测试法测试，以减少温升带来的测试误差。

⑩ 输出漏电流 固态继电器处于关断状态，施加额定输出电压时流过输出端的电流。

⑪ 过零电压 只适用于交流过零型固态继电器，表征其过零接通时的输出电压。

⑫ 电压指数上升率 固态继电器输出端能够承受的不至于使其接通的电压上升率。

⑬ 接通时间 从输入到达接通电压时起，到负载电压上升到90%的时间。

⑭ 关断时间 从输入到达关断电压时起，到负载电压下降到10%的时间。

⑮ 电气系统峰值 重复频率10次/s，试验时间1min，峰值电压幅度600V，峰值电压波形为半正弦、宽度10μs，正反向各进行1次。

⑯ 过负载 一般为1次/s、脉宽100ms、10次，过载幅度为额定输出电流的3.5倍，对于晶闸管输出的固态继电器也可按晶闸管的标示方法，单次、半周期，过载幅度为10倍额定输出电流。

⑰ 功耗 一般包括固态继电器所有引出端电压与电流乘积的和。对于小功率固态继电器可以分别标示输入功耗和输出功耗，而对于大功率固态继电器则可以只标示输出功耗。

⑱ 绝缘电压（输入／输出） 固态继电器的输入和输出之间所能承受的隔离电压的最小值。

⑲ 绝缘电压（输入、输出同底部基板之间） 固态继电器的输入、输出同底部基板之间所能承受的隔离电压和最小值。

表1-11和表1-12列出了几种ACSSR和DCSSR的主要性能参数，可供选用时参考。表中，两个重要参数为输出负载电压和输出负载电流，在选用器件时应加以注意。

表1-11　几种ACSSR的主要参数

参数 型号	输入 电压/V	输入 电流/mA	输出负载 电压/V	断态漏 电流/mA	输出负载 电流/A	通态压降 /V
V23103-S 2192-B402	3～30	<30	24～280	4.5	2.5	1.6
G30-202P	3～28		75～250	<10	2	1.6
GTJ-1AP	3～30	<30	30～220	<5	1	1.8
GTJ-2.5AP	3～30	<30	30～220	<5	2.5	1.8
SP1110		5～10	24～140	<1	1	
SP2210		10～20	24～280	<1	2	
JGX-10F	3.2～14	20	25～250	10	10	

表1-12　几种DCSSR主要参数

参数名称 \ 型号	#675	GTJ-0.5DP	GTJ-1DP	16045580
输入电压/V	10～32	6～30	6～30	5～10
输入电流/mA	12	3～30	3～30	3～8
输出负载电压/V	4～55	24	24	25
输出负载电流/A	3	0.5	1	1
断态漏电流	4mA	10μA	10μA	
通态压降/V	2（2A时）	1.5（1A时）	1.5（1A时）	0.6
开通时间/μs	500	200	200	
关断时间/ms	2.5	1	1	

九、中间继电器

1. 中间继电器外形及结构

交直流中间继电器，常见的有JZ7，其结构如图1-13、图1-14所示。它是整体结构，采用螺管直动式磁系统及双断点桥式触点。基本结构交直通用，交流铁芯为平顶形；直流铁芯与衔铁为圆锥形接触面，以获得较平坦的吸力特性。触点采用直列式布置，对数可达8对，可按6开2闭、4开4闭或2开6闭任意组合。变换反力弹簧的反作用力，可获得动作特性的最佳配合。如图1-15所示为中间继电器实物。

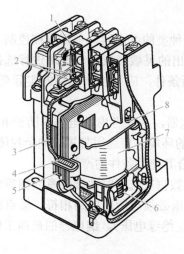

中间继电器
的检测

图1-13　JZ系列中间继电器

1—常闭触点；2—常开触点；3—动铁芯；4—短路环；5—静铁芯；6—反作用弹簧；7—线圈；8—复位弹簧

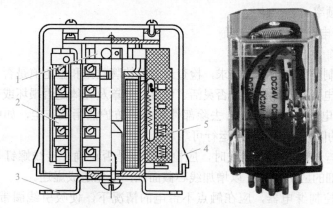

图1-14　电磁式中间继电器结构

1—衔铁；2—触点系统；3—支架；4—罩壳；5—电压线圈

图1-15　中间继电器实物

2. 中间继电器选用原则

① 种类、型号与使用类别　　选用什么种类的继电器，主要看被控制和保护对象的工作特性；而型号主要依据控制系统提出的灵敏度或精度要求进行选择；使用类别决定了继电器所控制的负载性质及通断条件，应与控制电路的实际要求相比较，视其能否满足需要。

② 使用环境　　根据使用环境选择继电器，主要考虑继电器的防护和使用区域。如对于含尘埃及腐蚀性气体、易燃、易爆的环境，应选用带罩壳的全封闭式继电器。对于高原及湿热带等特殊区域，应选用适合其使用条件的产品。

③ 额定数据和工作制　　继电器的额定数据在选用时主要注意线圈额定电压、触点额定电压和触点额定电流。线圈额定电压必须与所控电路相符。触点额定电压可为继电器的最高额定电压（即继电器的额定绝缘电压）。继电器的最高工作电流一般小于该继电器的额定发热电流。

继电器一般适用于 8 小时工作制（间断长期工作制）、反复短时工作制和短时工作制。在选用反复短时工作制时，由于吸合时有较大的启动电流，所以使用频率应低于额定操作频率。

3. 中间继电器使用注意事项

（1）安装前的检查

① 根据控制电路和设备的要求，检查继电器铭牌数据和整定值是否与要求相符。

② 检查继电器的活动部分是否灵活、可靠，外罩及壳体是否损坏或有短缺件等。

③ 清洁继电器表面的污垢，去除部件表面的防护油脂及灰尘，如中间继电器双E 形铁芯表面的防锈油，以保证运行可靠。

（2）安装与调整　　安装接线时，应检查接线是否正确，接线螺钉是否拧紧；对于导线线芯很细的应折一次，以增加线芯截面积，以免造成虚连。

对电磁式控制继电器，应在触点不带电的情况下，使吸引线圈带电操作几次，看继电器动作是否可靠。

对电流继电器的整定值作最后的校验和整定，以免造成其控制及保护失灵而出现严重事故。

（3）运行与维护　　定期检查继电器各零部件有无松动、卡住、锈蚀、损坏等现象，一经发现及时修理。

经常保持触点清洁与完好，在触点磨损至 1/3 厚度时应考虑更换。触点烧损应及时修理。

如在选择时估计不足，使用时控制电流超过继电器的额定电流，或为了使工作更加可靠，可将触点并联使用。如需要提高分断能力（一定范围内），也可用触点并联的方法。

4. 中间继电器常见故障与处理措施

电磁式继电器的结构和接触器十分接近，其故障的检修可参照接触器进行。下面只对不同之处作简单介绍。

触点虚连现象：长期使用中，油污、粉尘、短路等现象造成触点虚连，有时会产生重大事故。这种故障一般检查时很难发现，除非进行接触可靠性试验。为此，对于继电器用于特别重要的电气控制回路时应注意下列情况：

① 尽量避免用 12V 及以下的低压电作为控制电压。在这种低压控制回路中，因虚连引起的事故较常见。

② 控制回路采用 24V 作为额定控制电压时，应将其触点并联使用，以提高工作可靠性。

③ 控制回路必须用低电压控制时，以采用 48V 较优。

十、热继电器

1. 热继电器外形及结构

热继电器是利用电流的热效应来推动机构使触点闭合或断开的保护电器，主要用于电动机的过载保护、断相保护、电流的不平衡运行保护及其他电气设备发热状态的控制。常见的双金属片式热继电器的外形、结构、符号如图 1-16 所示。如图 1-17 所示为热继电器实物。

热继电器的检测

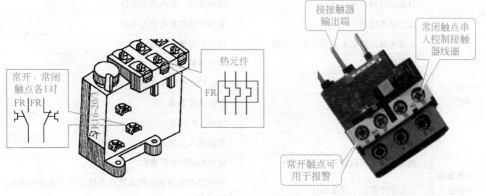

图1-16　热继电器的外形、结构、符号

图1-17　热继电器实物

2. 热继电器的选用原则

热继电器的技术参数主要有额定电压、额定电流、整定电流和热元件规格，选用时，一般只考虑其额定电流和整定电流两个参数，其他参数只有在特殊要求时才考虑。

① 额定电压是指热继电器触点长期正常工作所能承受的最大电压。

② 额定电流是指热继电器允许装入热元件的最大额定电流。根据电动机的额定电流选择热继电器的规格，一般应使热继电器的额定电流略大于电动机的额定电流。

③ 整定电流是指长期通过热元件而热继电器不动作的最大电流。一般情况下，热元件的整定电流为电动机额定电流的 0.95 ~ 1.05 倍；若电动机拖动的是冲击性负载或启动时间较长及拖动设备不允许停电的场合，热继电器的整定电流值可取电动机额定电流的 1.1 ~ 1.5 倍；若电动机的过载能力较差，热继电器的整定电流可取电动机额定电流的 0.6 ~ 0.8 倍。

④ 当热继电器所保护的电动机绕组是 Y 形接法时，可选用两相结构或三相结构的热继电器；当电动机绕组是△形接法时，必须采用三相结构带端相保护的热继电器。

3. 常见故障与处理措施

热继电器的常见故障及处理措施见表 1-13。

表 1-13 热继电器的常见故障及处理措施

故障现象	故障分析	处理措施
热元件烧断	负载侧短路，电流过大	排除故障，更换热继电器
	操作频率过高	更换合适参数的热继电器
热继电器不动作	热继电器的额定电流值选用不合适	按保护容量合理选用
	整定值偏大	合理调整整定值
	动作触点接触不良	消除触点接触不良因素
	热元件烧断或脱焊	更换热继电器
	动作机构卡阻	消除卡阻因素
	导板脱出	重新放入并调试
热继电器动作不稳定，时快时慢	热继电器内部机构某些部件松动	将这些部件加以紧固
	在检查中弯折了双金属片	用两倍电流预试几次或将双金属片拆下来热处理以除去内应力
	通电电流波动太大，或接线螺钉松动	检查电源电压或拧紧接线螺钉
热继电器动作太快	整定值偏小	合理调整整定值
	电动机启动时间过长	按启动时间要求，选择具有合适的可返回时间的热继电器
	连接导线太细	选用标准导线
	操作频率过高	更换合适的型号
	使用场合有强烈冲击和振动	采取防振措施
	可逆转频繁	改用其他保护方式
	安装热继电器与电动机环境温差太大	按两低温差情况配置适当的热继电器
主电路不通	热元件烧断	更换热元件或热继电器
	接线螺钉松动或脱落	紧固接线螺钉

续表

故障现象	故障分析	处理措施
控制电路 不通	触点烧坏或动触点片弹性消失	更换触点或弹簧
	可调整式旋钮在不合适的位置	调整旋钮或螺钉
	热继电器动作后未复位	按动复位按钮

4. 热继电器使用注意事项

① 必须按照产品说明书中规定的方式安装，安装处的环境温度应与所处环境温度基本相同。当与其他电器安装在一起时，应注意将热继电器安装在其他电器的下方，以免其动作特性受到其他电器发热的影响。

② 热继电器安装时，应清除触点表面尘污，以免因接触电阻过大或电路不通而影响热继电器的动作性能。

③ 热继电器出线端的连接导线应符合标准。导线过细，轴向导热性差，热继电器可能提前动作；反之，导线过粗，轴向导热快，继电器可能滞后动作。

④ 使用中的热继电器应定期通电校验。

⑤ 热继电器在使用中应定期用布擦净尘埃和污垢，若发现双金属片上有锈斑，应用清洁棉布蘸汽油轻轻擦除，切忌用砂纸打磨。

⑥ 热继电器在出厂时均调整为手动复位方式，如果需要自动复位，只要将复位螺钉顺时针方向旋转 3 ~ 4 圈，并稍微拧紧即可。

十一、速度继电器

1. 速度继电器的作用及基本原理

速度继电器是当转速达到规定值时触点动作的继电器，主要用于电动机反接制动控制电路中。故速度继电器又称反接制动继电器。速度继电器的结构如图 1-18 所示，实物图如图 1-19 所示。

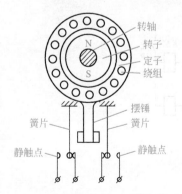

图1-18　速度继电器结构图　　　　图1-19　速度继电器实物图

速度继电器的轴与电动机的轴连接在一起，轴上有圆柱形永久磁铁，永久磁铁的外边有嵌着笼型绕组可以转动一定角度的外环。

当速度继电器由电动机带动时，它的永久磁铁的磁通切割外环的笼型绕组，在其中感应电势与电流。此电流又与永久磁铁的磁通相互作用产生作用于笼型绕组的力而使外环转动。和外环固定在一起的支架上的顶块使动合触点闭合，动断触点断开。速度继电器外环的旋转方向由电动机确定，因此，顶块可向左拨动触点，也可向右拨动触点使其动作，当速度继电器轴的速度低于某一转速时，顶块便恢复原位，处于中间位置。如图1-20所示。

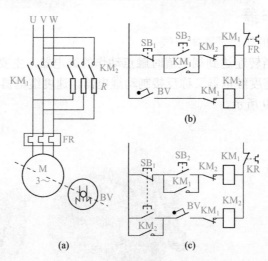

图1-20　速度继电器的电路符号

2. 速度继电器的应用

反接制动控制电路如图1-21所示。反接制动实质上是改变异步电动机定子绕组中的三相电源相序，产生与转子转动方向相反的转矩，因而起制动作用。

反接制动过程为：当想要停车时，首先将三相电源切换，然后当电动机转速接近零时，再将三相电源切除。控制电路就是要实现这一过程。

图1-21（a）～图1-21（c）都为反接制动的控制电路。我们知道电动机在正方向运行时，如果把电源反接，电动机转速将由正转急速下降到零。如果反接电源不及时切除，则电动机又要从零速反向启动运行。所以我们必须在电动机制动到零速时，将反接电源切断，电动机才能真正停下来。该控制电路是用速度继电器来"判断"电动机的停与转的。电动机与速度继电器的转子是同轴连接在一起的，电动机转动时，速度继电器的动合触点闭合，电动机停止时动合触点打开。

图1-21　反接制动控制电路

电路图1-21（b）工作过程如下：

按 SB$_2$ → KM$_1$ 通电（电动机正转运行）→ BV 的动合触点闭合

接 SB$_1$ → KM$_1$ 断电

　　　→ KM$_2$ 通电（开始制动）→ $n \approx 0$，BV 复位 → KM$_2$ 断电（制动结束）

十二、接触器

1. 接触器的用途

接触器工作时利用电磁吸力的作用把触点由原来的断开状态变为闭合状态或由原来的闭合状态变为断开状态，以此来控制电流较大的交直流主电路和容量较大的控制电路。在低压控制电路或电气控制系统中，接触器是一种应用非常普遍的低压控制电器，并具有欠电压保护的功能，可以用它对电动机进行远距离频繁接通、断开的控制，也可以用它来控制其他负载电路，如电焊机等。

接触器按工作电流不同可分为交流接触器和直流接触器两大类。交流接触器的电磁机构主要由线圈、铁芯和衔铁组成，交流接触器有三对主常开触点用来控制主电路通断；有两对常开辅助和两对常闭辅助触点实现对控制电路的通断。直流接触器的电磁机构与交流接触器相同，直流接触器的触点有两对主常开触点。

接触器具有使用安全、易于操作和能实现远距离控制、通断电流能力强，动作迅速等优点。缺点是不能分离短路电流，所以在电路中接触器常常与熔断器配合使用。

交、直流接触器分别有 CJ10、CZ0 系列，03TB 是引进的交流接触器，CZ18 直流接触器是 CZ0 的换代产品，接触器的图形和文字符号如图 1-22 所示。图 1-23、图 1-24 为交流接触器的实物图、外形结构及符号。

(a) 线圈 (b) 常开主触点 (c) 常开辅助触点 (d) 常闭主触点 (e) 常闭辅助触点

图1-22 接触器的图形符号和文字符号

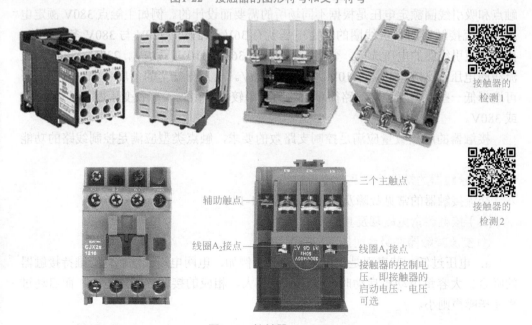

接触器的
检测1

接触器的
检测2

三个主触点

辅助触点

线圈A₂接点

线圈A₁接点

接触器的控制电
压，即接触器的
启动电压，电压
可选

图1-23 接触器

2. 接触器的选用原则

在低压电气控制电路中选用接触器时，常常只考虑接触器的主要参数，如主触点额定电流和电压、接触器额定电压、接触器的触点数量。

① 主触点额定电流和电压　接触器主触点的额定电压应不小于负载电路的工作电压，主触点的额定电流应不小于负载电路的额定电流，也可根据经验公式计算。

根据所控制的电动机的容量或负载电流种类来选择接触器类型，如交流负载电路应选用交流接触器来控制，而直流负载电路就应选用直流接触器来控制。

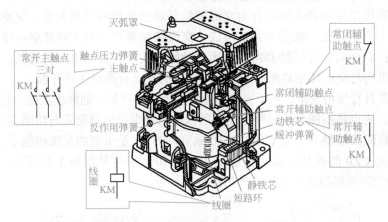

图1-24　交流接触器的外形结构及符号

② 交流接触器的两个额定电压　一个是主触点的额定电压，由主触点的物理结构、灭弧能力决定；另一个是吸引线圈额定电压，由吸引线圈的电感量决定。而主触点和吸引线圈额定电压是根据不同场所的需要而设计的。例如主触点380V额定电压的交流接触器的吸引线圈的额定电压就有36V、127V、220V与380V多种规格。接触器吸引线圈的电压选择，交流线圈电压有36V、110V、127V、220V、380V；直流线圈电压有24V、48V、110V、220V、440V。从人身安全的角度考虑，线圈电压可选择低一些，但当控制线路简单、线圈功率较小时，为了节省变压器，可选220V或380V。

接触器的触点数量应满足控制支路数的要求，触点类型应满足控制线路的功能要求。

3. 接触器的常见故障及处理措施

交流接触器的常见故障及处理措施见表1-14。

（1）接触器常见故障及其原因

① 交流接触器在吸合时振动和有噪声

a. 电压过低，其表现是噪声忽强忽弱。例如，电网电压较低，只能维持接触器的吸合。大容量电动机启动时，电路压降较大，相应的接触器噪声也大，而启动过程完毕噪声则小。

表1-14　交流接触器常见故障及处理措施

故障现象	故障分析	处理措施
触点过热	通过动、静触点间的电流过大	重新选择大容量触点
	动、静触点间接触电阻过大	用刮刀或细锉修整或更换触点
触点磨损	触点间电弧或电火花造成电磨损	更换触点
	触点闭合撞击造成机械磨损	更换触点
触点熔焊	触点压力弹簧损坏使触点压力过小	更换弹簧和触点
	线路过载使触点通过的电流过大	选用较大容量的接触器
铁芯噪声大	衔铁与铁芯的接触面接触不良或衔铁歪斜	拆下清洗，修整端面
	短路环损坏	焊接短路环或更换
	触点压力过大或活动部分受到卡阻	调整弹簧，消除卡阻因素
衔铁吸不上	线圈引出线的连接处脱落，线圈断线或烧毁	检查线路，及时更换线圈
	电源电压过低或活动部分卡阻	检查电源，消除卡阻因素
衔铁不释放	触点熔焊	更换触点
	机械部分卡阻	消除卡阻因素
	反作用弹簧损坏	更换弹簧

b. 短路环断裂。

c. 静铁芯与衔铁接触面之间有污垢和杂物，致使空气隙变大，磁阻增加。当电流过零时，虽然短路环工作正常，但因极面间的距离变大，不能克服恢复弹簧的反作用力而产生振动。如接触器长期振动，将导致线圈烧毁。

d. 触点弹簧压力太大。

e. 接触器机械部分故障，一般表现为机械部分不灵活，铁芯极面磨损，磁铁歪斜或卡住，接触面不平或偏斜。

② 线圈断电，接触器不释放　线路故障、触点焊住、机械部分卡住、磁路故障等因素，均可使接触器不释放。检查时，应首先分清两个界限，是电路故障还是接触器本身的故障；是磁路的故障还是机械部分的故障。

区分电路故障和接触器故障的方法是：将电源开关断开，看接触器是否释放。如释放，说明故障在电路中，电路电源没有断开；如不释放，就是接触器本身的故障。区分机械故障和磁路故障的方法是：在断电后，用螺丝刀（螺钉旋具）木柄轻轻敲击接触器外壳，如释放，一般是磁路的故障；如不释放一般是机械部分的故障，其原因如下：

a. 触点熔焊在一起。

b. 机械部分卡住，转轴生锈或歪斜。

c. 磁路故障，可能是被油污粘住或剩磁的原因，使衔铁不能释放。区分这两种情况的方法是：将接触器拆开，看铁芯端面上有无油污，有油污说明铁芯被粘住，无油污可能是剩磁作用。造成油污粘住的原因，多数是在更换或安装接触器时没有把铁芯端面的防锈凡士林油擦去。剩磁造成接触器不能释放的原因是在修磨铁芯时，将 E 形铁芯两边的端面修磨过多，使去磁气隙消失，剩磁增大，铁芯不能释放。

③ 接触器自动跳开

a. 接触器（指 CJ10 系列）后底盖固定螺钉松脱，使静铁芯下沉，衔铁行程过长，触点超行程过大，如遇电网电压波动就会自行跳开。

b. 弹簧弹力过大（多数为修理时，更换弹簧不合适所致）。

c. 直流接触器弹簧调整过紧或非磁性垫片垫得过厚，都有自动释放的可能。

④ 线圈通电衔铁吸不上

a. 线圈损坏，用欧姆表测量线圈电阻。如电阻很大或电路不通，说明线圈断路；电阻很小，可能是线圈短路或烧毁。如测量结果与正常值接近，可使线圈再一次通电，听有没有"嗡嗡"的声音，是否冒烟；冒烟说明线圈已烧毁，不冒烟而有"嗡嗡"声，可能是机械部分卡住。

b. 线圈接线端子接触不良。

c. 电源电压太低。

d. 触点弹簧压力和超程调整得过大。

⑤ 线圈过热或烧毁

a. 线圈通电后由于接触器机械部分不灵活或铁芯端面有杂物，使铁芯吸不到位，引起线圈电流过大而烧毁。

b. 加在线圈上的电压太低或太高。

c. 更换接触器时，其线圈的额定电压、频率及通电持续率低于控制电路的要求。

d. 线圈受潮或机械损伤，造成匝间短路。

e. 接触器外壳的通气孔应上下装置，如错将其水平装置，空气将不能对流，时间长了也会把线圈烧毁。

f. 操作频率过高。

g. 使用环境条件特殊，如空气潮湿，腐蚀性气体在空气中含量过高、环境温度过高。

h. 交流接触器派生直流操作的双线圈，因常闭联锁触点熔焊不能释放而使线圈过热。

⑥ 线圈通电后接触器吸合动作缓慢

a. 静铁芯下沉，使铁芯极面间的距离变大。

b. 检修或拆装时，静铁芯底部垫片丢失或撤去的层数太多。

c. 接触器的装置方法错误，如将接触器水平装置或倾斜角超过 5°以上，有的还悬空装。这些不正确的装置方法，都可能造成接触器不吸合、动作不正常等故障。

⑦ 接触器吸合后静触点与动触点间有间隙　这种故障有两种表现形式，一是所有触点都有间隙，二是部分触点有间隙。前者是因机械部分卡住，静、动铁芯间有杂物。后者可能是由于该触点接触电阻过大、触点发热变形或触点上面的弹簧片失去弹性。

检查双断点触点终压力的方法如图1-25所示，将接触器触点的接线全部拆除，打开灭弧罩，把一条薄纸放在动静触点之间，然后给线圈通电，使接触器吸合，这时，可将纸条向外拉，如拉不出来，说明触点接触良好，如很容易拉出来或毫无阻力，说明动静触点有间隙。

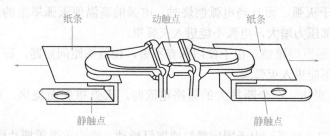

图1-25　双断点触点终压力的检查方法

检查辅助触点时，因小容量的接触器的辅助触点装置位置很狭窄，可用测量电阻的方法进行检查。

⑧ 静触点（相间）短路

a．油污及铁尘造成短路。

b．灭弧罩固定不紧，与外壳之间有间隙，接触器断开时电弧逐渐烧焦两相触点间的胶木，造成绝缘破坏而短路。

c．可逆运转的联锁机构不可靠或联锁方法使用不当，由于误操作或正反转过于频繁，致使两台接触器同时投入运行而造成相间短路。

另外，由于某种原因造成接触器动作过快，一接触器已闭合，另一接触器电弧尚未熄灭，形成电弧短路。

d．灭弧罩破裂。

⑨ 触点过热　触点过热是接触器（包括交、直流接触器）主触点的常见故障。除分断短路电流外，主要原因是触点间接触电阻过大，触点温度很高，致使触点熔焊，这种故障可从以下几个方面进行检查。

a．检查触点压力，包括弹簧是否变形、触点压力弹簧片弹力是否消失。

b．触点表面氧化，铜材料表面的氧化物是一种不良导体，会使触点接触电阻增大。

c．触点接触面积太小、不平、有毛刺、有金属颗粒等。

d．操作频率太高，使触点长期处于大于几倍的额定电流下工作。

e．触点的超程太小。

⑩ 触点熔焊

a．操作频率过高或过负载使用。

b．负载侧短路。

c．触点弹簧片压力过小。

d．操作回路电压过低或机械卡住，触点停顿在刚接触的位置。

⑪ 触点过度磨损

a. 接触器选用欠妥，在反接制动和操作频率过高时容量不足。

b. 三相触点不同步。

⑫ 灭弧罩受潮　有的灭弧罩是由石棉和水泥制成的，容易受潮，受潮后绝缘性能降低，不利于灭弧。而且当电弧燃烧时，电弧的高温使灭弧罩里的水分汽化，进而使灭弧罩上部压力增大，电弧不能进入灭弧罩。

⑬ 磁吹线圈匝间短路　由于使用保养不善，使线圈匝间短路，磁场减弱，磁吹力不足，电弧不能进入灭弧罩。

⑭ 灭弧罩炭化　在分断很大的短路电流时，灭弧罩表面烧焦，形成一种炭质导体。

⑮ 灭弧罩栅片脱落　由于固定螺钉或铆钉松动，造成灭弧罩栅片脱落或缺片。

（2）接触器修理

① 触点的修整

a. 触点表面的修磨。铜触点因氧化、变形积垢，会造成触点的接触电阻和温升增加。修理时可用小刀或锉刀修理触点表面，但应保持原来形状。修理时，不必把触点表面锉得过分光滑，这会使接触面减少，也不要将触点磨削过多，以免影响使用寿命。不允许用砂纸或砂布修磨，否则会使砂粒嵌在触点的表面，反而使接触电阻增大。

银和银合金触点表面的氧化物，遇热会还原为银，不影响导电。触点的积垢可用汽油或四氯化碳清洗，但不能用润滑油擦拭。

b. 触点整形。触点严重烧蚀后会出现斑痕及凹坑，或静、动触点熔焊在一起。修理时，将触点凹凸不平的部分和飞溅的金属熔渣细心地锉平整，但要尽量保持原来的几何形状。

c. 触点的更换。镀银触点被磨损而露出铜质或触点磨损超过原高度的 1/2 时，应更换新触点。更换后要重新调整压力、行程，保证新触点与其他各相（极）未更换的触点动作一致。

d. 触点压力的调整。有些电器触点上装有可调整的弹簧，借助弹簧可调整触点的初压力、终压力和超行程。触点的这三种压力定义是这样的：触点开始接触时的压力叫初压力，初压力来自触点弹簧的预先压缩，可使触点减少振动，避免触点的熔焊及减轻烧蚀程度；触点的终压力指动、静触点完全闭合后的压力，应使触点在工作时接触电阻减小；超行程指衔铁吸合后，弹簧在被压缩位置上还应有的压缩余量。

② 电磁系统的修理

a. 铁芯的修理：先确定磁极端面的接触情况，在极面间放一软纸板，使线圈通电，衔铁吸合后将在软纸板上印上痕迹，由此可判断极面的平整程度。如接触面积在 80% 以上，可继续使用；否则要进行修理。修理时，可将砂布铺在平板上，来回研磨铁芯端面（研磨时要压平，用力要均匀）便可得到较平的端面。对于 E 形铁芯，其中柱的间隙不得小于规定间隙。

b. 短路环的修理：如短路环断裂，应重新焊住或用铜材料按原尺寸制作一个新的换上，要固定牢固且不能高出极面。

③ 灭弧装置的修理

a. 磁吹线圈的修理：如是并联磁吹线圈断路，可以重新绕制，其匝数和线圈绕向要与原来一致，否则不起灭弧作用。串联型磁吹线圈短路时，可拨开短路处，涂点绝缘漆烘干定型后方可使用。

b. 灭弧罩的修理：灭弧罩受潮，可将其烘干；灭弧罩炭化，可以刮除；灭弧罩破裂，可以黏合或更新；栅片脱落或烧毁，可用铁片按原尺寸重做。

4. 接触器使用注意事项

① 安装前检查接触器铭牌与线圈的技术参数（额定电压、额定电流、操作频率等）是否符合实际使用要求；检查接触器外观，应无机械损伤，用手推动接触器可动部分时，接触器应动作灵活，灭弧罩应完整无损，固定牢固；测量接触器的线圈电阻和绝缘电阻正常。

② 接触器一般应安装在垂直面上，倾斜度不得超过 5°；安装和接线时，注意不要将零件失落或掉入接触器内部，安装孔的螺钉应装有弹簧垫圈和平垫圈，并拧紧螺钉以防振动松脱；安装完毕，检查接线正确无误后，在主触点不带电的情况下操作几次，然后测量产品的动作值和释放值，所测得数值应符合产品的规定要求。

③ 使用时应对接触器做定期检查，观察螺钉有无松动，可动部分是否灵活等；接触器的触点应定期清扫，保持清洁，但不允许涂油，当触点表面因电灼作用形成金属小颗粒时，应及时清除。拆装时注意不要损坏灭弧罩，带灭弧罩的交流接触器绝不允许不带灭弧罩或带破损的灭弧罩运行。

十三、电磁铁

1. 电磁铁用途及分类

电磁铁是一种把电磁能转换为机械能的电气元件，被用来远距离控制和操作各种机械装置及液压、气压阀门等，另外它可以作为电器的一个部件，如接触器、继电器的电磁系统。

电磁铁利用电磁吸力来吸持钢铁零件，操纵、牵引机械装置以完成预期的动作等。电磁铁主要由铁芯、衔铁、线圈和工作机械组成，类型有牵引电磁铁、制动电磁铁、起重电磁铁、阀用离合器等。常见的制动电磁铁与 TJ2 型闸瓦制动器配合使用，可共同组成电磁抱闸制动器。电磁铁及其相关元件电路符号如图 1-26 所示。

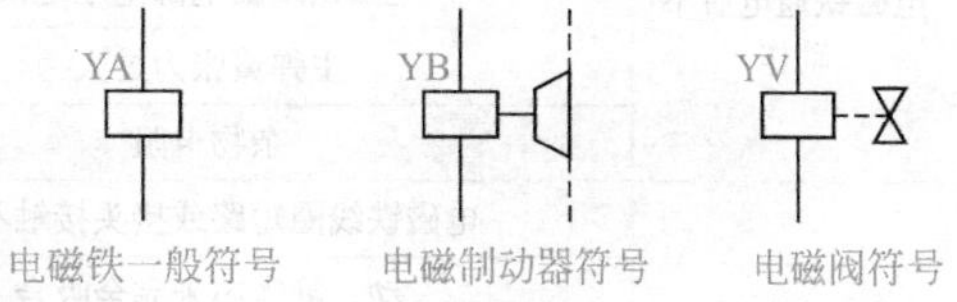

电磁铁的分类如图 1-27 所示。

电磁铁一般符号　　电磁制动器符号　　电磁阀符号

图1-26　电磁铁及其相关元件电路符号

图1-27　电磁铁的分类

如图 1-28 所示为电磁铁的实物。

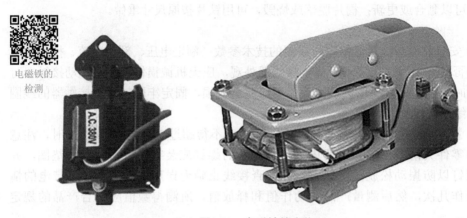

电磁铁的
检测

图1-28　电磁铁的实物

2. 电磁铁的选用原则

电磁铁在选用时应遵循以下原则：

① 根据机械负载的要求选择电磁铁的种类和结构形式。

② 根据控制系统电压选择电磁铁线圈电压。

③ 电磁铁的功率应不小于制动或牵引功率。

3. 电磁铁的常见故障及处理措施

电磁铁的常见故障及处理措施如表 1-15 所示。

表1-15　电磁铁的常见故障及处理措施

故障现象	故障分析	处理措施
电磁铁通电后不动作	电磁铁线圈开路或短路	测试线圈阻值，修理线圈
	电磁铁线圈电源电压过低	调电源电压
	主弹簧张力过大	调整主弹簧张力
	杂物卡阻	清除杂物
电磁铁线圈发热	电磁铁线圈短路或接头接触不良	修理或调换线圈
	动、静铁芯未完全吸合	修理或调换电磁铁铁芯
	电磁铁的工作制或容量规格选择不当	调换容量规格或工作制合格的电磁铁
	操作频率太高	降低操作频率

续表

故障现象	故障分析	处理措施
电磁铁工作时有噪声	铁芯上短路环损坏	修理短路环或调换铁芯
	动、静铁芯极面不平或有油污	修整铁芯极面或清除油污
	动、静铁芯歪斜	调整对齐
线圈断电后衔铁不释放	机械部分被卡住	修理机械部分
	剩磁过大	增加非磁性垫片

4. 电磁铁使用注意事项

① 安装前应清除灰尘和杂物，并检查衔铁有无机械卡阻。

② 电磁铁要牢固地固定在底座上，并在紧固螺钉下放弹簧垫圈锁紧。

③ 电磁铁应按接线图接线，并接通电源，操作数次，检查衔铁动作是否正常以及有无噪声。

④ 定期检查衔铁行程的大小，该行程在运行过程中由于制动面的磨损而增大。当衔铁行程达到正常值时，即进行调整，以恢复制动面和转盘间的最小空隙。不让行程增加到正常值以上，因为这样可能引起吸力显著降低。

⑤ 检查连接螺钉的旋紧程度，注意可动部分的机械磨损。

十四、光电耦合器

1. 光电耦合器件种类、工作原理及特性

（1）光电耦合器的种类 光电耦合器的种类较多，常见有光电二极管型、光电三极管型、光敏电阻型、光控晶闸管型、光电达林顿型、光集成电路型等。如图 1-29 所示，光电耦合器的外形有金属圆壳封装、塑封双列直插等。光电耦合器的内部结构见图 1-30。

光电耦合器的检测

图1-29 光电耦合器的外形

（2）光电耦合器的工作原理 在光电耦合器输入端加电信号使发光源发光，光的强度取决于激励电流的大小，此光照射到封装在一起的受光器上后，因光电效应而产生了光电流，由受光器输出端引出，这样就实现了电—光—电的转换。

（3）光电耦合器的基本工作特性（以光电三极管为例）

① 共模抑制比很高。在光电耦合器内部，由于发光管和受光器之间的耦合电容很小（2pF 以内），所以共模输入电压通过极间耦合电容对输出电流的影响很小，因而共模抑制比很高。

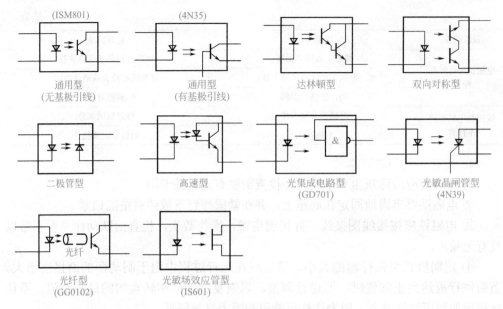

图1-30　光电耦合器的内部结构

② 输出特性。光电耦合器的输出特性是指在一定的发光电流 I_F 作用下，光电三极管所加偏置电压 U_{CE} 与输出电流 I_C 之间的关系。当 $I_F=0$ 时，发光二极管不发光，此时的光电三极管集电极输出电流称为暗电流，一般很小，当 $I_F > 0$ 时，在一定的 I_F 作用下，所对应的 I_C 基本上与 U_{CE} 无关。I_C 与 I_F 之间的变化呈线性关系，用半导体管特性图示仪测出的光电耦合器输出特性与普通三极管输出特性相似。

2. 光电耦合器的应用

光电耦合器可作为线性耦合器使用。在发光二极管上提供一个偏置电流，再把信号电压通过电阻耦合到发光二极管上，这样光电三极管接收到的是在偏置电流上增、减变化的光信号，其输出电流将随输入的信号电压作线性变化。光电耦合器也可工作于开关状态，传输脉冲信号。在传输脉冲信号时，输入信号和输出信号之间存在一定的延迟时间，不同结构的光电耦合器输入、输出延迟时间相差很大。

应用时查找各型号的光电耦合器内部结构，如表 1-16 所示。

表1-16　光电耦合器电路图

型号	内部电路	同类品
TLP512		
TLP532		CNX82A，FX0012CE，TLP332，TLP632，TLP634，TLP732

续表

型号	内部电路	同类品
TLP550		TLP650
TLP580		
TLP581		
TLP620		TLP120，TLP126，TLP626
TKP620-2		TLP626-2
TLP620-3		TLP626-3
TKP620-4		TLP626-4
TLP621		TLP121，TLP124，TLP321，TLP521，TLP621，LTV817，PC114，PC510，PC617，PC713，PC817，ON3111，ON3131
TLP621-2		TLP321-2 TLP521-2 TLP624-2
TLP621-3		TLP321-3 TLP521-3 TLP624-3

型号	内部电路	同类品
TLP621-4		TLP321-4 TLP521-4 TLP624-4
TLP630		TLP130 TLP330
TLP631		4N25，4N25A，4N26，4N27，4N28， 4N30，4N33，4N35，4N36，4N38， 4N38A，4N35411，TLP131，TLP137， TLP331，TLP531，TLP535，TLP632， TLP731，TIL113，TIL117，PC120，PC417， MC227，PS2002，PCD830，SPX7130

（1）光电耦合器用于隔离、控制　图1-31所示为彩电开关稳压电源中的部分电路，稳压电路由VT806、VT802、N801及VT803等组成，稳压电路的采样电压取自开关电源115V输出端，VT806发射极接6.2V稳压管VD812。当开关电源输出电压升高时，VT806的基极电位上升，集电极电流增大，流过光电耦合器N801中发光二极管的电流增大，发光强度增大，则N801中光电三极管的导通电流增大，R809上的压降增大，VT802基极电位下降，集电极电流增大，VT803基极电位迅速上升，VT803导通电流加大，对开关管VT804基极电流的分流加大，使VT804提前退出饱和状态。开关管导通时间缩短，开关电源一次侧输出电压下降而恢复到正常值。当开关电源输出电压下降，稳压电路的工作过程与上述过程相反，从而保证输出电

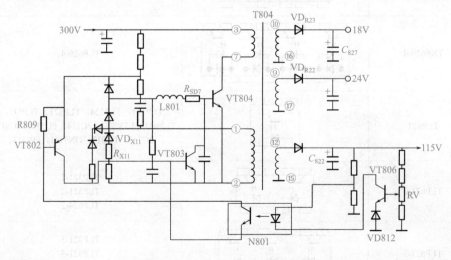

图1-31　彩电开关稳压电源电路

压的稳定。因此光电耦合器N801起着控制作用，同时使市电与稳压输出隔离。光电耦合器用于电机控制如图1-32所示。光电耦合器用于隔离、控制作用如图1-33所示。

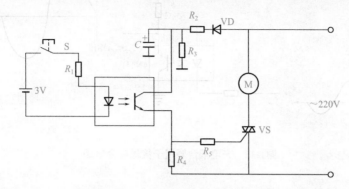

图1-32 光电耦合器用于电机控制

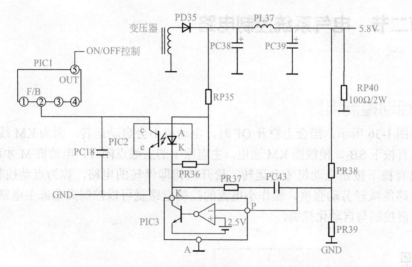

图1-33 光电耦合器用于隔离、控制作用

（2）光电耦合器用于接口电路 图1-34所示光电耦合器4N25起到耦合脉冲信号和隔离单片机89C51系统与输出部分的作用，使两部分的电流相互独立。输出部分的地线接机壳或大地，而89C51系统的电源地线浮空，不与交流电源的地线相接，这样可以避免输出部分电源变化对单片机电源的影响，减小系统所受的干扰，提高系统可靠性。

（3）光电耦合器用于信号耦合电路光电耦合器用于信号耦合电路如图1-35所示。

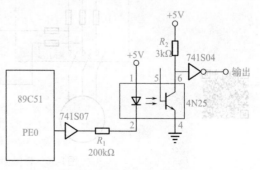

图1-34 光电耦合器用于信号接口电路

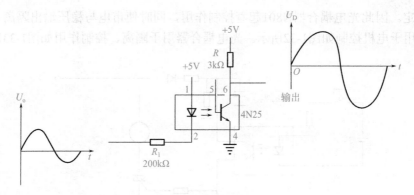

图1-35　光电耦合器用于信号耦合电路

第二节　电气系统控制电路

一、点动控制电路

如图1-36所示，当合上空开 QF 时，电动机不会启动运转，因为 KM 线圈未通电，只有按下 SB$_2$，使线圈 KM 通电，主电路中的主触点闭合，电动机 M 才可启动。这种只有按下按钮电动机才会运转，松开按钮即停转的电路，称为点动控制电路。这种电路能减轻劳动强度，操作小电流的控制电路就可以控制大电流主电路，能实现远距离控制与自动化控制。

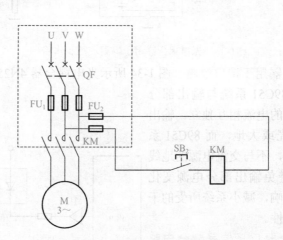

图1-36　接触器点动控制电路

二、自锁电路

交流接触器通过自身的常开辅助触点使线圈总是处于得电状态的现象叫作自锁。这个常开辅助触点就叫作自锁触点。在接触器线圈得电后，利用自身的常开辅助触点保持回路的接通状态，一般对象是对自身回路的控制。如把常开辅助触点与启动按钮并联，这样，当启动按钮按下，接触器动作，辅助触点闭合，进行状态保持，此时再松开启动按钮，接触器也不会失电断开。一般来说，除了启动按钮和辅助触点并联之外，还要再串联一个按钮，起停止作用。点动开关中作启动用的选择常开触点，作停止用的选常闭触点，如图 1-37 所示。

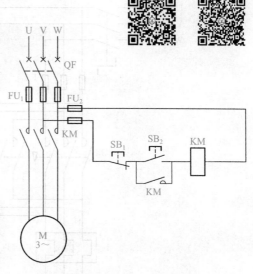

图1-37 接触器自锁控制电动机正转电路

1. 启动

合上电源开关 QF，按下启动按钮 SB_2，KM 线圈得电，KM 辅助触点闭合，同时 KM 主触点闭合，电动机启动连续运转。

2. 运行

当松开 SB_2，其常开触点恢复分断后，因为接触器 KM 的常开辅助触点闭合时已将 SB_2 短接，控制电路仍保持导通，所以接触器 KM 继续得电，电动机 M 实现连续运转。

3. 停止

按下停止按钮 SB_1，其常闭触点断开，接触器 KM 的自锁触点切断控制电路，解除自锁，KM 主触点分断，电动机停转。

三、互锁电路

互锁电路分为机械互锁和电气互锁两种电路，如图 1-38 所示

机械互锁：此时 SB_2 使用带有机械互锁的按钮，当 SB_2 所在回路正常工作时，由于"5"上方的常闭点处于通电状态，因此与之虚线连接的 SB_3 按钮按下后无反应。

电气互锁：当 SB_2 所在回路通电时，接触器 KM_1 的线圈供电，此时"8"下方的 KM_1 常闭触点断开。从而避免了两个回路同时供电。

四、闭锁联动电路

闭锁联动电路如图 1-39 所示。闭合电源开关 QS_1 和 QS_2，按动启动按钮 SB_2，接触器 KM_1 线圈获电，接触器 KM_1 的主触点闭合，电动机 M_1 获电运转。自锁触

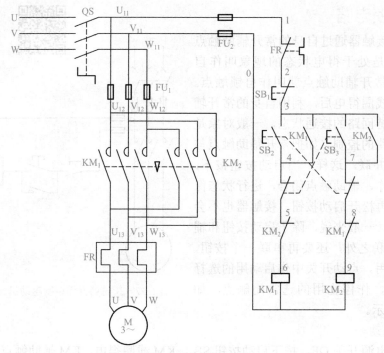

图1-38 互锁电路

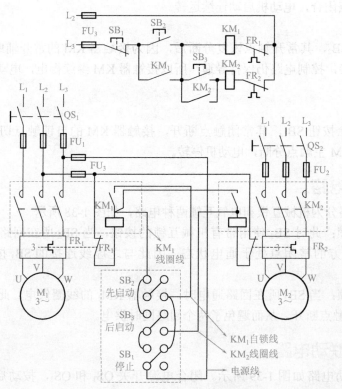

图1-39 闭锁联动电路

点KM₁闭合自锁，并为接触器KM₂获电作好准备。此时按下启动按钮SB₃，接触器KM₂线圈获电，接触器KM₂的主触点闭合，电动机M₂获电运转。其自锁触点KM₂闭合自锁。

在线圈KM₁未获电之前，如果按动SB₃，接触器KM₂的线圈不会获电，电动机更不会启动。这是因为按钮SB₃前端的按钮SB₂与KM₁常开触点均处于断开状态，所以按SB₃无效。

当两台电动机接触器的控制按钮离得比较远时，可以用图1-40所示的接触器控制闭锁联动电路。

由原理图可知，由于在接触器KM₂的线圈回路中串联了接触器KM₁的常开辅助触点，所以在接触器KM₁没有获电前，接触器KM₂是不会获电吸合的；而当KM₁失电断开后，接触器KM₂也就随之自动失电断开了。

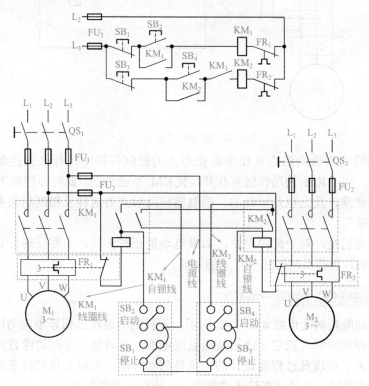

图1-40　接触器控制闭锁联动电路

五、三相电动机正反转电路

电动机正反转电路如图1-41所示。

按下SB₂，正向接触器KM₁得电动作，主触点闭合，使电动机正转。按停止按钮SB₁，电动机停止。按下SB₃，反向接触器KM₂得电动作，其主触点闭合，使电动机定子绕组与正转时的相序相反，则电动机反转。

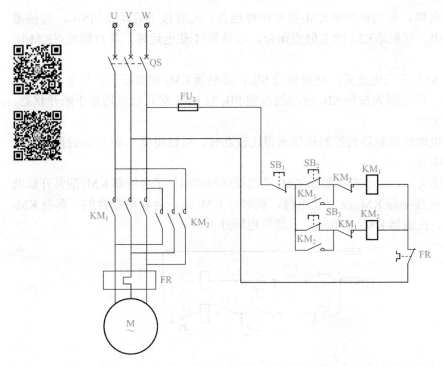

图1-41　电动机正反转电路

接触器的动断辅助触点互相串联在对方的控制回路中进行联锁控制。这样当 KM_1 得电时，由于 KM_1 的动作触点打开，使 KM_2 不能通电。此时即使按下 SB_3 按钮，也不能造成短路。反之也是一样的。接触器辅助触点的这种互相制约关系称为"联锁"或"互锁"。

需要注意的是，对于此种电路，如果电动机正在正转，想要反转，必须先按停止按钮 SB_1 后，再按反转按钮 SB_3 才能实现。

六、三相电动机的制动电路

自动控制能耗制动电路如图 1-42 所示。能耗制动是在三相异步电动机要停车时切除三相电源的同时，把定子绕组接通直流电源，在转速为零时切除直流电源。控制电路就是为了实现此过程而设计的，这种制动方法，实质上是把转子原来储存的机械能转变成电能，又消耗在转子的制动上，所以称能耗制动。

图 1-42 中整流装置由变压器和整流元件组成。KM_2 为制动用交流接触器。要停车时按动 SB_1 按钮开关，到制动结束放开按钮开关。控制电路启动／停止的工作过程如下。

主回路：合上 QS →主电路和控制电路接通电源→变压器需经 KM_2 的主触点接入电源（初级）和定子线圈（次级）。

控制回路：

① 启动　按动 SB_2，KM_1 得电，电动机正常运行。

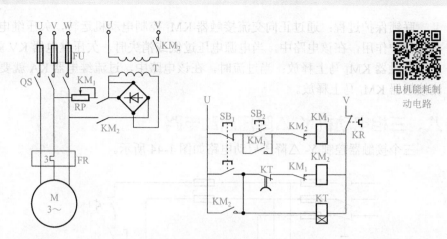

图1-42　自动控制能耗制动电路

② 能耗制动　挥动 SB$_1$，KM$_1$ 失电，电动机脱离三相电源。KM$_1$ 常闭触点复原，KM$_2$ 得电并自锁，（通电延时）时间继电器 KT 得电，KT 瞬动常开触点闭合。

KM$_2$ 主触点闭合，电动机进入能耗制动状态，电动机转速下降，KT 整定时间到，KT 延时断开常闭触点（动断触点）断开，KM$_2$ 线圈失电，能耗制动结束。

七、三相电动机开关联锁过载保护电路

开关联锁过载保护电路如图 1-43 所示。

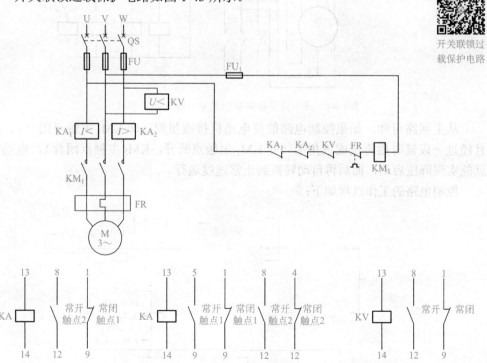

图1-43　开关联锁过载保护电路

联锁保护过程：通过正向交流接触器 KM_1 控制电动机运转，欠压继电器 KV 起零压保护作用，在该电路中，当电源电压过低或消失时，欠压继电器 KV 就要释放，交流接触器 KM_1 马上释放；当过流时，在该电路中，过流继电器 KA 就要释放，交流接触器 KM_1 马上释放。

八、三相电动机 Y-△降压启动电路

三个接触器控制 Y-△降压启动电路如图 1-44 所示。

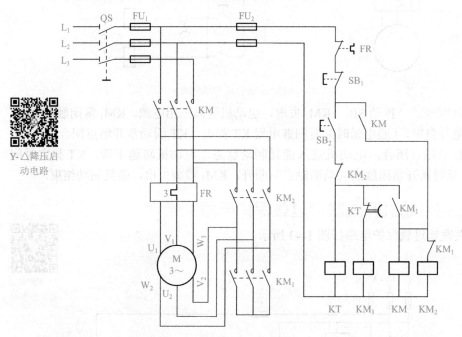

Y-△降压启动电路

图1-44　三个交流接触器控制Y-△降压启动电路

从主回路可知，如果控制电路能使电动机接成星形（即 KM_1 主触点闭合），并且经过一段延时后再接成三角形（即 KM_1 主触点断开，KM_2 主触点闭合），电动机就能实现降压启动，而后再自动转换到正常速度运行。

控制电路的工作过程如下：

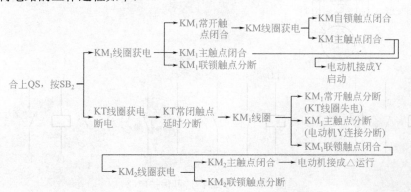

九、单相双直电容电动机正反转控制启动运行电路

图 1-45 表示了电容启动式或电容启动 / 电容运转式单相电动机的内部主绕组、副绕组、离心开关和外部电容在接线柱上的接法。其中主绕组的两端记为 U_1、U_2，副绕组的两端记为 W_1、W_2，离心开关 K 的两端记为 V_1、V_2。注意：电动机厂家不同，标注不同。

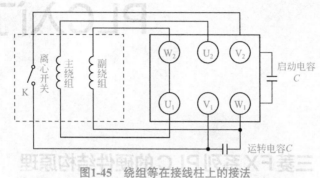

图1-45 绕组等在接线柱上的接法

这种电动机的铭牌上标有正转和反转的接法，如图 1-46 所示。

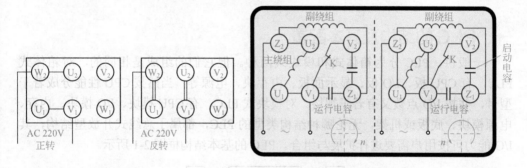

图1-46 标有正转和反转的接法

单相电动机正反转控制实际上只是改变主绕组或副绕组的接法：正转接法时，副绕组的 W_1 端通过启动电容和离心开关连到主绕组的 U_1 端（图 1-47）；反转接法时，副绕组的 W_2 端改接到主绕组的 U_1 端（图 1-48），也可以改变主绕组 U_1、U_2 进线方向。

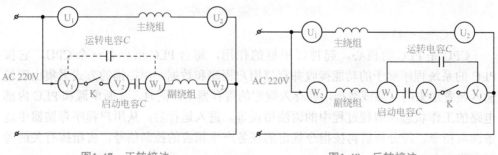

图1-47 正转接法 图1-48 反转接法

第二章
PLC入门基础

第一节 三菱FX系列PLC的硬件结构原理

一、PLC的结构及基本配置

一般讲，PLC分为箱体式和模块式两种。但它们的组成是相同的，对箱体式PLC，有CPU板、I/O板、显示面板、内存块、电源等，当然按CPU性能分成若干型号，并按I/O点数又有若干规格。对模块式PLC，有CPU模块、I/O模块、内存、电源模块、底板或机架。无论哪种结构类型的PLC，都属于总线式开放型结构，其I/O能力可按用户需要进行扩展与组合。PLC的基本结构框图2-1所示。

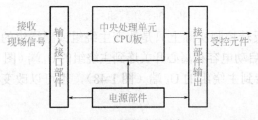

图2-1　PLC的基本结构框图

1. CPU的构成

CPU是PLC的核心，起神经中枢的作用，每台PLC至少有一个CPU，它按PLC的系统程序赋予的功能接收并存储用户程序和数据，用扫描的方式采集由现场输入装置送来的状态或数据，并存入规定的寄存器中，同时，诊断电源和PLC内部电路的工作状态和编程过程中的语法错误等。进入运行后，从用户程序存储器中逐条读取指令，经分析后再按指令规定的任务产生相应的控制信号，去指挥有关的控制电路。

与通用计算机一样，PLC 中的 CPU 主要由运算器、控制器、寄存器及实现它们之间联系的数据、控制及状态总线构成，还有外围芯片、总线接口及有关电路。它确定了进行控制的规模、工作速度、内存容量等。内存主要用于存储程序及数据，是 PLC 不可缺少的组成单元。

CPU 的控制器控制 CPU 工作，由它读取指令、解释指令及执行指令，但工作节奏由振荡信号控制。

CPU 的运算器用于进行数字或逻辑运算，在控制器指挥下工作。

CPU 的寄存器参与运算，并存储运算的中间结果，它也是在控制器指挥下进行工作的。

CPU 虽然划分为以上几个部分，但 PLC 中的 CPU 芯片实际上就是微处理器，由于电路的高度集成，对 CPU 内部的详细分析已无必要，我们只要弄清它在 PLC 中的功能与性能，能正确地使用它就够了。

CPU 模块的外部表现就是它的工作状态的种种显示、种种接口及设定或控制开关。一般讲，CPU 模块总要有相应的状态指示灯，如电源显示、运行显示、故障显示等。箱体式 PLC 的主箱体也有这些显示。它的总线接口用于接 I/O 模板或底板；内存接口用于安装内存；外设口用于接外部设备；有的还有通信口，用于进行通信。CPU 模块上还有许多设定开关，用于对 PLC 作设定，如设定起始工作方式、内存区等。

2. I/O 模块

PLC 的对外功能，主要是通过各种 I/O 接口模块与外界联系的。按 I/O 点数确定模块规格及数量，I/O 模块可多可少，但其最大数受 CPU 所能管理的基本配置的能力，即受最大的底板或机架槽数限制。I/O 模块集成了 PLC 的 I/O 电路，其输入暂存器反映输入信号状态，输出点反映输出锁存器状态。

3. 电源模块

有些 PLC 中的电源，是与 CPU 模块合二为一的，有些是分开的，其主要用途是为 PLC 各模块的集成电路提供工作电源。同时，有的还为输入电路提供 24V 的工作电源。电源的类型有：220V 或 110V 交流电源；直流电源，常用的为 24V。

4. 底板或机架

大多数模块式 PLC 使用底板或机架，其作用是：电气上，实现各模块间的联系，使 CPU 能访问底板上的所有模块；机械上，实现各模块间的连接，使各模块构成一个整体。

5. PLC 的外部设备

外部设备是 PLC 系统不可分割的一部分，它有四大类。

（1）编程设备 有简易编程器和智能图形编程器，用于编程、对系统作一些设定、监控 PLC 及 PLC 所控制的系统的工作状况。编程器是 PLC 开发应用、监测运行、检查维护不可缺少的器件，但它不直接参与现场控制运行。

（2）监控设备　有数据监视器和图形监视器。监视方式有直接监视数据或通过画面监视数据。

（3）存储设备　有存储卡、存储磁带、软磁盘或只读存储器，用于永久性地存储用户数据，使用户程序不丢失，如 EPROM、EEPROM 写入器等。

（4）输入输出设备　用于接收信号或输出信号，一般有条码读入器、输入模拟量的电位器、打印机等。

6. PLC 的通信联网

PLC 具有通信联网的功能，它使 PLC 与 PLC 之间、PLC 与上位计算机以及其他智能设备之间能够交换信息，形成一个统一的整体，实现分散集中控制。现在几乎所有的 PLC 新产品都有通信联网功能，它和计算机一样具有 RS-232 接口，通过双绞线、同轴电缆或光缆，可以在几公里甚至几十公里的范围内交换信息。

当然，PLC 之间的通信网络是各厂家专用的，PLC 与计算机之间的通信，一些生产厂家采用工业标准总线，并向标准通信协议靠拢，这将使不同机型的 PLC 之间、PLC 与计算机之间可以方便地进行通信与联网。

了解了 PLC 的基本结构，我们在购买程控器时就有了一个基本配置的概念，做到既经济又合理，尽可能发挥 PLC 所提供的最佳功能。

二、FX 系列 PLC 的工作原理

PLC 运行程序的方式与微型计算机相比有较大不同，微型计算机运行程序时，一旦执行到 END 指令，程序运行将结束，然后再从头开始执行，并周而复始地重复，直到停机或从运行（RUN）切换到停止（STOP）工作状态。我们把 PLC 这种执行程序的方式称为扫描工作方式。每扫描完一次程序就构成一个扫描周期。另外，PLC 对输入、输出信号的处理与微型计算机不同。微型计算机对输入、输出信号进行实时处理，而 PLC 对输入、输出信号是集中批处理。

PLC 程序执行工作原理图如图 2-2 所示。PLC 通过循环扫描输入端口的状态，执行用户程序，实现控制任务。CPU 在每个扫描周期的开始扫描输入模块的信号状态，并将其状态送入输入映像寄存器区域，在每个扫描周期结束时，送入输出模块。

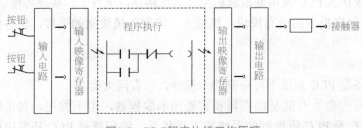

图2-2　PLC程序执行工作原理

图 2-3 所示为循环扫描的工作过程。每一次扫描所用的时间称为一个扫描周期。

在一个扫描周期内，可编程控制器的工作过程分为三个阶段。

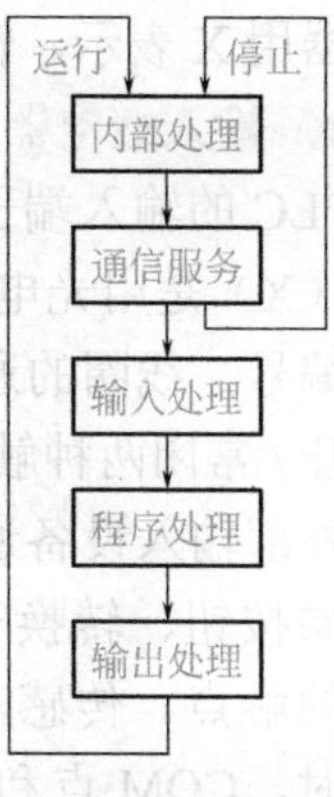

1. 输入采样阶段

在输入采样阶段，PLC 以扫描方式一次读入所有输入状态和数据，并将它们存入 I/O 映像区的相应单元内。输入采样结束后，转入用户程序执行和输出刷新阶段。在这两个阶段中，即使输入状态和数据发生变化，I/O 映像区中相应单元的状态和数据也不会改变。因此，如果输入的是脉冲信号，则该脉冲信号的宽度必须大于一个扫描周期，才能保证任何情况下，该输入均能被读入。

2. 用户程序执行阶段

在用户程序执行阶段，PLC 总是按由上而下的顺序依次扫描用户程序（梯形图）。在扫描每一条梯形图时，又总是先扫描梯形图左边由各触点构成的控制线路，并按先左后右、先上后下的顺序对由触点构成的控制线路进行逻辑运算；然后根据逻辑运算的结果，刷新该逻辑线圈在系统 RAM 存储区中对应的状态，或刷新该输出线圈在 I/O 映像区中对应位的状态，或者确定是否要执行该梯形图所规定的特殊功能指令。即在用户程序执行过程中，只有输入点在 I/O 映像区内的状态和数据不会发生变化，而其他输出点和软设备在 I/O 映像区或 RAM 存储区内的状态和数据都有可能发生变化，而且排在上面的梯形图，其程序执行结果会对排在下面的凡是用到这些线圈或数据的梯形图起作用；相反，排在下面的梯形图，其被刷新的逻辑线圈的状态或数据只能到下一个扫描周期才能对排在其上面的梯形图起作用。

3. 输出刷新阶段

当用户程序扫描结束后，PLC 就进入输出刷新阶段。在此期间，CPU 按照 I/O 映像区内对应的状态和数据刷新所有的输出锁存器，再经输出电路驱动相应的外设。这时，才是 PLC 的真正输出。

图2-3　循环扫描的工作过程

三、FX 系列 PLC 内部继电器编号及功能

PLC 内部有很多具有不同功能的器件，这些器件是由电子电路和存储器组成的，通常称为软组件。可将各个软组件理解为各个不同功能的内存单元，对这些单元的操作，就相当于对内存单元的读写。

PLC 的内部继电器有输入继电器 X、输出继电器 Y、辅助继电器 M、状态继电器 S、指针 P/I、常数 K/H、定时器 T、计数器 C、数据寄存器 D 和变址寄存器 V/Z。在使用 PLC 时，因不同厂家、不同系列的 PLC，其内部软继电器的功能和编号也不相同，因此用户在编制程序时，必须熟悉所选用 PLC 的内部继电器功能和编号。这些编程用的继电器，它的工作线圈没有工作电压等级、功耗大小和电磁惯性等问题，触点没有数量限制，没有机械磨损和电蚀等问题。在不同的指令操作下，其工作状态可以无记忆，也可以有记忆，还可以作为脉冲数字元件使用。一般情况下，输入

继电器用 X 表示，输出继电器用 Y 表示。

1. 输入继电器（X）

PLC 的输入端子是从外部接收信号的端口，PLC 内部与输入端子连接的输入继电器（X）是用光电隔离的电子继电器，它们的编号与接线端子编号一致，按八进制进行编号，线圈的通断取决于 PLC 外部触点的状态，不能用程序指令驱动。内部提供常开 / 闭闭两种触点，供编程时使用，且使用次数不限。

外部输入设备通常分为主令电器和检测电器两大类。主令电器产生主令输入信号，如按钮、转换开关等；检测电器产生检测运行状态的信号，如行程开关、继电器的触点、传感器等。输入回路的连接示意图如图 2-4 所示。图中，当按下 SB$_2$ 按钮时，COM 点和 X2 接通，此时相对应的输入点 X2 从"OFF"变为"ON"（即"0"→"1"），该输入信号被输送到 PLC 的内部。

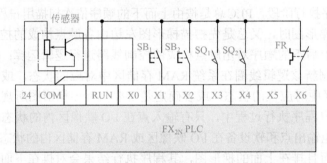

图2-4　输入回路的连接

开关量输入接口按所使用的外信号电源类型可分为直流输入电路、交流输入电路及交直流输入电路等类型，如图 2-5 所示，但无论 PLC 输入接口采取哪种形式，其内部编程使用的输入继电器都用 X 表示。

输入继电器、输出继电器的编号是由基本单元持有的固定编号和针对扩展设备连接顺序分配的编号组成的。由于这些编号使用八进制，所以不存在"8""9"的数值。

输入继电器（X）的编号如表 2-1 所示（编号以八进制数分配）。

表2-1　输入继电器的编号

PLC类型	型号	输入
FX3UC可编程控制器	FX3UC-32MT-LT	X000～X017，16点
	扩展时	X000～X357，240点
FX3U可编程控制器	FX3U-16M	X000～X007，8点
	FX3U-32M	X000～X017，16点
	FX3U-48M	X000～X027，24点
	FX3U-64M	X000～X037，32点
	FX3U-80M	X000～X047，40点
	扩展时	X000～X367，248点

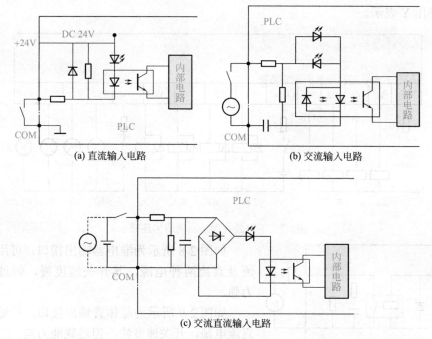

图2-5 开关量输入接口

输入继电器 X000 如图 2-6 所示。

图2-6 输入继电器X000

2. 输出继电器（Y）

PLC 的输出端子是向外部负载输出信号的端口。输出继电器的线圈通断由程序驱动，输出继电器也按八进制编号，其外部输出主触点接到 PLC 的输出端子上供驱动外部负载使用，内部提供常开 / 常闭触点供程序使用，且使用次数不限。

外部输出设备通常分为驱动负载和显示负载两大类。驱动负载，如接触器、继电器、电磁阀等；显示负载，如指示灯、电铃、蜂鸣器等。输出回路是 PLC 驱动外部负载的回路，PLC 通过输出点将负载和驱动电源连接成一个回路，负载的状态由 PLC 输出点进行控制。负载的驱动电源规格根据负载的需要和 PLC 输出接口类型、规格进行选择。

输出端的特点是若干输出端子构成一组，共用一个输出公共端，各组的输出公共端用 COM1、COM2、…表示。图 2-7 中，Y0 ～ Y3 共用 COM1，使用的负载驱动电源为 AC 220V；Y4 ～ Y7 共用 COM2，使用的负载驱动电源为 DC 24V；Y10 ～ Y13 共用 COM3，使用的负载驱动电源为 AC 6.3V。

开关量输出接口按 PLC 内使用的元器件可分为继电器输出、晶体管输出和双向晶闸管输出等类型。但无论 PLC 输出接口采用哪种形式，其内部编程使用的输入继电器都用 Y 表示。

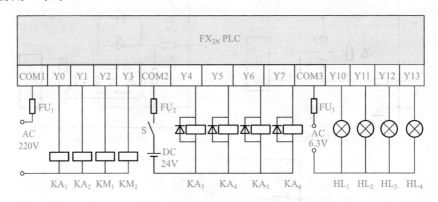

图2-7　不同公共端输出回路的连接

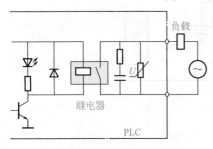

图2-8　继电器输出接口

如图 2-8 所示为继电器输出接口，可用于交流及直流两种电源，其开关速度慢，但过载能力强。

如图 2-9 所示为晶体管输出接口，只适用于直流电源，开关速度快，但过载能力差。

如图 2-10 所示为双向晶闸管输出接口，只适用于交流电源，其开关速度快，但过载能力差。

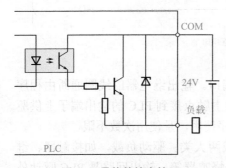

图2-9　晶体管输出接口

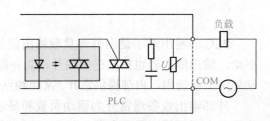

图2-10　双向晶闸管输出接口

输出继电器（Y）的编号如表 2-2 所示（编号以八进制数分配）。

表2-2　输出继电器的编号

PLC类型	型号	输入
FX3UC可编程控制器	FX3UC-32MT-LT	X000～X017，16点
	扩展时	X000～X357，240点
FX3U可编程控制器	FX3U-16M	X000～X007，8点
	FX3U-32M	X000～X017，16点
	FX3U-48M	X000～X027，24点

续表

PLC类型	型号	输入
FX3U可编程控制器	FX3U-64M	X000～X037，32点
	FX3U-80M	X000～X047，40点
	扩展时	X000～X367，248点

输出继电器Y000如图2-11所示。

图2-11　输出继电器Y000

3. 辅助继电器（M）

辅助继电器是PLC中数量最多的一种继电器，它的代表符号是"M"，其作用相当于继电器控制系统中的中间继电器，可以由其他各种软组件驱动，也可以驱动其他软组件。辅助继电器有常开和常闭两种接点，只有ON和OFF两种状态，接点使用和输入继电器类似，当在ON状态下，常开接点闭合，常闭接点断开；在OFF状态下，常开接点断开，常闭接点闭合。

（1）通用辅助继电器编号　按十进制编号　通用辅助继电器在通电之后，全部处于OFF状态。根据设定的参数，可以更改为停电保持区域。

（2）保持辅助继电器编号　保持用辅助继电器，当PLC断电后，这些继电器会保持断电之前的瞬间状态的功能，再次通电之后能保持断电前的状态。其他特性与通用辅助继电器完全一样。停电保持区域为M500～M1023，根据设定的参数，可以更改为非停电保持区域。M1024～M7679不能通过参数进行更改停电保持的特性。

（3）特殊辅助继电器（M8000～M8255）　特殊辅助继电器是具有某项特定功能的辅助继电器，这种特殊功能辅助继电器可分为两大类，即触点型和线圈型。

可编程控制器中有多个辅助继电器。这些辅助继电器的线圈与输出继电器相同，是通过可编程控制器中的各种软元件的触点来驱动的。

辅助继电器有无数个电子常开触点和常闭触点，可在可编程控制器中随意地使用。但是，不能通过这个触点直接驱动外部负载，外部负载必须通过输出继电器进行驱动。

辅助继电器（M）的编号如表2-3所示（编号以十进制数分配）。

表2-3　辅助继电器的编号

PLC类型	通用	停电保持用	（电池保持）	特殊用
FX3U/FX3UC 可编程控制器	M0～M499 500点	M500～M1023 524点	M1024～M7679 6656点	M8000～M8511 512点

使用简易PC链接和并联连接的情况下，一部分辅助继电器被占用为链接使用。

辅助继电器 M0 的梯形图如图 2-12 所示。

图2-12 辅助继电器M0

4. 状态器（S）

状态（组件）器在步进顺控类的控制程序中起着重要的作用，它与步进指令 STL 配合使用，共分为 5 类。前 4 种状态器 S 要与步进指令 STL 配合使用。第 5 种状态组件是专为报警指示所编程序的错误设置的。当不用步进顺控指令时，可以作为辅助继电器 M 在程序中使用。状态组件有初始用状态器、返回原点用状态器、普通状态器、保持状态器、报警用状态器。状态器 S 是对工序步进形式的控制进行简易编程所需的重要软元件，需要与步进梯形图指令 STL 组合使用。而且，在使用 SFC（sequential function chart）图的编程方式中也可以使用状态器。

通用型状态器，S0 ～ S499 为非停电保持区域。根据设定的参数，可以更改为停电保持（电池保持）区域 S500 ～ S899。根据设定的参数，停电保持区域可以更改为非停电保持区域。固定停电保持专用状态器 S1000 ～ S4095 不能通过参数改变停电保持的特性。

状态器（S）的编号如表 2-4 所示（编号以十进制数分配）。

表2-4 状态器的编号

PLC类型	通用	停电保持用 （电池保持）	固定停电保持专用 （电池保持）	信号报警器用
FX3U/FX3UC 可编程控制器	S0～S499 500点 （S0～S9作为初始化用）	S500～S899 400点	S1000～S4095 3096	S900～S999 100点

状态器 S0 的梯形图如图 2-13 所示。

图2-13 状态器S0

5. 定时器（T）

定时器在 PLC 中的作用，相当于电气系统中的电延时时间继电器。定时器中有一个设定值寄存器（一个字长）、一个当前值寄存器（一个字长）和一个用来存储其输出触点的映像寄存器（一个二进制位），这三个量使用同一地址编号。但使用场合不一样，意义也不同。定时器可提供无数对常开、常闭延时触点供编程用。通常 PLC 中有几十至数百个定时器 T。

定时器按特性的不同可分为通用定时器、积算定时器两种。

PLC 定时器工作原理是：定时器是根据时钟脉冲累积计数而达到定时目的的，

时钟脉冲有 1ms、10ms、100ms 三种，当所计数达到规定值时，输出接点动作。定时器可用常数 K 作为设定值，也可以用数据寄存器 D 的内容作为设定值。

（1）通用定时器 通用定时器没有断电保持的功能，即当输入电路断开或停电时定时器复位。通用定时器有 100ms 和 10ms 两种。

① 100ms 定时器：T0～T199，共 200 点，这类定时器是对 100ms 时钟累积计数，设定值为 1～32767，每个定时器设定值范围为 0.1～3276.7s。

定时器 T0 的梯形图如图 2-14 所示。

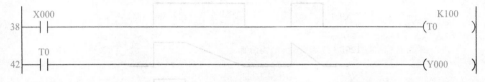

图2-14 通用定时器T0

② 10ms 定时器：T200～T245，46 点，这类定时器是对 10ms 时钟累积计数，设定值为 1～32767，定时范围为 0.01～327.67s。

定时器 T200 的梯形图如图 2-15 所示。

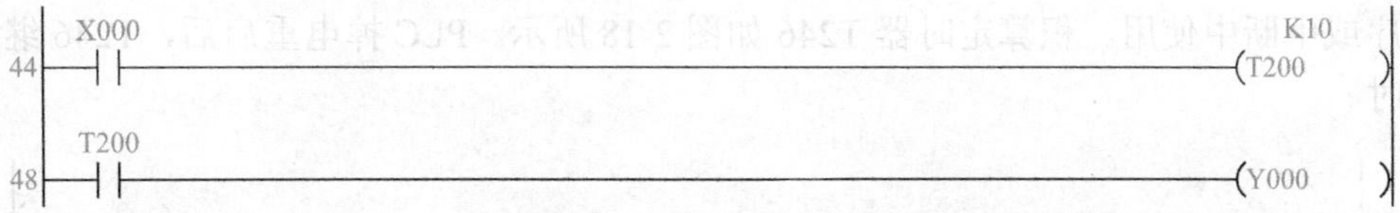

图2-15 通用定时器T200

图 2-16 是定时器的工作原理图。当驱动输入 X001 接通时，定时器 T201 的当前值计数器对 10ms 时钟脉冲进行累积计数，当设定值 K123 与该值相等时，定时器的输出接点接通，即输出接点是在驱动线圈后的 123×0.01s 动作。当输入 X001 断开或发生断电时，计数器复位，输出接点也复位。定时器的工作过程如图 2-17 所示。

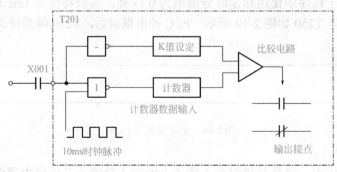

图2-16 定时器的工作原理图

（2）积算定时器 积算定时器具有计数累积的功能。在定时过程中若断电或定时器线圈 OFF，积算定时器将会保持当前的计数值，在通电或定时器线圈 ON 后会继续累积，使其当前值具有保持功能，积算定时器有两种，既 1ms 积算定时器和 100ms 积算定时器。这两种定时器除了定时分辨率不同外，在使用上也有区别。

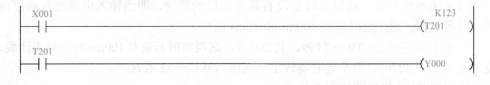

图2-17　定时器的工作过程

① 1ms 积算定时器：有 4 个 1ms 积算定时器，地址为 T246 ～ T249，它们对 1ms 时钟脉冲进行累积计数，定时范围为 0.001 ～ 32767s。1ms 积算定时器可以在子程序或中断中使用。积算定时器 T246 如图 2-18 所示。PLC 掉电重启后，T246 继续计时。

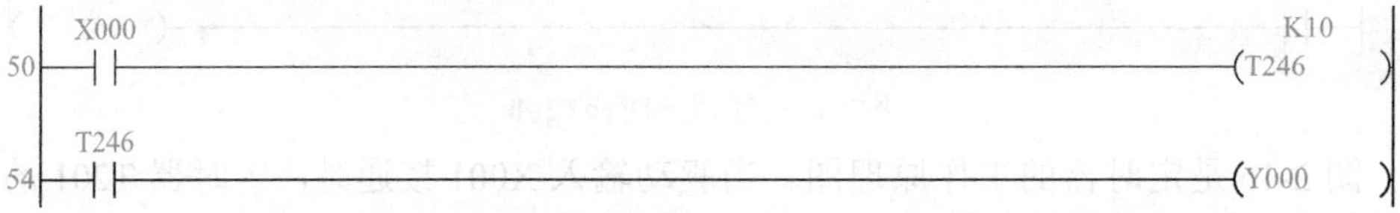

图2-18　积算定时器T246

② 100ms 积算定时器：100ms 积算定时器共有 6 个，地址为 T250 ～ T255。对 100ms 时钟脉冲进行累积计数的定时范围为 0.1 ～ 3276.7s，100ms 积算定时器除了不能在中断或子程序中使用和定时分辨率为 0.1s 外，其余特性与 1ms 积算定时器一样。积算定时器 T250 如图 2-19 所示。PLC 掉电重启后，T250 继续计时。

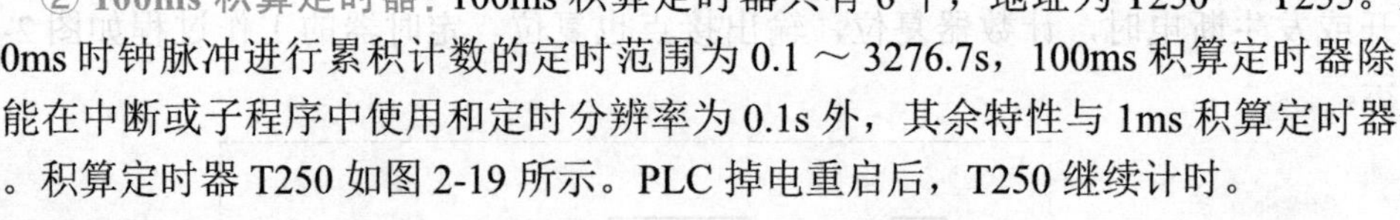

图2-19　积算定时器T250

6. 计数器（C）

计数器的作用，就是对指定输入端子上的输入脉冲或其他继电器逻辑组合的脉冲进行计数。到达计数的设定值时，计数器的接点开始动作。对输入脉冲一般要求要有一定的宽度。计数发生在输入脉冲的上升沿。所有的计数器都有一个常开接点和一个常闭接点。不管是常开还是常闭接点都可以反复使用，使用次数不受限制。

计数器 C 的个数亦随 PLC 的型号不同而不同。如 FX3U 有 235 个（C0 ～ C234）计数器，其中 16 位加计数器有 200 个，C0 ～ C99（100 个）为通用型计数器，C100 ～ C199（100 个）为掉电保持型计数器；32 位加、减计数器有 35 个，其中 C200 ～ C219（20 个）为通用型计数器，C220 ～ C234（15 个）为掉电保持型计数器。

（1）16 位通用型加计数器　16 位的二进制通用型加计数器的设定值在 K1 ～ K32767（十进制常数）范围内有效。计数器 C0 如图 2-20 所示。

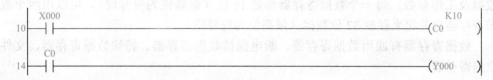

图2-20　计数器C0

PLC 断电重启后，C0 从 0 值重新计数。

（2）16 位掉电保持型加计数器　16 位的二进制掉电保持型加计数器的设定值在 K1 ～ K32767（十进制常数）范围内有效。掉电保持型加计数器 C100 如图 2-21 所示。

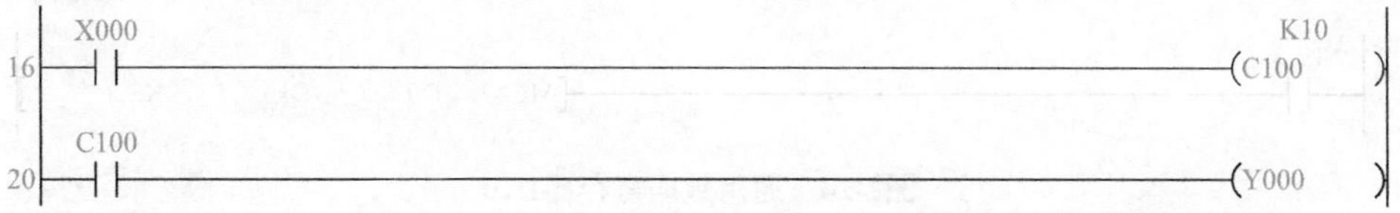

图2-21　掉电保持型加计数器C100

PLC 掉电重启后，C100 继续计数。

（3）32 位通用型加减计数器　32 位的二进制通用型加减计数器的设定值在 K-2147483648 ～ K+2147483647（十进制常数）范围内有效。可以使用辅助继电器 M8200 ～ M8234 指定加、减计数方向，驱动后为减计数器，不驱动为加计数器。通用型加减计数器 C200 如图 2-22 所示。

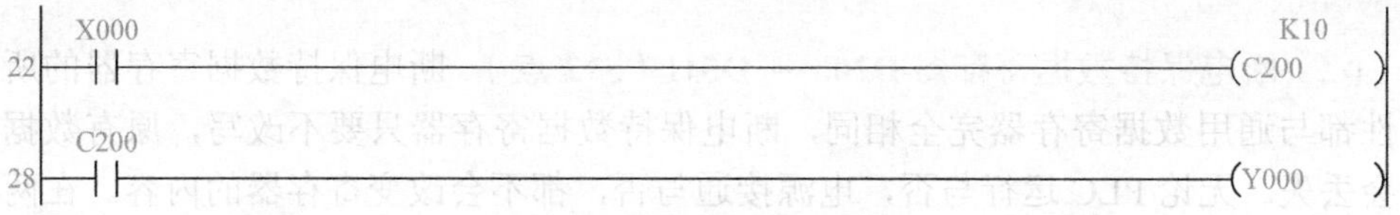

图2-22　通用型加减计数器C200

PLC 断电重启后，C200 从 0 值重新计数。

（4）32 位掉电保持型加减计数器　32 位的二进制掉电保持型加减计数器的设定值在 K-2147483648 ～ K+2147483647（十进制常数）范围内有效。可以使用辅助继电器 M8200 ～ M8234 指定加、减计数方向，驱动后为减计数器，不驱动为加计数器。掉电保持型加减计数器 C220 如图 2-23 所示。

PLC 掉电重启后，C220 继续计数。

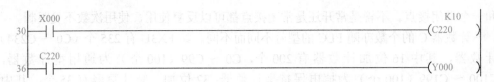

图2-23　掉电保持型加减计数器C220

7. 数据寄存器（D）

可编程控制器中的寄存器用于存储模拟量控制、位置量控制、数据 I/O 所需的数据及工作参数。每一个数据寄存器都是 16 位（最高位为符号位），可以用两个数据寄存器合并起来存放 32 位数据（最高位为符号位）。

数据寄存器有通用数据寄存器、断电保持数据寄存器、特殊数据寄存器、文件数据寄存器。

（1）通用数据寄存器 D0 ～ D199（200 点）　数据寄存器和普通微机的数据寄存器相同。当对一个数据寄存器写入数据时，都将被后写入的数据覆盖掉该寄存器中原来存储的内容。只要不写入其他数据，则已写入的数据不会变化。但是，PLC 状态由运行（RUN）→停止（STOP）时全部数据均清零。通用数据寄存器 D10 如图 2-24 所示。

图2-24　通用数据寄存器D10

当 M8033 触点置 1 时，执行命令 MEAN，求三个数据寄存器 D0、D1、D2 的平均值，并将结果存到 D10 中去。

> 注意：
> 若特殊辅助继电器 M8033 置 1，则在 PLC 由 RUN 转为 STOP 时，数据可以保持，即图 2-24 中 D10 的数据保持。

（2）断电保持数据寄存器 D200 ～ D511（312 点）　断电保持数据寄存器的所有特性都与通用数据寄存器完全相同，断电保持数据寄存器只要不改写，原有数据就不会丢失。无论 PLC 运行与否，电源接通与否，都不会改变寄存器的内容。在两台 PLC 作点对点通信时，D490 ～ D509 被用作通信操作。断电保持数据寄存器 D200 如图 2-25 所示。

图2-25　断电保持数据寄存器D200

（3）特殊数据寄存器 D8000 ～ D8255（256 点）　特殊数据寄存器用于 PLC 内各种元件的运行监视。尤其在调试过程中，可通过读取这些寄存器的内容来监控 PLC

的当前状态，其内容在电源接通（ON）时，写入初始化值（先全部清零，然后由系统 ROM 安排写入初始值）。这些寄存器有的可以读写，有的只能读不能写。未加定义的特殊数据寄存器，用户不能使用。

（4）文件数据寄存器 D1000 ～ D2999（2000 点）　文件数据寄存器的作用是存储用户的数据文件，是存放大量数据的专用数据寄存器，例如采集数据、统计计算数据、多组控制参数等。其数量由 CPU 的监控软件决定，但可以通过扩充存储卡的方法加以扩充。它占用用户程序存储器内的一个存储区，以 500 点为一个单位，最多可在参数设置时设置 2000 点。PLC 运行时，用户的数据文件只能用编程器写入，不能在程序中用指令写入文件数据寄存器，但可以在程序中用 BMOV 指令将文件数据寄存器中的内容读到通用数据寄存器中，但不能用指令将数据写入文件数据寄存器。

8. 文件寄存器（R）

文件寄存器（R）是扩展数据寄存器（D）用的软元件，通过电池进行停电保持。此外，使用存储器盒时，文件寄存器（R）的内容也可以保存在扩展文件寄存器（ER）中。但是，只有在使用了存储器盒的情况下才可以使用这种扩展文件寄存器。

文件寄存器（R）的取值范围为 R0 ～ R32767，共 32768 点。

文件寄存器和数据寄存器相同，都可以用于处理数值数据的各种控制。

文件寄存器 R0 如图 2-26 所示。

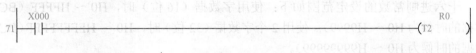

图2-26　文件寄存器R0

9. 变址寄存器（V，Z）

变址寄存器实际上是一种特殊用途的数据寄存器，其作用相当于微机中的变址寄存器，用于改变元件的编号（变址）。

V、Z 都是 16 位的数据寄存器，与其他寄存器一样读写。需要 32 位操作时，可将 V、Z 串联使用（Z 为低位，V 为高位）。

变址寄存器除了可与数据寄存器的使用方法相同以外，还可以通过应用指令的操作数组合使用其他的软元件编号和数值，从而在程序中更改软元件的编号和数值内容。

变址寄存器的取值范围为 V0 ～ V7，Z0 ～ Z7。

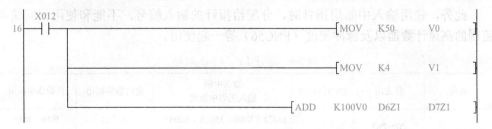

图2-27　变址寄存器

图 2-27 中 Z1 的值为 4，D6Z1 相当于软元件 D10（6+4），V0 的值为 50，

K100V0 就相当于 K150（100+50），当 X012 接通，常数 50 被送到 V0，ADD 指令完成运算 K100V0+D6Z1 的值，并送到 D7Z1 中去。

10. 常数（K，H）

常数也可作为元件处理，它在存储器中占有一定的空间。

常数常用数值的种类有：

（1）**十进制**　定时器和计数器的设定值（K 常数）；辅助继电器（M）、定时器（T）、计数器（C）、状态器（S）等的编号（软元件编号）；应用指令的操作数中的数值指定和指令动作的指定（K 常数）。

K 是表示十进制整数的符号，主要用于指定定时器和计数器的设定值，或是应用指令的操作数中的数值（例如 K1234）。

十进制常数的指定范围如下：使用字数据（16 位）时，K-32768 ～ K32767；使用 2 个字数据（32 位）时，K-2147483648 ～ K2147483647。

（2）**十六进制数**　应用指令的操作数中的数值指定和指令动作的指定（H 常数）。

H 是表示十六进制数的符号，主要用于指定应用指令的操作数的数值（例如 H1234）。而且，各位数在 0 ～ 9 的范围内使用的时候，各位的状态（1 或 0）和 BCD 代码相同，因此可以指定 BCD 数据（例如：H1234 以 BCD 指定数据时，请在 0 ～ 9 的范围内指定十六进制数的各位数）。

十六进制常数的设定范围如下：使用字数据（16 位）时，H0 ～ HFFFF（BCD 数据的时候为 H0 ～ H9999）；使用 2 个字数据（32 位）时，H0 ～ HFFFFFFFF（BCD 数据的时候为 H0 ～ H99999999）。

（3）**实数**　采用二进制浮点数（实数）进行浮点运算，并采用了十进制浮点数（实数）进行监控。E 是表示实数（浮点数）的符号，主要用于指定应用指令的操作数的数值（例如 E1.234 或是 E1.234+3）。

实数的指定范围为：$-1.0 \times 2^{128} \sim -1.0 \times 2^{-126}$，0，$1.0 \times 2^{-126} \sim 1.0 \times 2^{128}$。

在顺控程序中，实数可以指定"普通表示"和"指数表示"两种。

普通表示，10.2345 就以 E10.2345 指定。

指数表示，1234 以 E1.234+3 指定。其中，"+n"表示 10 的 n 次方（+3 为 10^3）。

11. 指针（P、I）

指针（P、I）的编号如表 2-5 所示。（编号以十进制数分配）

此外，使用输入中断用指针时，分配给指针的输入编号，不能和使用相同输入范围的高速计数器以及脉冲密度（FNC56）等一起使用。

表 2-5　指针（P、I）的编号

系列	分支用	END跳转用	输入中断 输入延迟中断用		定时器中断用	计数器中断用
FX3U-FX3UC 可编程控制器	P0～P62 P64～P4095 4095点	P63 1点	I00□（X000）I30□（X003）I10□（X001）I40□（X004）I20□（X002）I50□（X005） 6点		I6□□ I7□□ I8□□ 3点	I010　I040 I020　I050 I030　I060 6点

FX 系列 PLC 的指令中允许使用两种标号：一种为 P 标号，用于子程序调用或跳转；另一种为 I 标号，专用于中断服务程序的入口地址。

P 标号有 64 个，用在跳转指令中，使用格式：CJP0 ~ CJP62。从 P0 到 P63，不能随意指定，P63 相当于 END。中断标号 P0 的梯形图如图 2-28 所示。

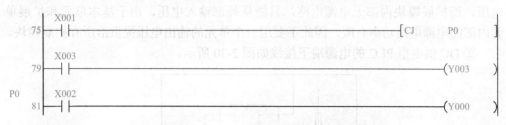

图2-28　中断标号P0的梯形图

I 标号有 9 点，其中 6 点用于外中断，3 点用于内中断。

FX 系列 PLC 的步进指令为 STL 和 RET：STL 为步进接点指令；RET 为步进返回指令。STL 和 RET 指令只有与状态器 S 配合才能具有步进功能。

四、FX系列PLC的外部接线

1. 外电源连接

① AC 供电型 PLC 的电源端子接线如图 2-29 所示。

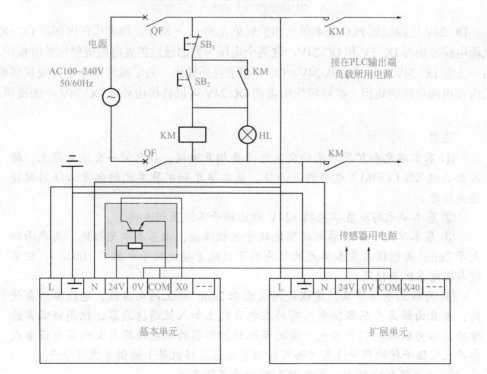

图2-29　AC供电型PLC的电源端子接线图

AC 100～240V 交流电源接到 PLC 基本单元和扩展单元的 L、N 端子，交流电压在内部经 AC/DC 电源电路转换得到 DC 24V 和 DC 5V 直流电压，这两个电压一方面通过扩展电缆提供给扩展模块，另一方面 DC 24V 电压还会从 24V、COM 端子往外输出。

扩展单元和扩展模块的区别在于：扩展单元内部有电源电路，可以往外部输出电压，而扩展模块内部无电源电路，只能从外部输入电压，由于基本单元和扩展单元内部的电源电路功率有限，因此不要用一个单元的输出电压提供给所有扩展模块。

② DC 供电型 PLC 的电源端子接线如图 2-30 所示。

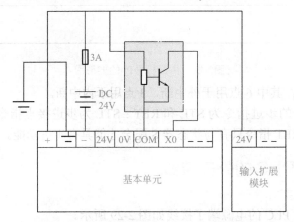

图2-30　DC供电型PLC的电源端子接线图

DC 24V 电源接到 PLC 基本单元和扩展单元的 +、- 端子，该电压在内部经 DC/DC 电源电路转换得 DC 5V 和 DC 24V，这两个电压一方面通过扩展电缆提供给扩展模块，另一方面 DC 24V 电压还会从 24V、COM 端子往外输出。为了减轻基本单元或扩展单元内部电源电路的负担，扩展模块所需的 DC 24V 可以直接由外部 DC 24V 电源提供。

注意：

① 基本单元和扩展单元的交流电源要相互连接，接到同一交流电源上，输入公共端 S/S（COM）也要相互连接。基本单元和扩展单元的电源必须同时接通或断开。

② 基本单元与扩展单元的 +24V 输出端子不能互相连接。

③ 基本单元和扩展单元的接地端子互相连接，由基本单元接地。用截面积大于 $2mm^2$ 的电线在基本单元的接地端子接地（接地端子电阻 ≤ 100Ω），但不能与强电系统共接地。

④ 为防止电压降低，建议使用截面积 $2mm^2$ 以上的电源线，电线要绞合使用，并且由隔离变压器供电。有的在电源线上加入低通滤波器，把高频噪声滤除后再给可编程控制器供电。应把可编程控制器的供电线路与大的用电设备或会产生较强干扰的用电设备（如可控硅整流器弧焊机等）的供电线路分开。

⑤ 直流供电的 PLC，其内部 24V 输出不能采用。

2. 输入电路连接

在使用 PLC 之前，必须对其输入回路有一定的了解，否则会因为接线错误造成 PLC 或输入/输出设备的损坏。

各类 PLC 的输入电路大致相同，通常有三种类型。第一种是直流 12～24V 输入，第二种是交流 100～120V、200～240V 输入，第三种是交直流输入。外界输入器件可以是无源触点，也可以是有源的传感器输入。这些外部器件都要通过 PLC 端子与 PLC 连接，都要形成闭合有源回路，所以必须提供电源。

（1）有源开关量连接 如光电开关等传感器开关器件，其输入部分接直流电源（可接 PLC 的内部 24V 输出电源），其输出部分接在输入端子和输入公共端子两点之间。

（2）无源开关量连接 无源开关量接在输入端子和输入公共端子两点之间。

① 无源开关的接线 FX2N 系列 PLC 只有直流输入，且在 PLC 内部，将输入端与内部 24V 电源正极相连、COM 端与负极连接，如图 2-31 所示。这样，其无源的开关类输入，不用单独提供电源。这与其他类 PLC 有很大区别，在今后使用其他 PLC 时，要注意仔细阅读其说明书。

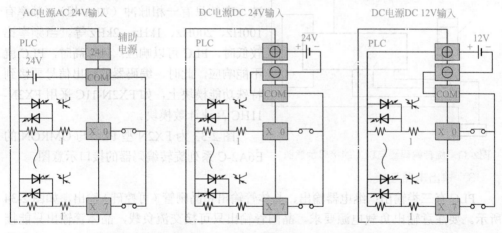

图2-31 FX系列PLC与无源开关的输入连接示意图

② 接近开关的接线 接近开关指本身需要电源驱动，输出有一定电压或电流的开关量传感器。开关量传感器根据其原理分有很多种，可用于不同场合的检测，但根据其信号线可以分成三大类：两线式、三线式、四线式。其中四线式有可能同时提供一个动合触点和一个动断触点，实际中只用其中之一；或者是第四根线为传感器校验线，校验线不会与 PLC 输入端连接。因此，无论哪种情况都可以参照三线式接线。图 2-32 为 PLC 与传感器连接的示意图。

两线式为信号线与电源线。三线式分别为电源正、负极和信号线。不同作用的导线用不同颜色表示，这种颜色的定义有不同的方法，使用时参见相关说明书。图 2-32（b）所示为一种常见的颜色定义。信号线为黑色时为动合式；动断式用白色导线。

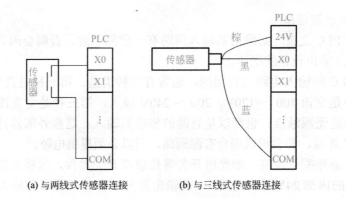

(a) 与两线式传感器连接　　　　(b) 与三线式传感器连接

图2-32　PLC与传感器连接示意图

图 2-32 所示传感器为 NPN 型，是常用的形式。对于 PNP 型传感器与 PLC 连接，不能照搬这种连接方式，要参考相应的资料。

③ 旋转编码器的接线：旋转编码器可以提供高速脉冲信号，在数控机床及工业控制中经常用到。不同型号的编码器输出的频率、相数也不一样。有的编码器输

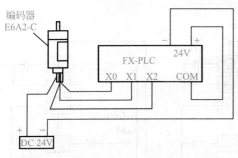

图2-33　旋转编码器与PLC的接口示意图

出 A、B、C 三相脉冲，有的只有两相脉冲，有的只有一相脉冲（如 A 相），频率有 100Hz、200Hz、1kHz、2kHz 等。当频率比较低时，PLC 可以响应；频率高时，PLC 就不能响应，此时，编码器的输出信号要接到特殊功能模块上，如 FX2N-11C 采用 FX2N-11HC 高速计数模块。

图 2-33 为 FX2N 型 PLC 与 OMRON 的 E6A2-C 系列旋转编码器的接口示意图。

3. 输出电路连接

PLC 有三类输出：继电器输出、晶体管输出和晶闸管（可控硅）输出，如图 2-34 所示。要注意输出负载电源要求。晶闸管输出只可接交流负载，晶体管输出只能接直流负载，继电器输出既可接交流负载也可接直流负载。当负载额定电流、功率等超过接口指标后要用接触器、继电器等过渡，通过它们接大功率电源。

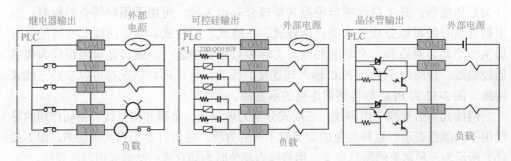

图2-34　三种类型PLC输出内部原理及外部接线示意图

（1）继电器输出　继电器输出接线图如图 2-35、图 2-36 所示。

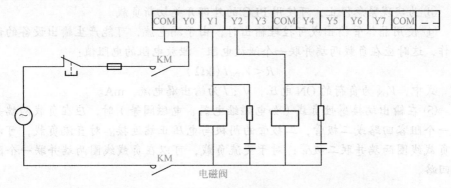

图2-35　交流负载接线图

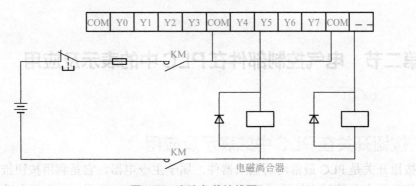

图2-36　直流负载接线图

（2）晶体管输出　晶体管输出接线图见图 2-37。

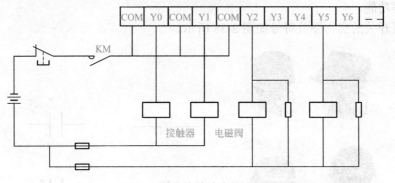

图2-37　晶体管输出接线图

注意：
① 不要对空端子接线。
② 对继电器输出，第 4 点应使用一只 5～15A 的熔断器，对晶体管输出，第 4 点应使用一只 1～2A 的熔断器。

③ 为实现紧急停止，可使用 PLC 的外部开关切断负载。

④ 使用晶体管输出或可控硅输出时，由于漏电流，可能产生输出设备的误动作，这时应在负载两端并联一个泄放电阻。泄放电阻的电阻值：

$$R < V_{ON}/I \ (k\Omega)$$

式中，V_{ON} 为负荷的 ON 电压，V；I 为输出漏电流，mA。

⑤ 在输出端接感性负载（如电磁继电器、电磁阀等）时，应在负载两端并联一个阻容回路或二极管，二极管的阴极与电压正端连接。对直流负载，可以在负载线圈两端并联二极管；对于交流负载，可以在负载线圈两端并联一个阻容回路。

第二节　电气控制部件在PLC中的表示及应用

一、按钮开关在PLC中的表示及应用

按钮开关是 PLC 最常用的输入器件，属于主令电器。它是利用按钮推动传动机构，使动触点与静触点接通或断开，并实现电路换接的开关。在电气自动控制电路中，用于手动发出控制信号，给 PLC 输入端子输送输入信号，用于实现系统的启动和停止等功能。

按钮开关的实物图及符号如图 2-38 所示。

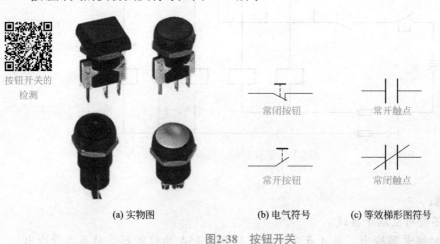

常闭按钮　　常开触点

常开按钮　　常闭触点

(a) 实物图　　　　(b) 电气符号　　　(c) 等效梯形图符号

图2-38　按钮开关

与 PLC 连接时一般接成常开，根据要求不同可以实现点动和自锁的控制效果。

具体接线方法如图 2-39 所示。

二、行程开关在PLC中的表示及应用

行程开关是一种利用机械运动部件的碰撞来发出控制指令的器件，用于 PLC 的信号输入。行程开关多用于运动机械设备的限位保护、自动往返等场合，是有触点开关，在操作频繁时易产生故障，工作可靠性较低。行程开关的实物图及符号如图 2-40 所示，行程开关与 PLC 的接线方法如图 2-41 所示。

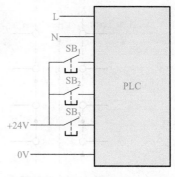

图2-39　按钮开关与PLC接线图

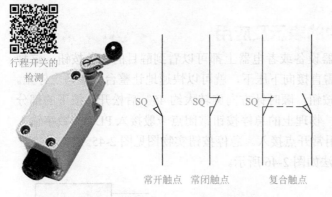

常开触点　常闭触点　　复合触点

图2-40　行程开关的实物图及符号图

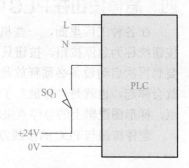

图2-41　行程开关与PLC接线图

三、转换开关在PLC中的表示及应用

转换开关又叫万能转换开关，它是由多组相同的触点组件叠装而成、控制多回路的主令电器，在控制系统中使用非常普遍，多用于手动 / 自动、本地 / 远程等模式的切换与选择。转换开关实物图见图 2-42。

图2-42　转换开关实物图

万能转换开关的检测1

万能转换开关的检测2

转换开关的接线相对于按钮要复杂，其在电路图中的符号如图 2-43 所示，图 2-43 是一个三挡位的转换开关，在零位时，1-2 触点闭合，往左旋转 5-6、7-8 触点闭合，往右旋转 5-6、3-4 触点闭合。触点接线图如图 2-44 所示。

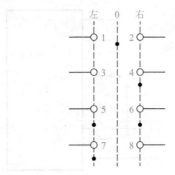

图2-43 电路图符号

项目	位置		
触点	左	0	右
1-2		×	
3-4			×
5-6	×		×
7-8	×		

图2-44 触点接线图

四、急停按钮在PLC中的表示及应用

在各种工厂里面，一些机器设备或者电器上都可以看到醒目的红色按钮，这种按钮统称为急停按钮。按钮只需直接向下压下，就可以快速地让整台设备马上停止。要想再次启动设备必须释放此按钮，顺时针方向旋转大约45°后松开，按下的部分就会弹起，也就是"释放"了。物理上的急停按钮常闭点一般接入PLC的数字输入点，梯形图逻辑上的急停点采用常开点接入。急停按钮实物图见图2-45。

急停按钮与PLC的接线方法如图2-46所示。

图2-45 急停按钮实物图

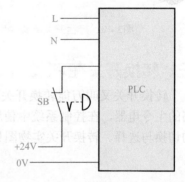

图2-46 急停按钮与PLC接线图

五、传感器在PLC中的表示及应用

工业现场中越来越多地使用各种数字量传感器来控制信号的输入，比较常用的有磁性开关和光电传感器。

磁性开关通常用来代替行程开关，可以嵌入安装在T形槽内，可以对运动部件进行位置检测，例如气缸伸出和缩回到位、行走电机的位置等。磁性开关实物图如图2-47所示。

光电传感器通常有反射式和对射式两种，常用作物料有无、工件到位的检测。光电传感器实物图如图2-48、图2-49所示。

图2-47　磁性开关实物图　　图2-48　反射式光电传感器图　　图2-49　对射式光电传感器图

六、继电器在PLC中的表示及应用

继电器的实物图及符号如图2-50所示，它是一种根据输入信号的变化，来接通或分断小电流电路的电器装置。

 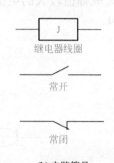 

(a) 继电器实物　　　　　　(b) 电路符号　　　　　(c) 相应的PLC梯形图

图2-50　继电器示意图

七、接触器在PLC中的表示及应用

接触器是最常用的PLC输出器件，用于分断主电路，控制电动机的启动和停止。PLC的输出端接接触器的线圈。接线如图2-51所示。

八、信号指示灯在PLC中的表示及应用

电源有12V和24V，颜色有绿色、黄色、红色，在工控现场中绿色指示灯代表启动，黄色代表复位，红色代表停止，闪动的红色代表报警。信号指示灯实物图及PLC接线图见图2-52、图2-53所示。

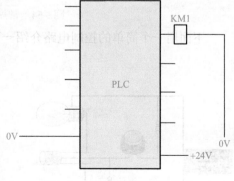

图2-51　接触器与PLC接线图

67

图2-52　信号指示灯实物图

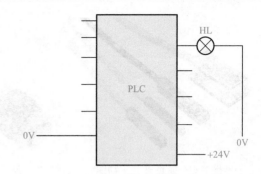

图2-53　信号指示灯与PLC接线图

九、三极管在PLC中的表示及应用

　　三极管，全称为半导体三极管，也称双极型晶体管，是一种控制电流的半导体器件，其作用是把微弱信号放大成幅值较大的电信号，也用作无触点开关。常见三极管实物图及电路符号见图2-54。

三极管的
检测

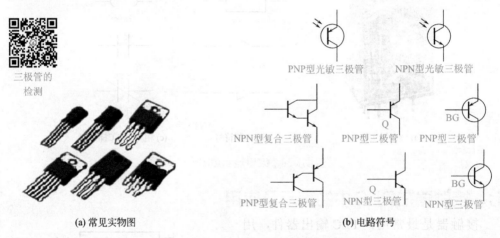

(a) 常见实物图　　　　　　　　　　　　　　　　(b) 电路符号

图2-54　常见三极管外观及符号

　　下面用一个简单的控制电路介绍一下NPN型三极管，见图2-55、图2-56。

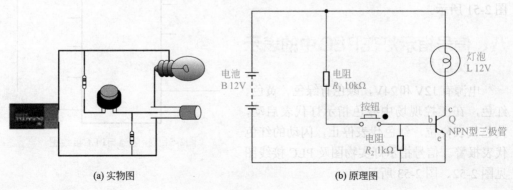

(a) 实物图　　　　　　　　　　　　　(b) 原理图

图2-55　按钮开关未按下

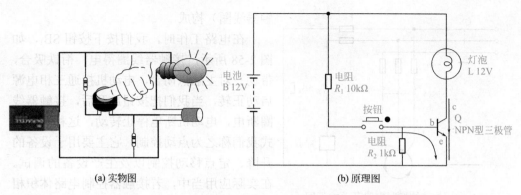

(a) 实物图	(b) 原理图

图2-56　按钮开关按下

图 2-55（a）为实物图，图（b）是与之相对应的原理图，按钮开关未按下时三极管 b 脚没有电，电流无法从三极管 c 脚流向 e 脚，此时灯泡不亮。

图 2-56（a）为实物图，图（b）是与之对应的原理图，按下按钮开关时，三极管 b 有电流，此时 c 脚与 e 脚导通，电流从 c、e 脚流过，故灯泡点亮。

第三节　PLC的引入及各单元电路梯形图

一、PLC的引入——点动电路

点动控制如图 2-57 所示。

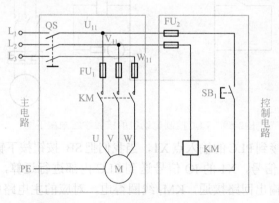

图2-57　传统的控制电路开关未按下图

这是一个传统的控制电路，这个电路分为主电路和控制电路两部分。

① 主电路有 QS（断路器）、FU_1（熔断器）、KM（接触器主触点）、M（电动机）。

② 控制电路（也称为辅助电路）由 FU_2（熔断器）、SB_1（常开触点）、KM（接

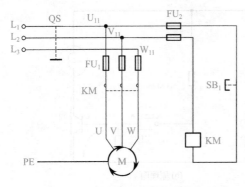

图2-58 传统的控制电路开关按下图

触器线圈）构成。

在电路工作时，我们按下按钮 SB_1，如图 2-58 所示，接触器线圈得电，衔铁吸合，带动三对主触点闭合，电动机接通三相电源启动正转，当我们把按钮放开后，接触器线圈断电，电动机断电停止转动，这种控制方式我们称之为点动控制。它主要用于设备的升降、定点移动控制以及生产设备的调试。在实际应用当中，若接触器控制电路体积相对较大，长时间的机械运动会导致按钮、接触器等元器件的可靠性降低，用到的触点也是有限的，如果我们要改变控制功能，那么电路还需要重新搭建，工作量比较大而且容易出错，正对这些不足，我们就引用 PLC 来实现。

PLC 的信号输入点 X 主要适用于按钮、开关、传感器等输入信号。PLC 的输出点 Y 用来向外部接触器、电磁阀、指示灯、报警装置等输出设备发送信号，中间有 CPU 和存储器，它们主要具有控制整个系统、协调系统内部各部分的工作，以及存储程序和数据的功能。如果想要改变控制功能，只需要修改内部程序即可，外部电路不需要我们去重新调整，以便于我们调试，硬件错误也少，PLC 内部程序中内部继电器的使用也不受限制。如图 2-59 所示。

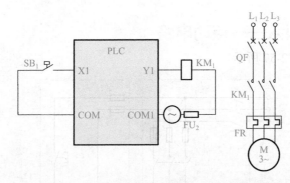

图2-59 PLC控制电动机的接线按钮未按下图

常开按钮 SB_1 接到 PLC 的输入点 X1，当我们把 SB_1 按钮按下输入回路就接通了，X1 就得到一个 IO 信号，X1 的 IO 信号送到 PLC 内部进行运算，就输出一个信号，输出的信号 Y1 将输出回路接通，KM_1 线圈得电，对应的主电路中的 KM 主触点就吸合了，如图 2-60 所示。

PLC 内部控制运算的梯形图如图 2-61 所示。左边那根竖线是左母线，右边那根是右母线，右母线我们可画可不画，我们假想，左母线接电源的正极，右母线接电源的负极，输入继电器 X1 设置成常开触点的形式，串联输出线圈 Y1，当 X1 为 ON

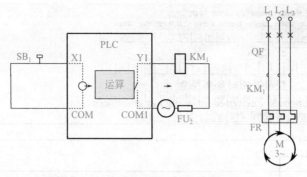

图2-60 PLC控制电动机的接线按钮按下图

状态时，就好比两条母线之间的回路接通了，
我们可认为有个假想的电流流过该回路，线
圈就得电导通了，右上角那个梯形图中对应
的Y1触点（线圈）就会动作，主电路中的接
触器KM₁主触点吸合，电动机就正转工作。左
边KM₁主触点吸合了，变成直线了，同时变红
了证明得电了，当我们松开按钮的时候，如
图2-62、图2-63所示。

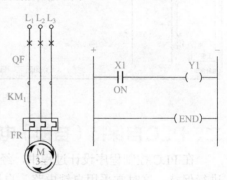

图2-61 按钮按下PLC内部控制运算的梯
形图

　　图 2-62 中，我们松开按钮时，也就是说
X1 处于 OFF 的时候，母线之间的回路开路，
Y1 线圈就断电了，主触点复位断开，电动机
就会失电停止工作。这样点动控制的设计就完成了，我们把设计的这个图叫作梯形
图，这就是 PLC 内部的运算控制。最后我们借助 GX Developer 编程软件把设计好的
梯形图写入 PLC 当中去，如图 2-64 所示。

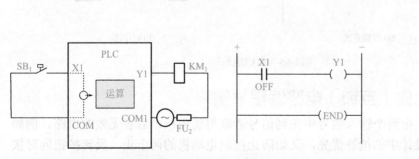

图2-62 PLC控制电动机的接线按钮松开图及其梯形图

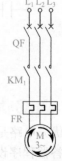

图2-63 按钮松开
电动机接线图

　　连接好外部 X 和 Y 的供电电路，按下启动按钮，电动机启动，松开按钮电动机
停止工作。

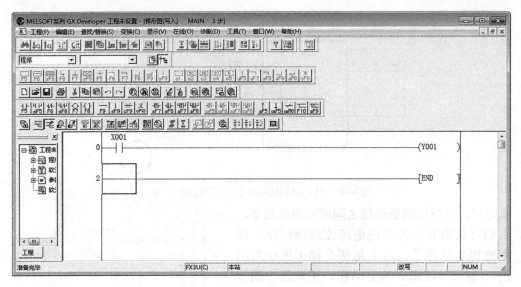

图2-64　梯形图

二、PLC自保持（自锁）电路编程举例

在 PLC 控制程序设计过程中，经常要对脉冲输入信号或者是点动按钮输入信号进行保持，这时常采用自锁电路。自锁电路的基本形式如图 2-65 所示。将输入触点（X1）与输出线圈的动合触点（Y1）并联，这样一旦有输入信号（超过一个扫描周期），就能保持 Y1 有输出。要注意的是，自锁电路必须有解锁设计，一般在并联之后采用某一动断触点作为解锁条件，如图中的 X0 触点。

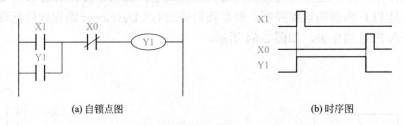

(a) 自锁点图　　　　　　　　　　　　　　　　(b) 时序图

图2-65　自锁电路图

三、PLC优先（互锁）电路编程举例

优先电路是指两个输入信号中先到信号者取得优先权，后者无效的电路。例如在抢答器程序设计中的抢答优先，又如防止控制电动机的两个正、反转按钮同时按下的保护电路。图 2-66 所示为优先电路。图中，X0 先接通，M10 线圈接通，则 Y0 线圈有输出；同时由于 M10 的动断触点断开，X1 输入再接通时，亦无法使 M11 动作，Y1 无输出。若 X1 先接通，情况相反。

但该电路存在一个问题：一旦 X0 或 X1 输入后，M10 或 M11 被自锁和互锁的作用，使 M10 或 M11 永远接通。因此，该电路一般要在输出线圈前串联一个用于解锁的动断触点。

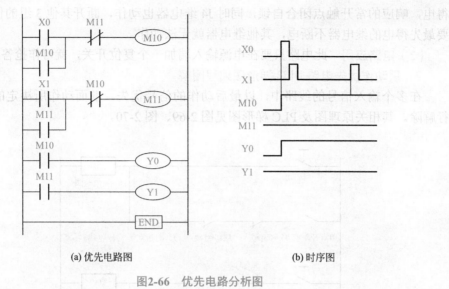

(a) 优先电路图　　　　　　　　　　(b) 时序图

图2-66　优先电路分析图

1. 先动作优先电路 PLC 梯形图编程图解

在多个输入信号的线路中，以最先动作的信号优先。在最先输入的信号未除去之时，其他信号无法动作。其相关原理图及 PLC 梯形图见图 2-67、图 2-68。

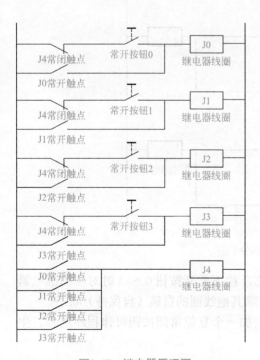

图2-67　继电器原理图

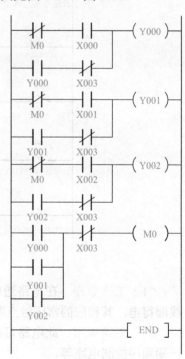

图2-68　PLC 梯形图

（1）工作原理 常开按钮 0～3 不管哪一个按下时，其对应的继电器线圈都会得电，响应的常开触点闭合自锁，同时 J4 继电器也动作，断开其他 3 组的供电，只要最先得电的继电器不断电，其他继电器就无法动作。

（2）电路应用 此电路只要在电源输入端加一个复位开关，就可作抢答器用。

2. 后动作优先电路 PLC 梯形图编程图解

在多个输入信号的线路中，以最后动作的信号优先。前面动作所决定的状态自行解除。其相关原理图及 PLC 梯形图见图 2-69、图 2-70。

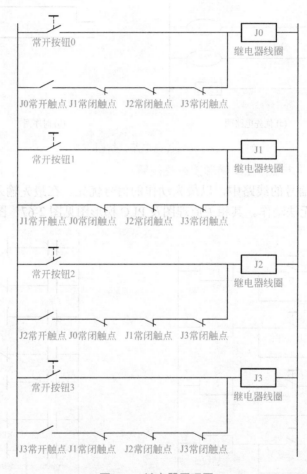

图2-69 继电器原理图

（1）工作原理 在电路通电的任何状态，按下常开按钮 0～3 时对应的继电器线圈得电，其相应的常闭触点断开，同时解除其他线圈的自锁（自保持）状态。

（2）电路应用 此电路可在电源输入端加一个复位常闭按钮可作程序选择、生产期顺序控制电路等。

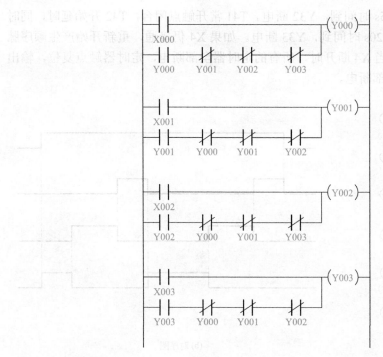

图2-70 等效PLC梯形图

四、产生脉冲的PLC程序梯形图

1. 周期可调的脉冲信号发生器

如图 2-71 所示，采用定时器 T0 产生一个周期可调节的连续脉冲。当 X0 常开触点闭合后，第一次扫描到 T0 常闭触点时，它是闭合的，于是 T0 线圈得电，经过 1s 的延时，T0 常闭触点断开。T0 常闭触点断开后的下一个扫描周期中，当扫描到 T0 常闭触点时，因它已断开，使 T0 线圈失电，T0 常闭触点又随之恢复闭合。这样，在下一个扫描周期扫描到 T0 常闭触点时，又使 T0 线圈得电，重复以上动作，T0 的常开触点连续闭合、断开，就产生了脉宽为一个扫描周期、脉冲周期为 1s 的连续脉冲。改变 T0 的设定值，就可改变脉冲周期。

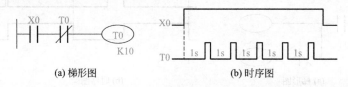

(a) 梯形图　　　　　　　　　(b) 时序图

图2-71 周期可调的脉冲信号发生器

2. 顺序脉冲发生器

如图 2-72（a）所示为用三个定时器产生一组顺序脉冲的梯形图程序，顺序脉冲波形如图 2-72（b）所示。当 X4 接通，T40 开始延时，同时 Y31 通电，定时 10s 时间到，T40 常闭触点断开，Y31 断电。T40 常开触点闭合，T41 开始延时，同时 Y32

通电，当 T41 定时 15s 时间到，Y32 断电。T41 常开触点闭合，T42 开始延时，同时 Y33 通电，T42 定时 20s 时间到，Y33 断电。如果 X4 仍接通，重新开始产生顺序脉冲，直至 X4 断开。当 X4 断开时，所有的定时器全部断电，定时器触点复位，输出 Y31、Y32 及 Y33 全部断电。

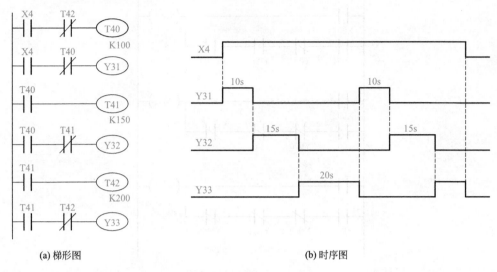

(a) 梯形图　　　　　　　　　　　　　　(b) 时序图

图2-72　顺序脉冲发生器

五、单脉冲 PLC 程序梯形图

单脉冲程序如图 2-73 所示，从给定信号（X0）的上升沿开始产生一个脉宽一定的脉冲信号（Y1）。当 X0 接通时，M2 线圈得电并自锁，M2 常开触点闭合，使 T1 开始定时、Y1 线圈得电。定时时间 2s 到，T1 常闭触点断开，使 Y1 线圈断电。无论输入 X0 接通的时间长短怎样，输出 Y1 的脉宽都等于 T1 的定时时间 2s。

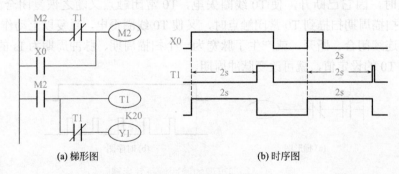

(a) 梯形图　　　　　　　　　　　　　　(b) 时序图

图2-73　单脉冲程序

六、断电延时动作的 PLC 程序梯形图

大多数 PLC 的定时器均为接通延时定时器，即定时器线圈通电后开始延时，待

定时时间到，定时器的常开触点闭合、常闭触点断开。在定时器线圈断电时，定时器的触点立刻复位。

如图 2-74 所示为断电延时动作的 PLC 程序梯形图和动作时序图。当 X13 接通时，M0 线圈接通并自锁，Y3 线圈通电，这时 T13 由于 X13 常闭触点断开而没有接通定时；当 X13 断开时，X13 的常闭触点恢复闭合，T13 线圈得电，开始定时。经过 10s 延时后，T13 常闭触点断开，使 M0 复位，Y3 线圈断电，从而实现从输入信号 X13 断开，经 10s 延时后，输出信号 Y3 才断开的延时功能。

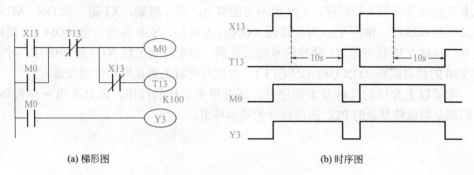

(a) 梯形图　　　　　　　　　　　　(b) 时序图

图2-74　断电延时动作的程序

七、分频 PLC 程序梯形图

在许多控制场合，需要对信号进行分频。下面以如图 2-75 所示的二分频程序为例来说明 PLC 是如何来实现分频的。

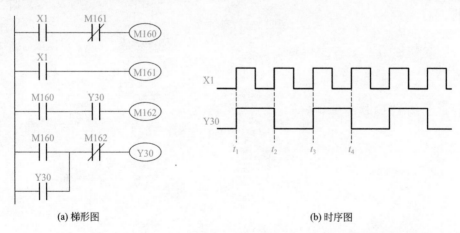

(a) 梯形图　　　　　　　　　　　　(b) 时序图

图2-75　二分频程序

图 2-75 中，Y30 产生的脉冲信号是 X1 脉冲信号的二分频。图（a）中用了三个辅助继电器 M160、M161 和 M162。当输入 X1 在 t_1 时刻接通（ON）时，M160 产生脉宽为一个扫描周期的单脉冲，Y30 线圈在此之前并未得电，其对应的常开触点处于断开状态，因此执行至第 3 行程序时，尽管 M160 得电，但 M162 仍不得

电，M162 的常闭触点处于闭合状态。执行至第 4 行，Y30 得电（ON）并自锁。此后，多次循环扫描执行这部分程序，但由于 M160 仅接通一个扫描周期，所以 M162 不可能得电。由于 Y30 已接通，对应的常开触点闭合，所以为 M162 的得电做好了准备。

等到 t_2 时刻，输入 X1 再次接通（ON），M160 上再次产生单脉冲。此时在执行第 3 行程序时，M162 条件满足得电，M162 对应的常闭触点断开。执行第 4 行程序时，Y30 线圈失电（OFF）。之后虽然 X1 继续存在，但由于 M160 是单脉冲信号，且多次扫描执行第 4 行程序，Y30 也不可能得电。在 t_3 时刻，X1 第三次 ON，M160 上又产生单脉冲，输出 Y30 再次接通（ON）。t_4 时刻，Y30 再次失电（OFF），循环往复。这样 Y30 正好是 X1 脉冲信号的二分频。由于每当出现 X1（控制信号）时就将 Y30 的状态翻转（ON/OFF/ON/OFF），故这种逻辑关系也可用作触发器。

除了以上介绍的几种基本程序外，还有很多这样的程序，此处不再一一列举，它们都是组成较复杂的 PLC 应用程序的基本环节。

第 三 章

三菱FX系列PLC的编程软件及梯形图设计

PLC 编程语言主要有两大类：一是采用字符表达方式的编程语言；二是采用图形符表达方式的编程语言。常见的 PLC 编程语言主要有：

① 梯形图语言：以图形方式表达触点和线圈以及特殊指令块的梯级。

② 语句表达语言：类似于汇编程序的助记符编程表达式。

③ 逻辑图语言：类似于数字逻辑电路结构的编程语言，由与门、或门、非门、定时器、计数器、触发器等逻辑符号组成。

④ 功能表图语言：又称状态转移图语言，它不仅仅是一种语言，更是一种组织控制程序的图形化方式，对于顺序控制系统特别适用。

⑤ 高级语言：为了增强 PLC 的运算、数据处理及通信等功能，特别是大型 PLC，可采用高级语言，如 BASIC、C、PASCAL 语言等。

三菱 FX 系列 PLC 的编程语言主要有梯形图、顺序功能图及指令表。在步进指令编程中采用的顺序功能图的编程语言也称状态转移图，梯形图是 PLC 最主要的编程方式。

三菱系列 PLC 的梯形图设计方法、编程软件 GX Developer 和 GX Simulator 的安装与使用可扫二维码详细学习。

梯形图设计　　编程与仿真软　　GX Simulator
　　　　　　　件使用指导　　软件的安装

第四章
精通编程指令

第一节　基本逻辑指令

一、触点串联指令

1. 与指令

与指令用于单个接点串联，它串联接点的个数理论上没有限制，也就是说这两条指令可以多次重复使用。

在执行 OUT 指令后，通过接点对其他线圈使用 OUT 指令，称为连续输出（或纵接输出），只要电路设计顺序正确，连续输出可以多次重复。

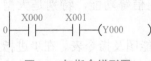

图4-1　与指令梯形图

与指令：AND

操作目标元件：X、Y、M、T、C、S

AND 指令为常开串联触点指令，用于处理触点的串联关系，如图 4-1 所示。

2. 与非指令

与非指令用于单个接点串联，它串联接点的个数理论上没有限制，也就是说这两条指令可以多次重复使用。

与非指令：ANI

操作目标元件：X、Y、M、T、C、S

ANI 指令为常闭串联触点指令，用于处理触点的串联关系，如图 4-2 所示。

图4-2　与非指令梯形图

二、触点并联指令

1. 或指令

或指令用于单个常开接点的并联。

串联连接了 2 个以上的触点时，要将这样的串联回路块与其他回路并联的时候，采用后述的 ORB 指令。"或指令"从这个指令的步开始，与前面的 LD、LDI 指令的步进行并联连接。并联连接的次数不受限制。

或指令：OR

操作目标元件：X、Y、M、T、C、S

OR 指令为常开并联触点指令，用于处理触点的并联关系，如图 4-3 所示。

图4-3 或指令T梯形图

2. 或反转指令（或非指令）

或反转指令用于单个常闭接点的并联。

串联连接了 2 个以上的触点时，要将这样的串联回路块与其他回路并联的时候，采用后述的 ORB 指令。"或反转指令"从这个指令的步开始，与前面的 LD、LDI 指令的步进行并联连接。并联连接的次数不受限制。

或非指令：ORI

操作目标元件：X、Y、M、T、C、S

ORI 指令为常闭并联触点指令，用于处理触点的并联关系，如图 4-4 所示。

图4-4 或反转指令梯形图

三、串并联混合应用

1. 回路块或指令

由 2 个以上的触点串联连接的回路称为串联回路块。

回路块或指令：ORB

操作目标元件：无对象软元件

并联连接串联回路块时，分支的起点使用 LD、LDI 指令，分支的结束使用 ORB 指令。

有多个并联回路时，在每个回路块中使用 ORB 指令。

回路块或指令梯形图如图 4-5 所示。

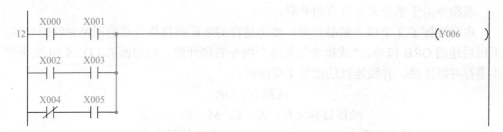

图4-5　回路块或指令梯形图

2 个以上串联的电路称为串联电路块，串联电路块并联连接时，每一个分支作为独立程序段的开始，必须要用 LD 或者 LDI 指令。

如果电路中并联支路较多，集中使用 ORB 指令时，需要注意电路块并联支路数必须小于 8。

2.　回路块与指令

当分支回路（并联回路块）与前面的回路串联连接时，使用 ANB 指令。

分支的起点使用 LD、LDI 指令，并联回路块结束后，可以使用 ANB 指令和前面的回路串联连接。

有多个并联回路的时候，对每个回路块使用 ANB 指令。

回路块与指令：ANB

操作目标元件：无对象软元件

变换前和变换后回路块与指令梯形图分别如图 4-6、图 4-7 所示。

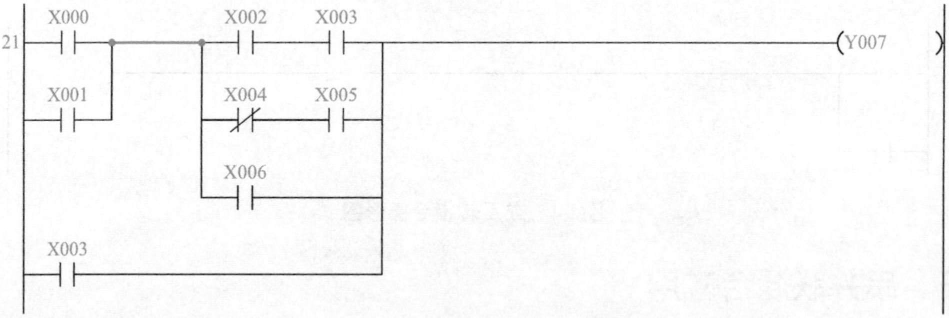

图4-6　变换前回路块与指令梯形图

2 个以上并联的电路称为并联电路块，并联电路块串联连接时，每一个分支作为独立程序段的开始，必须要用 LD 或者 LDI 指令。

如果电路中串联支路较多，集中使用 ANB 指令时，需要注意电路块串联支路数必须小于 8。

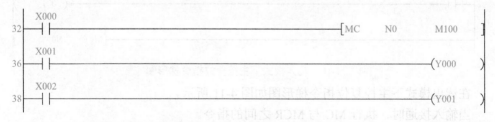

图4-7 变换后回路块与指令梯形图

第二节 基本控制指令

使MC指令使用到MC指令分，则回路块通过的编号是（C、D）后就发现中掉续MC指令。4、C存在使用多级连接通电暂且MC......

因而在指令>的回路块的主体行C，E连续连在接上接指令编上>第其中将值电通里被开。连上C......就说动声一直都电进电圈尺内。

MC为主控指令，门开门之无此中指接触的实结......

主控指令相位门台处反。方在上门各保持......

令不把打工，四操作过对MC 和MCR 和内时。本节的MCR 的门间的......

一、主控与主控复位指令

1. 主控指令

主控指令：MC

操作目标元件：Y、M

执行 MC 指令后，母线（LD、LDI 点）移动到 MC 触点之后。

通过更改软元件编号 Y、M，可以多次使用 MC 指令。但使用同一软元件编号时，和 OUT 指令相同，会出现双线圈输出。

MC 触点后的母线上连接的驱动指令，只在 MC 指令执行时才执行各个动作，不执行 MC 指令时为 OFF 执行（与触点 OFF 时的动作相同）。

当输入接通时，执行 MC 之后（与 MCR 之间）的指令。

在写入模式下主控指令梯形图如图 4-8 所示。

图4-8 写入模式下主控指令梯形图

在读出模式下主控指令梯形图如图 4-9 所示。

与主控接点相连的接点必须用 LD 或 LDI 指令。使用 MC 指令后，母线移到主控接点的后面。使用不同的 Y、M 元件号，可多次使用 MC 指令。但是若使用同一软组件号，将同 OUT 指令一样，会出现双线圈输出。

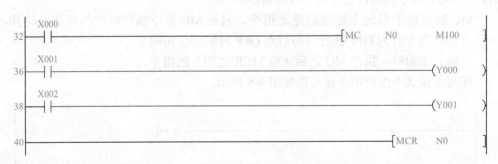

图4-9 读出模式下主控指令梯形图

在 MC 指令内再使用 MC 指令，此时嵌套级的编号（0 ～ 7）就顺次由小增大。MC 指令不允许使用特殊辅助继电器 M。

使用主控指令的接点称为主控接点，它在梯形图中与一般的接点垂直。它们是与母线相连的常开接点，是控制一组电路的总开关。

MC 为主控指令，用于公共串联接点的连接。

主控指令相当于条件分支，符合主控条件的可以执行主控指令后的程序，否则不予执行，直接跳过 MC 和 MCR 程序段，执行 MCR 后面的指令。

2. 主控复位指令

主控复位指令：MCR

操作目标元件：无对象软元件

使用 MCR 指令，可以将其返回原来的母线位置。

在写入模式下主控复位指令梯形图如图 4-10 所示。

图4-10 写入模式下主控复位指令梯形图

在读出模式下主控复位指令梯形图如图 4-11 所示。

当输入接通时，执行 MC 与 MCR 之间的指令。

MCR 使母线回到原来的位置。

在 MC 指令内再使用 MC 指令，此时嵌套级的编号（0 ～ 7）就顺次由小增大。返回时用 MCR 指令，嵌套级的编号则顺次由大减小。

MCR 指令必须与 MC 指令成对使用。

X000
32
MC N0 M100
N0 M100
X001
36
Y000
X002
38
Y001
40
MCR N0

图4-11 读出模式下主控复位指令梯形图

二、多重输出指令

在可编程控制器中，有11个被称为堆栈的内存，用于记忆运算的中间结果（ON或OFF）。

1. 压入堆栈指令

压入堆栈指令：MPS

操作目标元件：无对象软元件

该指令用于将运算结果（或数据）压入栈存储器。

使用进栈指令MPS时，当时的运算结果压入栈的第一层存储，栈中原来的数据依次向下一层推移，如图4-12所示。

X004
X005
42
Y002
MPS
X006
Y003
Y004
X007
Y005

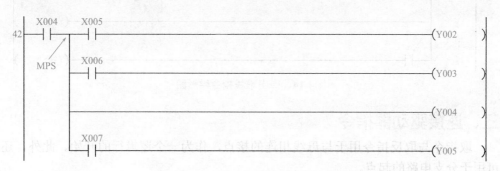

图4-12 压入堆栈指令梯形图

2. 读取堆栈指令

读取堆栈指令：MRD

操作目标元件：无对象软元件

该指令用于将栈的第一层内容读出。

MRD是最上段所存的最新数据的读出专业指令，栈内的数据不发生下压或上托的传送，如图4-13所示。

图4-13　读取堆栈指令梯形图

3. 弹出堆栈指令

弹出堆栈指令：MPP

操作目标元件：无对象软元件

该指令用于将栈第一层的内容弹出来。

使用出栈指令 MPP 时，各层的数据依次向上移动一次。将最上层的数据读出后，此数据就从栈中消失，如图 4-14 所示。

这组指令（MPS、MRD、MPP）用于多重输出电路，无操作数。在编程时有时需要将某些触点的中间结果存储起来，这时可采用这三条指令。

图4-14　弹出堆栈指令梯形图

三、连接驱动器指令

取指令与取反指令用于与母线相连的接点，作为一个逻辑行的开始。此外，还可用于分支电路的起点。

1. 取指令

取指令：LD

操作目标元件：X、Y、M、T、C、S

LD 指令用于连接母线上的触点。和 ANB 指令组合后，也可用在分支起点处。

取用常开触点与左母线相连，如图 4-15 所示。

图4-15　取指令梯形图

2. 取反指令

取反指令：LDI

操作目标元件：X、Y、M、T、C、S

LDI 指令用于连接母线上的触点。和 ANB 指令组合后，也可用在分支起点处。取用常闭触点与左母线相连，如图 4-16 所示。

图4-16　取反指令梯形图

3. 输出指令

输出指令：OUT

操作目标元件：Y、M、T、C、S

OUT 指令是对输出继电器（Y）、辅助继电器（M）、定时器（T）、计数器（C）等的线圈驱动的指令。

由于输入继电器 X 的通断只能由外部信号驱动，不能用程序指令驱动，所以，OUT 指令不能驱动输入继电器的线圈。

驱动一个线圈，通常作为一个逻辑行的结束，如图 4-17 所示。

图4-17　输出指令驱动一个线圈梯形图

OUT 指令用于并行输出，能连续使用多次。当 OUT 指令的操作元件为定时器 T 或计数器 C 时，通常还需要一条常数设定语句，如图 4-18 所示。

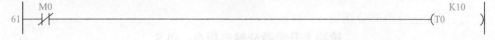

图4-18　输出指令驱动定时器梯形图

四、置位复位指令

1. 置位指令

置位指令：SET

操作目标元件：Y、M、S

SET 指令是当指令输入为 ON 时，对输出继电器（Y）、辅助继电器（M）、状态器（S）及字软件的指定位置 ON 的指令。

此外，即使指定输入为 OFF，通过 SET 指令置 ON 的软元件也可以保持 ON 动作。

置位指令 STE 使被操作的元件接通并保持，如图 4-19 所示。

图4-19　置位指令梯形图

2. 复位指令

复位指令：RST

操作目标元件：Y、M、T、C、S、D、R、V、Z

RST 指令是对输出继电器（Y）、辅助继电器（M）、状态器（S）、定时器（T）、计数器（C）以及字软件的指定位进行复位的指令。该指令可以对用 SET 指令置 ON 的软件进行复位（OFF 处理）。

RST 指令还是清除计数器（C）、数据寄存器（D）、文件寄存器（R）、变址寄存器（V、Z）等的当前值数据的指令。

此外，要将数据寄存器（D）和变址寄存器（V、Z）的内容清零时，也可使用 RST 指令（使用常数为 K0 的 MOV 传送指令也可以得到相同效果）。

另外，使用 RST 指令也可以对累计定时器 T246～T255 的当前值和触点进行复位。

可以对同一软元件，多次使用 SET、RST 指令，而且顺序也可随意。

复位指令 RST 使被操作的元件断开并保持，如图 4-20 所示。

图4-20 复位指令梯形图

对于 Y、M、S 等软元件，SET、RST 指令功能是一样的，对于同一元件，SET、RST 指令可以多次使用，其顺序没有限制。RST 指令还可以使数据寄存器、变址寄存器的内容清零。此外，定时器 T246～T255 的当前值清零和触点复位也可以使用 RST 指令，而且计数器 C 的当前值清零及输出触点复位也可以使用 RST 指令。

五、脉冲指令

1. 脉冲上升沿微分输出

脉冲上升沿微分输出指令：PLS

操作目标元件：Y、M

在输入信号的上升沿产生一个周期的脉冲输出，如图 4-21 所示。

图4-21 脉冲上升沿微分输出指令梯形图

辅助继电器 M 不能是特殊辅助继电器。

2. 脉冲下降沿微分输出

脉冲下降沿微分输出指令：PLF

操作目标元件：Y、M

在输入信号的下降沿产生一个周期的脉冲输出，如图 4-22 所示。

辅助继电器 M 不能是特殊辅助继电器。

图4-22 脉冲下降沿微分输出梯形图

第三节 步进控制指令

一、状态元件与控制指令

使用经验法及基本指令编制的程序存在以下一些问题：

① 工艺动作表达烦琐。

② 梯形图涉及的联锁关系复杂，处理起来比较麻烦。

③ 梯形图可读性差，很难从梯形图看出具体控制工艺过程。

寻求一种易于构思、易于理解的图形程序设计工具。它应有流程图的直观性，又有利于复杂控制逻辑关系的分解与综合，这种图就是状态转移图。

状态编辑思想即将一个复杂的控制过程分解为若干个工作状态，弄清各个状态的工作细节（状态的功能、转移条件和转移方向），再依据总的控制顺序要求将这些状态联系起来，形成状态转移图，进而编制梯形图程序。

在顺序控制中，生产过程是按顺序、有步骤地一个阶段接一个阶段连续工作的。也就是说，每一个控制程序均可分为若干个阶段，这些阶段称为状态。在顺序控制的每一个状态中，都有完成该状态控制任务的驱动元件和转入下一个状态的条件。当顺序控制执行到某一个状态时，该状态对应的控制元件被驱动，控制输出执行机构完成相应的控制任务，同时原状态自动切除，原驱动的元件复位。画出图形来表示就是状态转移图或状态流程图。

状态元件是用于步进顺序编程的重要软元件，随状态动作的转移，原状态元件自动复位。状态元件的常开/常闭触点使用次数无限制。当状态元件不用于步进顺序控制时，状态元件也可作为辅助继电器用于程序当中。通常分为以下几种类型：

① S0～S9：初始状态元件；

② S10～S19：回零状态元件；

③ S20～S499：通用状态元件；

④ S500～S899：保持状态元件；

⑤ S900～S999：报警状态元件。

图4-23是一个简单的状态转移图，其中，状态元件用方框表示，状态元件之间用带箭头的线段连接，表示状态转移的方向。垂直于状态转移方向的短线表示状态转移的

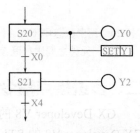

图4-23 简单的状态转移图

条件，而状态元件方框右边连出的部分表示该状态下驱动的元件。当状态元件 S20 有效时，输出的 Y0 与 Y1 被驱动。当转移条件 X0 满足后，状态由 S20 转入 S21。此时 S20 自动切除，Y0 复位，Y2 接通，但 Y1 是用 SET 指令置位的，未用 RST 指令复位前，Y1 将一直保持接通。

由以上分析可知，状态转移图具有以下特点：

① 每一个状态都是由一个状态元件控制的，以确保状态控制正常进行。在状态转移图中，每一个状态都是采用状态元件 S（S0 ～ S999）进行标定识别的。其中，S0 ～ S9 用作出事状态，是状态转移图的起始状态，S10 ～ S19 用作回零状态，S20 ～ S899 用作一般通用状态，S900 ～ S999 用作报警状态。状态继电器使用时按编号顺序使用，也可以任意使用，但不允许重复使用，即每一个状态都是由唯一的一个状态元件控制的。

② 每一个状态都具有驱动元件的能力，能够使该状态下要驱动的元件正常工作。当然不一定在每个状态下都要驱动元件，应视具体情况而定。

③ 每一个状态在转移条件满足时都会转移到下一个状态，而原状态自动切除。

一般情况下，一个完整的状态转移图包括该状态的控制元件（S×××）、该状态的驱动元件（Y、M、T、C）、该状态向下一个状态转移的条件及转移方向。

特别之处：在状态转移过程中，在一个扫描周期内，会出现两个状态同时动作的可能性，因此，两个状态中不允许同时动作的驱动元件之间应进行联锁控制，如图 4-24 所示。

由于在一个扫描周期内，可能会出现两个状态同时动作的情况，因此，在相邻两个状态中不能出现同一个定时器，否则指令相互影响，可能使定时器无法正常工作，如图 4-25 所示。

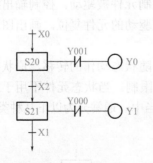

图4-24　两个状态中不允许同时动作的驱动
　　　　　元件之间进行联锁控制

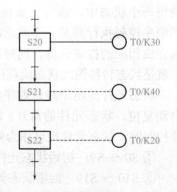

图4-25　相邻两个状态中不允许出现
　　　　　同一个定时器

二、步进接点指令（STL）

GX Developer V8 的 STL 指令不同于其早期的版本和其他三菱 PLC 编程软件，GX Developer V8 的 STL 指令的操作元件只能为状态元件 S，对应的状态元件 S 接通后，其下面的操作指令才有效。步进接点要接通，应该采用 SET 指令进行置位，如图 4-26 所示。步进接点具有主控和跳转作用。当步进接点闭合时，步进接点下面的电路块被执行；当步进接点断开时，步进接点下面的电路块不执行。因此，在步进接点下面的电路块中不允许使用主控或主控复位指令。

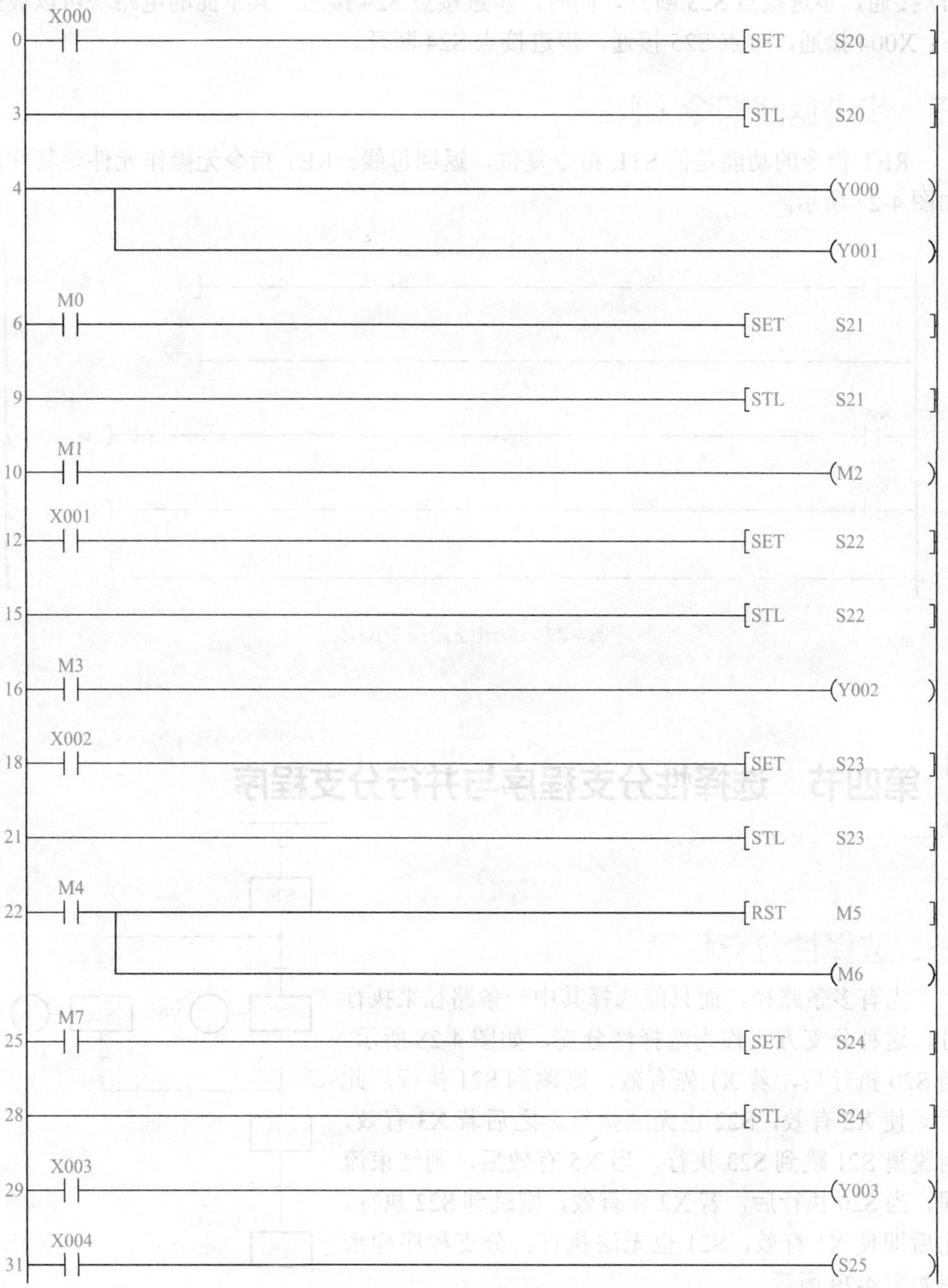

图4-26 步进接点指令（STL）

X000 接通，步进接点 S20 接通，下面的电路块可以被执行；M0 接通，步进接点 S20 断开，同时，步进接点 S21 接通，其下面的电路块可以被执行；X001 接通，步进接点 S21 断开，同时，步进接点 S22 接通，其下面的电路块可以被执行；X002 接通，步进接点 S22 断开，同时，步进接点 S23 接通，其下面的电路块可以被执行；M7 接通，步进接点 S23 断开，同时，步进接点 S24 接通，其下面的电路块可以被执行；X004 接通，接点 S25 接通，步进接点 S24 断开。

三、步进返回指令（RET）

RET 指令的功能是使 STL 指令复位，返回母线。RET 指令无操作元件。其使用如图 4-27 所示。

图4-27　步进返回指令RET

第四节　选择性分支程序与并行分支程序

一、选择性分支程序

当有多条路径，而只能选择其中一条路径来执行时，这种分支方式称为选择性分支，如图 4-28 所示。当 S20 执行后，若 X1 先有效，则跳到 S21 执行，此后即使 X2 有效，S22 也无法执行。之后若 X3 有效，则脱离 S21 跳到 S23 执行，当 X5 有效后，则结束流程。当 S20 执行后，若 X2 先有效，则跳到 S22 执行，此后即使 X1 有效，S21 也无法执行。分支程序梯形图如图 4-29 所示。

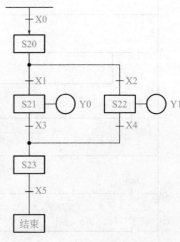

图4-28　选择性分支程序

```
         X000
0  ──┤ ├─────────────────────────────────────────────[SET    S20  ]

3  ────────────────────────────────────────────────────[STL    S20  ]
         X001
4  ──┤ ├─────────────────────────────────────────────[SET    S21  ]
         X002
7  ──┤ ├─────────────────────────────────────────────[SET    S22  ]

10 ───────────────────────────────────────────────────[STL    S21  ]

11 ──────────────────────────────────────────────────────(Y000 )
         X003
12 ──┤ ├─────────────────────────────────────────────[SET    S23  ]

15 ───────────────────────────────────────────────────[STL    S22  ]

16 ──────────────────────────────────────────────────────(Y002 )
         X004
17 ──┤ ├─────────────────────────────────────────────[SET    S23  ]

16 ──────────────────────────────────────────────────────(Y002 )
         X004
17 ──┤ ├─────────────────────────────────────────────[SET    S23  ]

20 ───────────────────────────────────────────────────[STL    S23  ]
         X005
21 ──┤ ├─────────────────────────────────────────────────(S24  )

24 ──────────────────────────────────────────────────────[RET  ]
```

图4-29 分支程序梯形图

选择性分支程序不能交叉，如图 4-30 所示，对图（a）所示的程序必须按图（b）进行修改。选择性分支程序梯形图如图 4-31 所示。

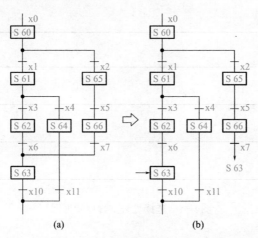

图4-30 选择性分支程序修改示意图

93

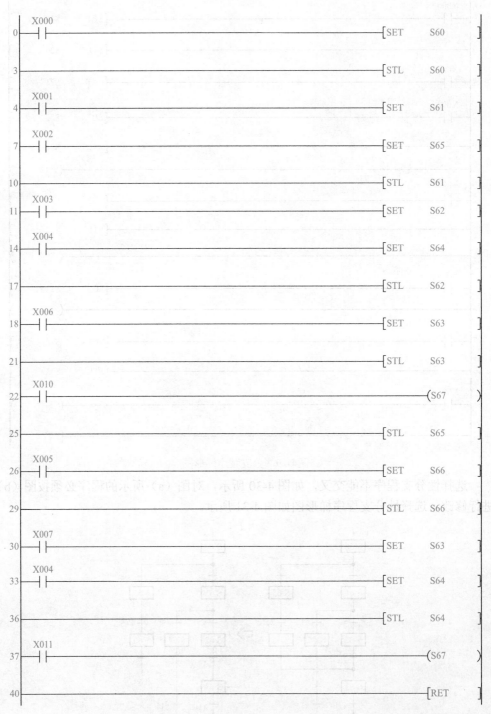

图4-31　选择性分支程序梯形图

二、并行分支程序

当有多条路径，且多条路径同时执行时，这种分支方式称为并行分支。如图 4-32 所示为并行分支状态转移图。图 4-33 为并行分支程序梯形图。

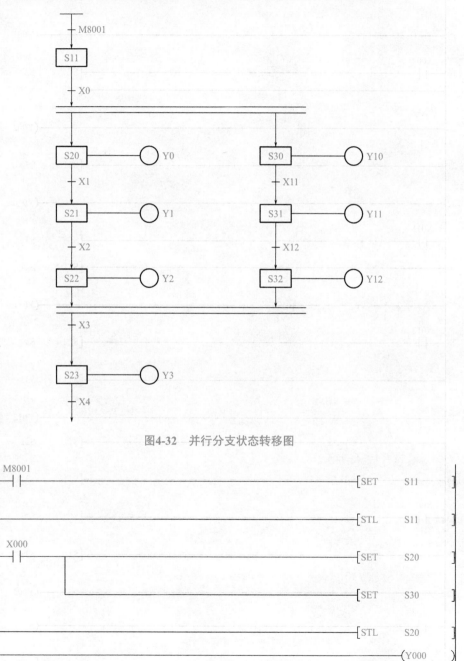

图4-32 并行分支状态转移图

图4-33

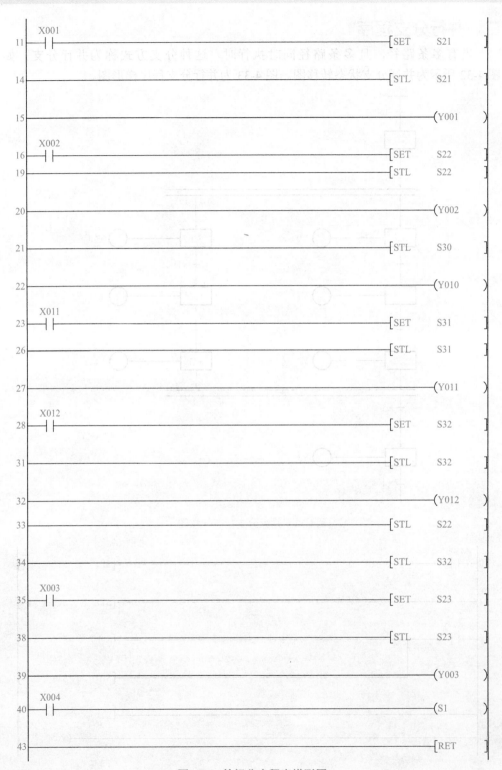

图4-33 并行分支程序梯形图

第五节 功能指令

一、程序流程控制指令

1. 条件跳转指令

条件跳转指令：FNC00 CJ ［D·］、CJP ［D·］

目的操作数 ［D·］：P

CJ 指令的目的操作数是指针编号，其范围是 P0 ~ P127（允许变址修改）。该指令程序步长为 3 步，标点步长为 1 步。作为执行程序列的一部分，CJ 和 CJP 指令可以缩短运算周期，可使用双线圈。

条件跳转指令用于当跳转条件成立时跳过 CJ 或 CJP 指令和指针标号之间的程序，然后从指针标号处连续执行；若条件不成立则立即继续顺序执行，以减少程序执行扫面时间。如图 4-34 所示。

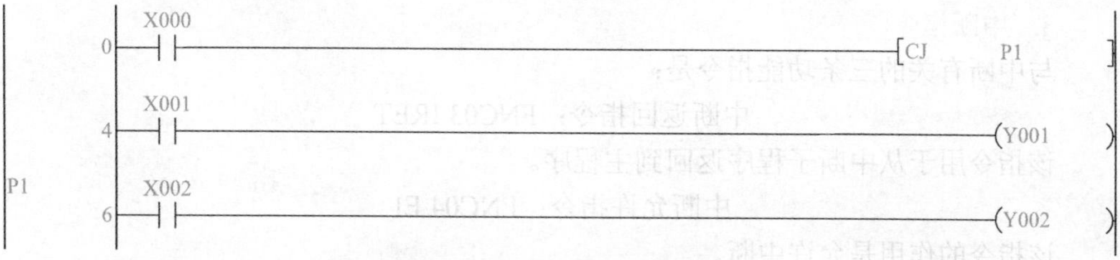

图4-34 条件跳转指令梯形图

注意：

定时器和计数器如果被 CJ 指令跳过，则跳步期间它们的当前值被冻结。如果在跳步开始时定时器和计数器正在工作，在跳步期间，它们将停止计时和计数，在 CJ 指令的条件变为不满足时继续工作。高速计数器的处理独立于主程序，其工作不受跳步影响。如果用 M8000 的动合触点驱动 CJ 指令，则条件跳转变为无条件跳转，因为运行时特殊辅助继电器 M8000 总是为 ON。

2. 子程序调用和返回指令

子程序调用应用指令：FNC01 CALL ［D·］、CALLP ［D·］

子程序返回应用指令：FNC02 SRET

目的操作数 ［D·］：P

指令的目的操作数是指针号 P0 ~ P62（允许变址修改）。

CALL 指令必须和 FEND、SRET 一起使用，子程序标号要写在主程序结束指令 FEND 之后。标号 P0 和子程序返回指令 SRET 之间的程序构成了 P0 子程序的内容。

子程序调用和返回指令梯形图如图4-35所示。

当主程序带有多个子程序时，子程序要依次放在主程序结束指令FEND之后，并用不同的标号相区别。

子程序标号范围为P0～P62，这些标号与条件转移中所用的标号相同，而且在条件转移中已经使用了标号，子程序则不能再用。

同一标号只能使用一次，而不同的CALL指令可以多次调用同一标号的子程序。

图4-35　子程序调用和返回指令梯形图

3. 中断指令

与中断有关的三条功能指令是：

中断返回指令：FNC03 IRET

该指令用于从中断子程序返回到主程序。

中断允许指令：FNC04 EI

该指令的作用是允许中断。

中断禁止指令：FNC04 DI

该指令的作用是禁止中断。

它们均无操作数，占用1个程序步。

PLC通常处于禁止中断状态，由EI和DI指令组成允许中断范围。在执行到该区间时，如有中断源产生中断，CPU将暂停主程序执行转而执行中断服务程序。当遇到IRET时返回断点继续执行主程序。

FX3U（C）系列PLC有三类中断：外中断（输入中断）、内中断（定时器中断）和高速计数器中断。外中断（输入中断）的中断信号从输入端子送入，可用于外部随机突发事件引起的中断。内中断（定时器中断）是因定时器定时事件而引起的中断。高速计数器中断，当高速计数器的当前值与设定值相等时，产生中断。

为了区别各类中断以及在程序中标明中断子程序的入口，规定了中断标号。中断标号是以I开头的，又称为I指针。前面已经讲过的子程序的标号是以P开头的，又称为P指针。I指针又分为3种类型，如图4-36所示。

（1）外中断指针　外中断指针的格式如图4-36（a）所示，I00□～I50□，共6点。外中断是外部信号引起的中断，对应的外部信号的输入口为X000～X005。指针格式中的最后一位可以是上升沿请求中断，也可以是下降沿请求中断。

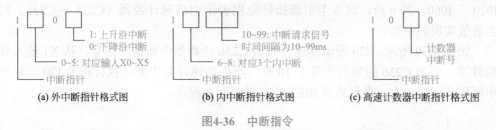

(a) 外中断指针格式图 (b) 内中断指针格式图 (c) 高速计数器中断指针格式图

图4-36 中断指令

如图 4-37 所示，允许中断范围中若中断源 X0 有一个下降沿，则转入 I000 为标号的中断服务程序，但 X0 可否引起中断还受 M8050 控制，当 X010 有效时则 M8050 控制 X0 无法中断。

图4-37 外中断指针梯形图

（2）内中断指针　内中断指针的格式如图 4-36（b）所示，I6□□～ I8□□，共 3 点。内中断为内部定时时间到信号中断，由指定编号为 6 ～ 8 的专用定时器控制。设定时间在 10 ～ 99ms 间选取，每隔设定时间就会中断一次。

如图 4-38 所示，在主程序允许中断期间，每隔 20ms 执行定时器中断服务程序一次。

图4-38 内中断指针梯形图

（3）高速计数器中断指针　高速计数器中断指针的格式如图 4-36（c）所示，I010 ～ I060，共 6 点。这 6 个中断指针分别表示由高速计数器（C235 ～ C255）的当前值实现的中断。

如图 4-39 所示，I20 表示高速计数器 C236 计数到中断请求信号，从 X1 输入计数脉冲，每当 C236 的当前值等于 10 时，产生高速计数中断，执行标号 I20 开始的中断服务程序一次，直至遇到 IRET 指令时返回主程序。

图4-39　高速计数器中断指针梯形图

使用中断相关指令时应注意：

① 中断的优先级如下：如果多个中断依次发生，则以发生先后为序，即发生越早级别越高，如果多个中断源同时发出信号，则中断指针号越小优先级越高；

② 当 M8050 ～ M8058 为 ON 时，禁止执行相应 I0 □□ ～ I8 □□ 的中断，M8059 为 ON 时则禁止所有计数器中断；

③ 无需中断禁止时，可只用 EI 指令，不必用 DI 指令；

④ 执行一个中断服务程序时，如果在中断服务程序中有 EI 和 DI，可实现二级中断嵌套，否则禁止其他中断。

二、比较指令

比较指令有比较（CMP）、区间比较（ZCP）两种。

1. 比较指令 FNC10　CMP［S1·］［S2·］［D·］

源操作数［S1·］：KnX、KnY、KnM、KnS、T、C、D、R、V、Z、K、H

源操作数［S2·］：KnX、KnY、KnM、KnS、T、C、D、R、V、Z、K、H

目的操作数［D·］：Y、M、S

CMP 指令的功能是将源操作数［S1·］和［S2·］的数据进行比较，结果送到

目标操作元件 [D·] 中。在图 4-40 中，当 X000 为 ON 时，将十进制数 100 与计数器 C2 的当前值进行比较，比较结果送到 M0～M2 中。若 C2 的当前值＜ 100 时，M0 为 ON；若 C2 的当前值 =100 时，M1 为 ON；若 C2 的当前值＞ 100 时，M2 为 ON。当 X000 为 OFF 时，不进行比较，M0～M2 的状态保持不变。

图4-40 比较指令梯形图

2. 区间比较指令 FNC11 ZCP [S1·] [S2·] [S·] [D·]

源操作数 [S1·]：KnX、KnY、KnM、KnS、T、C、D、R、V、Z、K、H

源操作数 [S2·]：KnX、KnY、KnM、KnS、T、C、D、R、V、Z、K、H

源操作数 [S·]：KnX、KnY、KnM、KnS、T、C、D、R、V、Z、K、H

目的操作数 [D·]：Y、M、S

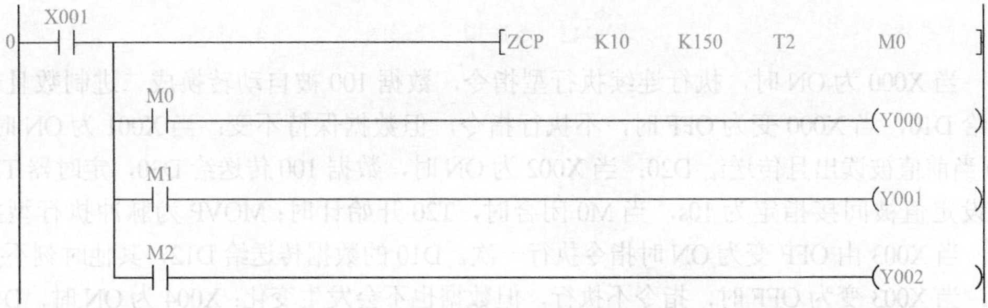

图4-41 区间比较指令梯形图

ZCP 指令的功能是将一个源操作数 [S·]（T2）的数值与另两个源操作数 [S1·]（K10）和 [S2·]（K150）的数据进行比较，结果送到目标操作元件 [D·]（M0）中，源数据 [S1·] 不能大于 [S2·]。在图 4-41 中，当 X001 为 ON 时，执行 ZCP 指令，将 T2 的当前值与 10 和 150 比较，比较结果送到 M0～M2 中。若 T2 的当前值＜ 10 时，M0 为 ON；若 10 ≤ T2 的当前值 ≤ 150 时，M1 为 ON；若 T2 的当前值＞ 150 时，M2 为 ON。当 X1 为 OFF 时，ZCP 指令不执行，M0～M2 的状态保持不变。

三、传送指令

传送指令包括传送（MOV）、BCD 码移位传送（SMOV）、取反传送（CML）、数据块传送（BMOV）、多点传送（FMOV）以及数据交换（XCH）指令等，这里主要介绍传送（MOV）指令。

传送指令：FNC12 MOV ［S・］ ［D・］

源数据 ［S・］：K、H、KnX、KnY、KnM、KnS、T、C、D、V、Z

目标操作数 ［D・］：KnY、KnM、KnS、T、C、D、V、Z

传送指令将源操作数传送到指定的目标操作数，即 ［S・］→ ［D・］，如图 4-42 所示。

图4-42　传送指令梯形图

当 X000 为 ON 时，执行连续执行型指令，数据 100 被自动转换成二进制数且传送给 D10，当 X000 变为 OFF 时，不执行指令，但数据保持不变；当 X001 为 ON 时，R0 当前值被读出且传送给 D20；当 X002 为 ON 时，数据 100 传送给 D30，定时器 T20 的设定值被间接指定为 10s，当 M0 闭合时，T20 开始计时；MOVP 为脉冲执行型指令，当 X003 由 OFF 变为 ON 时指令执行一次，D10 的数据传送给 D12，其他时刻不执行，当 X003 变为 OFF 时，指令不执行，但数据也不会发生变化；X004 为 ON 时，D1、D0 的数据传送给 D11、D10，当 X005 为 ON 时，将 C235 的当前值传送给 D21、D20。

注意：

运算结果若以 32 位输出的应用指令、32 位二进制立即数及 32 位高速计数器当前值等数据进行传送，必须使用 DMOV 或 DMOVP 指令。

四、算数运算指令

1. 加法运算指令

加法指令：FNC20　ADD ［S1・］　［S2・］　［D・］

源操作数 ［S1・］：KnX、KnY、KnM、KnS、T、C、D、R、V、Z、K、H

源操作数［S2·］：KnX、KnY、KnM、KnS、T、C、D、R、V、Z、K、H

目的操作数［D·］：KnY、KnM、KnS、T、C、D、R、V、Z

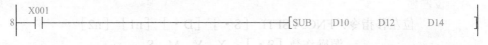

图4-43 加法指令梯形图

加法指令如图4-43所示，当执行条件X000由OFF→ON时，D10+D12→D14。运算是代数运算，如5+（-8）=-3。

ADD加法指令有3个常用标志。M8020为零标志，M8021为借位标志，M8022为进位标志。

如果运算结果为0，则零标志M8020置1；如果运算结果超过32767（16位）或2147483647（32位），则进位标志M8022置1；如果运算结果小于-32767（16位）或-2147483647（32位），则借位标志M8021置1。

在32位运算中，被指定的字元件是低16位元件，而下一个元件为高16位元件。

源操作数和目标操作数可以用相同的元件号。若源操作数和目标操作数元件号相同而采用连续执行的ADD指令时，加法的结果在每个扫描周期都会改变。

当进行32位运算时，字元件的低16位软元件被指定，紧接着该软元件编号后的软元件作为高位，为避免编号重复，建议将软元件指定为偶数编号。

2. 减法运算指令

减法指令：FNC21 SUB ［S1·］［S2·］［D·］

源操作数［S1·］：KnX、KnY、KnM、KnS、T、C、D、R、V、Z、K、H

源操作数［S2·］：KnX、KnY、KnM、KnS、T、C、D、R、V、Z、K、H

目的操作数［D·］：KnY、KnM、KnS、T、C、D、R、V、Z

SUB减法指令的功能是将指定的源元件中的二进制数相减，结果送到指定的目标元件中去。SUB减法指令的说明如图4-44所示。

```
    X001
8───┤ ├──────────────────────────────［SUB   D10    D12    D14 ］
```

图4-44 减法指令梯形图

当执行条件X001由OFF→ON时，D10-D12→D14。运算是代数运算，如5-（-8）=13。

各种标志的动作、32位运算中软元件的指定方法、连续执行型和脉冲执行型的差异均与加法指令相同。

3. 二进制加1指令

加1指令：FNC24 INC ［D·］

目的操作数［D·］：KnY、KnM、KnS、T、C、D、R、V、Z

二进制加1指令不影响零标志、借位标志和进位标志。INC指令的功能是将指定的目标操作元件［D·］中二进制数自动加1。

图4-45　二进制加1指令梯形图

如图 4-45 所示，当 X003 每次由 OFF 变为 ON 时，D20 中的数自动增加 1。

若连续执行二进制加 1 指令 INC，当条件成立时，在每个扫描周期内指定的目标操作元件［D·］中数据都要自动加 1。16 位数据运算时，+32767 再加 1 就变为 -32768。32 位数据运算时，+2147483647 再加 1 就变为 -2147483648。

4. 二进制减 1 指令

减1指令：FNC25 DEC ［D·］

目的操作数［D·］：KnY、KnM、KnS、T、C、D、R、V、Z

二进制减 1 指令不影响零标志、借位标志和进位标志。DEC 指令的功能是将指定的目标操作元件［D·］中二进制数自动减 1。

图4-46　二进制减1指令梯形图

如图 4-46 所示，当 X004 每次由 OFF 变为 ON 时，D21 中的数自动减 1。

若连续执行二进制减 1 指令 DEC，当条件成立时，在每个扫描周期内指定的目标操作元件［D·］中数据都要自动减 1。16 位数据运算时，-32768 再减 1 就变为 +32767。32 位数据运算时，-2147483648 再减 1 就变为 +2147483647。

五、移位寄存器指令

移位寄存器指令包括位左移（SFTL）、位右移（SFTR）、字左移（WSFL）、字右移（WSFR）、移位写入（SFWR）、移位读出（SFRD）等。这里主要介绍位左移、位右移指令。

1. 位左移

位左移指令：FNC34 SFTL ［S·］［D·］［n1］［n2］

源操作数［S·］：X、Y、M、S

目的操作数［D·］：Y、M、S

其他操作数n1：D、R、K、H

其他操作数n2：D、R、K、H

操作元件 n1 指定目标操作元件［D·］的长度；操作元件 n2 指定移位位数和源操作元件［S·］的长度。

$n2 \leq n1 \leq 1024$，其功能是对于 n1 位（移动寄存器的长度）的位元件进行 n2 位的左移。指令执行的是 n2 位的移位。如图 4-47 所示，当 X006 由 OFF 变为 ON 时，执行位左移命令。

图4-47　位左移梯形图

2. 位右移

位右移指令：FNC35 SFTR ［S•］ ［D•］ ［n1］ ［n2］

源操作数 ［S•］：X、Y、M、S

目的操作数 ［D•］：Y、M、S

其他操作数n1：D、R、K、H

其他操作数n2：D、R、K、H

操作元件 n1 指定目标操作元件 ［D•］ 的长度；操作元件 n2 指定移位位数和源操作元件 ［S•］ 的长度。

n2 ≤ n1 ≤ 1024，其功能是对于 n1 位（移动寄存器的长度）的位元件进行 n2 位的右移。指令执行的是 n2 位的移位。如图 4-48 所示，当 X005 由 OFF 变为 ON 时，执行位右移命令。

图4-48　位右移梯形图

3. 循环左移位指令

循环左移：FNC31 ROL ［D•］ ［n］

目的操作数 ［D•］：KnY、KnM、KnS、T、C、D、R、V、Z

其他操作数n：D、R、K、H

执行这条指令时，各位数据向左循环移动 n 位，最后一次移出来的那一位同时存入进位标志 M8022 中，如图 4-49 所示。

图4-49　循环左移位指令梯形图

4. 循环右移位指令

循环右移：FNC30 ROR ［D•］ ［n］

目的操作数 ［D•］：KnY、KnM、KnS、T、C、D、R、V、Z

其他操作数n：D、R、K、H

执行这条指令时，各位数据向右循环移动 n 位，最后一次移出来的那一位同时存入进位标志 M8022 中，如图 4-50 所示。

图4-50　循环右移位指令梯形图

5. 带进位循环左移位指令

带进位循环左移：FNC33 RCL ［D·］［n］

目的操作数［D·］：KnY、KnM、KnS、T、C、D、R、V、Z

其他操作数n：D、R、K、H

由于循环移位回路中有进位标志位，所以，执行指令前应先驱动 M8022，可以将其送入目的地址中。连续执行型指令每一个扫描周期都进行移位动作，因此，通常采用脉冲执行型指令。在位组合元件情况下，只有 K4（16 位指令）和 K8（32 位指令）是有效的。16 位指令占 5 个程序步，32 位指令占 9 个程序步。用连续指令执行时，循环移位操作每个周期执行一次。带进位循环左移位指令梯形图见图 4-51 所示。

图4-51　带进位循环左移位指令梯形图

6. 带进位循环右移位指令

带进位循环右移：FNC32 RCR ［D·］［n］

目的操作数［D·］：KnY、KnM、KnS、T、C、D、R、V、Z

其他操作数n：D、R、K、H

由于循环移位回路中有进位标志位，所以，执行指令前应先驱动 M8022，可以将其送入目的地址中。连续执行型指令每一个扫描周期都进行移位动作，因此，通常采用脉冲执行型指令。在位组合元件情况下，只有 K4（16 位指令）和 K8（32 位指令）是有效的。16 位指令占 5 个程序步，32 位指令占 9 个程序步。用连续指令执行时，循环移位操作每个周期执行一次。带进位循环右移位指令梯形图见图 4-52 所示。

图4-52　带进位循环右移位指令梯形图

7. 字左移指令

字左移指令：FNC37　WFTL　［S·］［D·］［n1］［n2］

源操作数［S］：KnX、KnY、KnM、KnS、T、C、D、R

目的操作数［D］：KnY、KnM、KnS、T、C、D、R

其他操作数n1：D、R、K、H

其他操作数n2：D、R、K、H

以字为单位，对 n1 个字的字元件进行 n2 个字的左移指令（n2 ≤ n1 ≤ 512）。连续执行型指令每个扫描周期都执行字移位，采用脉冲执行型指令时，驱动输入每一次由断开到接通瞬间变化时，执行 n2 个字的移位。字移位指令只有 16 位操作，占用 9 个程序步。字左移指令梯形图如图 4-53 所示。

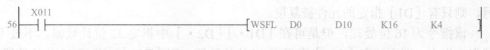

图4-53 字左移指令梯形图

8. 字右移指令

字右移指令：FNC36　WFTR　［S·］［D·］［n1］［n2］

源操作数［S］：KnX、KnY、KnM、KnS、T、C、D、R

目的操作数［D］：KnY、KnM、KnS、T、C、D、R

其他操作数n1：D、R、K、H

其他操作数n2：D、R、K、H

以字为单位，对 n1 个字的字元件进行 n2 个字的右移指令（n2 ≤ n1 ≤ 512）。连续执行型指令每个扫描周期都执行字移位，采用脉冲执行型指令时，驱动输入每一次由断开到接通瞬间变化时，执行 n2 个字的移位。字移位指令只有 16 位操作，占用 9 个程序步。字右移指令梯形图见图 4-54 所示。

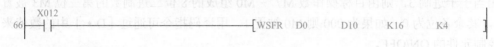

图4-54 字右移指令梯形图

六、数据处理指令

数据处理指令能够进行更加复杂的处理，或作为满足特殊用途的指令使用，包含成批复位指令、编码指令、译码指令及平均值计算等指令。其中成批复位指令可用于数据区的初始化，编、译码指令可用于字元件中某一置 1 位的位码的编译。

1. 成批复位指令

成批复位指令：FNC40 ZRST　［D1·］［D2·］

目的操作数［D1·］：Y、M、S、T、C、D、R

目的操作数［D2·］：Y、M、S、T、C、D、R

当 M8022 由 OFF→ON 时，区间复位指令执行。位元件 M500～M599 成批复位、字元件 C235～C255 成批复位、状态元件 S0～S127 成批复位。如图 4-55 所示。

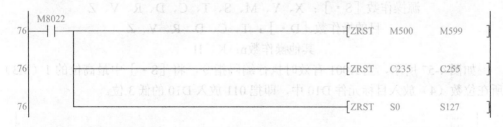

图4-55 成批复位指令梯形图

目的操作数［D1·］和［D2·］指定的元件应为同类元件，［D1·］指定的元件号应小于等于［D2·］指定的元件号。若［D1·］的元件号大于［D2·］的元件号，则只有［D1］指定的元件被复位。

该指令为 16 位处理，但是可在［D1·］［D2·］中指定 32 位计数器。不过不能混合指定，即不能在［D1·］中指定 16 位计数器，在［D2·］中指定 32 位计数器。

2. 译码指令

将数字数据中任意一个转换呈 1 点的 ON 位的指令。

根据 ON 位的位置可以将位编号读成数值。

译码指令：FNC41 DECO ［S·］ ［D·］ ［n］

源操作数 ［S·］：X、Y、M、S、T、C、D、R、K、H

目的操作数 ［D·］：Y、M、S、T、C、D、R、K、H

其他操作数n：K、H

若指令是连续执行型，则在各个扫描周期都执行，必须注意。

译码指令 DECO DECO（P）指令的编号为 FNC41。如图 4-56 所示，n=3 则表示［S·］源操作数为 3 位，即为 X0、X1、X2。其状态为二进制数，当值为 011 时相当于十进制 3，则由目标操作数 M7 ～ M0 组成的 8 位二进制数的第三位 M3 被置 1，其余各位为 0。如果为 000 则 M0 被置 1。用译码指令可通过［D·］中的数值来控制元件的 ON/OFF。

图4-56 译码指令梯形图

使用译码指令时应注意：

① 位源操作数可取 X、T、M 和 S，位目的操作数可取 Y、M 和 S，字源操作数可取 K、H、T、C、D、V 和 Z，字目的操作数可取 T、C 和 D。

② 若［D·］指定的目标元件是字元件 T、C、D，则 n≤4；若是位元件 Y、M、S，则 n=1 ～ 8。译码指令为 16 位指令，占 7 个程序步。

3. 编码指令

求出在数据中 ON 位的位置指令。

编码指令：FNC42 ENCO ［S·］ ［D·］ ［n］

源操作数 ［S·］：X、Y、M、S、T、C、D、R、V、Z

目的操作数 ［D·］：T、C、D、R、V、Z

其他操作数n：K、H

如图 4-57 所示，当 X001 有效时执行编码指令，将［S·］中最高位的 1（M3）所在位数（4）放入目标元件 D10 中，即把 011 放入 D10 的低 3 位。

图4-57 编码指令梯形图

使用编码指令时应注意：

① 编码指令为 16 位指令，占 7 个程序步。

② 操作数为字元件时应使用 n ≤ 4，为位元件时则 n=1 ～ 8，n=0 时不作处理。

③ 若指定源操作数中有多个 1，则只有最高位的 1 有效。

4. ON 位数统计指令

计算在指定的软元件的数据中有多少个为"1"（ON）的指令。

ON位数统计指令：FUN43 SUM 〔S·〕〔D·〕

源操作数〔S·〕：KnX、KnY、KnM、KnS、T、C、D、R、V、Z、K、H

目的操作数〔D·〕：KnY、KnM、KnS、T、C、D、R、V、Z

如图 4-58 所示，当 X000 有效时执行 SUM 指令，将源操作数 D0 中 1 的个数送入目标操作数 D2 中，若 D0 中没有 1，则零标志 M8020 将置 1。

图4-58　ON位数统计指令梯形图

使用 SUM 指令时应注意：16 位运算时占 5 个程序步，32 位运算则占 9 个程序步。

5. ON 位判别指令

检查软元件中指定位的位置是 ON 还是 OFF 的指令。

ON位判别指令：FUN44 BON 〔S·〕〔D·〕〔n〕

源操作数〔S·〕：KnX、KnY、KnM、KnS、T、C、D、R、V、Z、K、H

目的操作数〔D·〕：Y、M、S

其他操作数n：D、R、K、H

如图 4-59 所示，当 X001 为有效时，执行 BON 指令，由 K4 决定检测的是源操作数 D10 的第 4 位，当检测结果为 1 时，则目标操作数 M0=1，否则 M0=0。

图4-59　ON位判别指令梯形图

使用 BON 指令时应注意：进行 16 位运算，占 7 程序步，n=0 ～ 15；32 位运算时则占 13 个程序步，n=0 ～ 31。

6. 平均值指令

求数据平均值的指令。

平均值指令：FUN45 MEAN 〔S·〕〔D·〕〔n〕

源操作数〔S·〕：KnX、KnY、KnM、KnS、T、C、D、R

目的操作数〔D·〕：KnY、KnM、KnS、T、C、D、R、V、Z

其他操作数n：D、R、K、H

其作用是将 n 个源数据的平均值送到指定目标（余数省略），若程序中指定的 n 值超出 1 ～ 64 的范围将会出错。平均值指令梯形图如图 4-60 所示。

图4-60　平均值指令梯形图

7. 报警器置位指令

对信号报警用的状态（S900～S999）进行置位用的指令。

报警器置位指令：FUN46 ANS　[S·]　[m]　[D·]

源操作数 [S·]：T

目的操作数 [D·]：S

其他操作数m：D、R、K、H

源操作数取值范围：T0～T199

目的操作数取值范围：S900～S999

如图 4-61 所示，若 X000 和 X001 同时为 ON 时超过 1s，则 S900 置 1；当 X000 或 X001 变为 OFF，虽然定时器复位，但 S900 仍保持 1 不变；若在 1s 内 X000 或 X001 再次变为 OFF 则定时器复位。

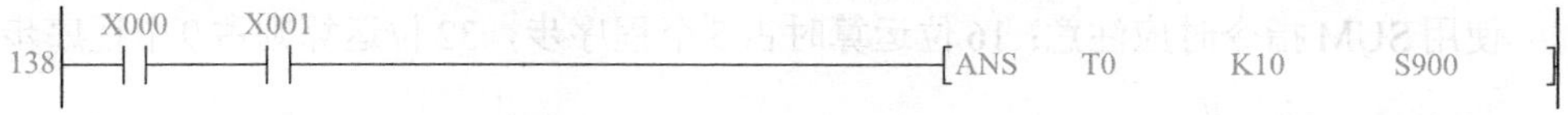

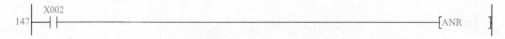

图4-61　报警器置位指令梯形图

ANS为16位运算指令，占7程序步；ANR指令为16位运算指令，占1个程序步。

8. 报警器复位指令

对信号报警器（S900～S999）中已经置位 ON 的小编号进行复位。

报警器复位指令：FUN47 ANR/ANRP

如图 4-62 所示，当 X002 接通时，则将 S900～S999 之间被置 1 的报警器复位。若有多于 1 个的报警器被置 1，则元件号最低的那个报警器被复位。

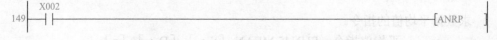

图4-62　报警器复位指令ANR梯形图

ANR 指令如果用连续执行，则会按扫描周期依次逐个将报警器复位。可使用脉冲型复位指令，只复位一次。如图 4-63 所示。

```
        X002
149 ——| |——————————————————————————————————————————[ANRP  ]
```

图4-63　报警器复位指令ANRP梯形图

9. 二进制平方根指令

求平方根的指令。

二进制平方根指令：FUN48　SQR　[S·]　[D·]

源操作数 [S·]：D、R、K、H

目的操作数［D·］：D、R

如图 4-64 所示，当 X000 有效时，则将存放在 D45 中的数开平方，结果存放在 D123 中（结果只取整数）。

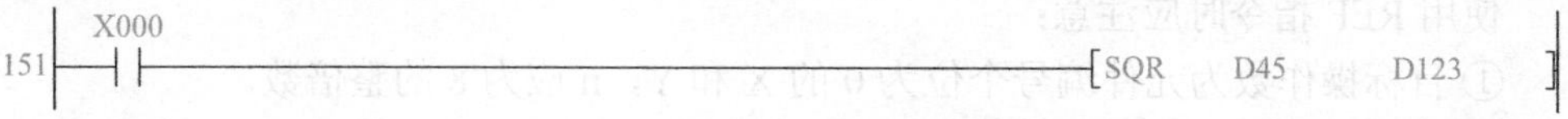
X000
151
SQR D45 D123

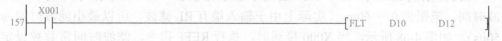

图4-64 二进制平方根指令梯形图

使用 SQR 指令时应注意：16 位运算占 5 个程序步，32 位运算占 9 个程序步。

10. 二进制整数→二进制浮点数转换指令

二进制整数→二进制浮点数转换指令：FUN49 FLT［S·］［D·］

源操作数［S·］：D、R

目的操作数［D·］：D、R

如图 4-65 所示，当 X001 有效时，将存入 D10 中的数据转换成浮点数并存入 D12 中。

X001
157
FLT D10 D12

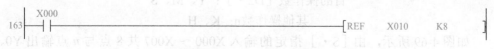

图4-65 二进制整数→二进制浮点数转换指令梯形图

使用 FLT 指令时应注意：16 位操作占 5 个程序步，32 位占 9 个程序步。

七、高速处理指令

高速处理指令可以按最新的输入输出信息进行顺序控制，并能有效地利用数据高速处理能力进行中断处理。

1. 输入输出刷新指令

在顺序控制扫描过程中，获得最新的输入（X）信息以及将输出（Y）扫描结果立即输出的指令。

输入输出刷新指令：FUN50 REF［D·］［n］

目的操作数［D·］：X、Y

其他操作数n：K、H

FX 系列 PLC 采用集中输入输出的方式。如果需要最新的输入信息以及希望立即输出结果则必须使用该指令。如图 4-66 所示，当 X000 接通时，X10 ～ X17 共 8 点将被刷新。

X000
163
REF X010 K8

图4-66 输入输出刷新指令梯形图（一）

当 X001 接通时，则 Y0 ～ Y7、Y10 ～ Y17 共 16 点输出将被刷新，如图 4-67 所示。

图4-67 输入输出刷新指令梯形图（二）

使用 REF 指令时应注意：

① 目标操作数为元件编号个位为 0 的 X 和 Y，n 应为 8 的整倍数。

② 指令只要进行 16 位运算，就占 5 个程序步。

2. 输入刷新（带滤波器设定）指令

输入 X0 ～ X17 的输入滤波器为数字式滤波器，采用该指令和 D8020 可以更改滤波器的时间。

使用该指令可以在程序的任意步中，根据指定的输入滤波器时间获取输入 X0 ～ X17 的信息，并且传送到映像存储区中。

输入刷新（带滤波器设定）指令：FUN51 REFF［n］

操作数n：D、R、K、H

在 FX 系列 PLC 中 X0 ～ X17 使用了数字滤波器，用 REFF 指令可调节其滤波时间，范围为 0 ～ 60ms（实际上由于输入端有 RL 滤波，所以最小滤波时间为 50μs）。如图 4-68 所示，当 X000 接通时，执行 REFF 指令，滤波时间常数被设定为 1ms。

图4-68 输入刷新（带滤波器设定）指令梯形图

使用 REFF 指令时应注意：

① REFF 为 16 位运算指令，占 7 个程序步。

② 当 X000 ～ X007 用作高速计数输入时或使用速度检测指令以及中断输入时，输入滤波器的滤波时间自动设置为 50ms。

3. 矩阵输入指令

以 8 点输入和 n 点输出（晶体管）的时间分割方式读取 8 点 xn 列的输入信号（开关）的指令。

矩阵输入指令：FUN52　MTR［S・］［D1・］［D2・］［n］

源操作数［S・］：X

目的操作数［D1・］：Y

目的操作数［D2・］：Y、M、S

其他操作数n：K、H

如图 4-69 所示，由［S・］指定的输入 X000 ～ X007 共 8 点与 n 点输出 Y0、Y1、Y2（n=3）组成一个输入矩阵。PLC 在运行时执行 MTR 指令，当 Y000 为 ON 时，读入第一行的输入数据，存入 M30 ～ M37 中；Y001 为 ON 时读入第二行的输入状态，存入 M40 ～ M47。其余类推，反复执行。

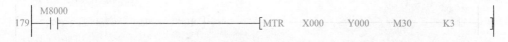

图4-69　矩阵输入指令梯形图

使用 MTR 指令时应注意：

① 源操作数［S］是元件编号个位为 0 的 X，目标操作数［D1·］是元件编号个位为 0 的 Y，目标操作数［D2·］是元件编号个位为 0 的 Y、M 和 S，n 的取值范围是 2 ～ 8。

② 考虑到输入滤波应答延迟为 10ms，对于每一个输出按 20ms 顺序中断，立即执行。

③ 利用本指令通过 8 点晶体管输出获得 64 点输入，但读一次 64 点输入所需时间为 20ms×8=160ms，不适应高速输入操作。

④ 该指令只有 16 位运算，占 9 个程序步。

4．比较置位指令（高速计数器用）

每次计数时，都将高速计数器的计数值和指定值进行比较，然后立即置位外部输出（Y）的指令。

比较置位指令：FUN53　DHSCS　［S1·］　［S2·］　［D·］

源操作数［S1·］：KnX、KnY、KnM、KnS、T、C、D、R、Z、K、H

源操作数［S2·］：C

目的操作数［D·］：Y、M、S

如图 4-70 所示，［S1·］为设定值（100），当高速计数器 C255 的当前值由 99 变 100 或由 101 变为 100 时，Y000 都将立即置 1。

图4-70　比较置位指令梯形图

使用 DHSCS 时应注意：

①［S2·］为 C235 ～ C255。

② 只有 32 位运算，占 13 个程序步。

5．比较复位指令（高速计数器用）

每次计数时，将高速计数器的计数值和指定值做比较，然后立即复位外部输出（Y）的指令。

比较复位指令：FUN54　DHSCR　［S1·］　［S2·］　［D·］

源操作数［S1·］：KnX、KnY、KnM、KnS、T、C、D、R、Z、K、H

源操作数［S2·］：C

目的操作数［D·］：Y、M、S

如图 4-71 所示，C254 的当前值由 199 变为 200 或由 201 变为 200 时，用中断的方式使 Y010 立即复位。

图4-71　比较复位指令梯形图

使用 DHSCR 时应注意：

①［S2·］为 C235 ～ C255。

② 只有 32 位运算，占 13 个程序步。

6. 区间比较指令（高速计速器用）

将高速计数器的当前值和 2 个值（区间）进行比较，并将比较结果输出到位软元件（3 点）中。

区间比较指令：FUN55　DHSZ　［S1·］［S2·］［S·］［D·］

源操作数［S1·］：KnX、KnY、KnM、KnS、T、C、D、R、Z、K、H

源操作数［S2·］：KnX、KnY、KnM、KnS、T、C、D、R、Z、K、H

源操作数［S·］：C

目的操作数［D·］：Y、M、S

如图 4-72 所示，目标操作数为 Y020、Y021 和 Y022。当 C251 的当前值＜ K1000 时，Y020 为 ON；当 K1000 ≤ C251 的当前值≤ K1200 时，Y021 为 ON；当 C251 的当前值＞ K1200 时，Y022 为 ON。

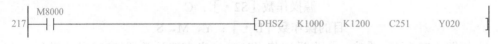

图4-72　区间比较指令梯形图

使用高速计速器区间比较指令时应注意：

①［S·］为 C235 ～ C255。

② 指令为 32 位操作，占 17 个程序步。

7. 脉冲密度指令

采用中断输入方式对指定时间内的输入脉冲进行计数的指令。通常用来检测给定时间内从编码器输入的脉冲个数，并计算出速度。

脉冲密度指令：FUN56　SPD　［S1·］［S2·］［D·］

源操作数［S1·］：X

源操作数［S2·］：KnX、KnY、KnM、KnS、T、C、D、R、Z、K、H

目的操作数［D·］：T、C、D、R、V、Z

如图 4-73 所示，［D·］占三个目标元件。当 X012 为 ON 时，用 D1 对 X000 的输入上升沿计数，100ms 后计数结果送入 D0，D1 复位，D1 重新开始对 X000 计数。D2 在计数结束后计算剩余时间。

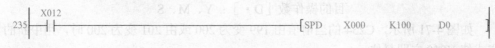

图4-73　脉冲密度指令梯形图

使用脉冲密度指令时应注意：

① [S1·] 为 X000 ~ X005。

② 指令只有 16 位操作，占 7 个程序步。

8. 脉冲输出指令

通常用来产生指定数量的脉冲。

脉冲输出指令：FUN57　PLSY [S1·] [S2·] [D·]

源操作数 [S1·]：KnX、KnY、KnM、KnS、T、C、D、R、Z、K、H

源操作数 [S2·]：KnX、KnY、KnM、KnS、T、C、D、R、Z、K、H

目的操作数 [D·]：Y

如图 4-74 所示，[S1·] 用来指定脉冲频率（2 ~ 20000Hz），[S2·] 指定脉冲的个数（16 位指令的范围为 1 ~ 32767，32 位指令则为 1 ~ 2147483647）。如果指定脉冲数为 0，则产生无穷多个脉冲。[D·] 用来指定脉冲输出元件号。脉冲的占空比为 50%，脉冲以中断方式输出。指定脉冲输出完后，完成标志 M8029 置 1。X010 由 ON 变为 OFF 时，M8029 复位，停止输出脉冲。若 X010 再次变为 ON 则脉冲从头开始输出。

图4-74　脉冲输出指令梯形图

使用脉冲输出指令时应注意：

① [D·] 为 Y1 和 Y2。

② 该指令进行 16 位操作，分别占用 7 个程序步。

③ 该指令在程序中只能使用一次。

9. 脉宽调制指令

通常用来产生指定脉冲宽度和周期的脉冲串。

脉宽调制指令：FUN58　PWM [S1·] [S2·] [D·]

源操作数 [S1·]：KnX、KnY、KnM、KnS、T、C、D、R、Z、K、H

源操作数 [S2·]：KnX、KnY、KnM、KnS、T、C、D、R、Z、K、H

目的操作数 [D·]：Y

如图 4-75 所示，[S1·] 用来指定脉冲的宽度，[S2·] 用来指定脉冲的周期，[D·] 用来指定输出脉冲的元件号（Y0 或 Y1），输出的 ON/OFF 状态由中断方式控制。

图4-75　脉宽调制指令梯形图

使用脉宽调制指令时应注意：

① 该指令只有 16 位操作，需 7 个程序步。

② [S1·] 应小于 [S2·]。

10. 可调速脉冲输出指令

带加减速功能的脉冲输出指令，该指令可以对输出脉冲进行加速，也可进行减速调整。

可调速脉冲输出指令：FUN59　PLSR [S1·] [S2·] [S3·] [D·]

源操作数 [S1·]：KnX、KnY、KnM、KnS、T、C、D、R、Z、K、H

源操作数 [S2·]：KnX、KnY、KnM、KnS、T、C、D、R、Z、K、H

源操作数 [S3·]：KnX、KnY、KnM、KnS、T、C、D、R、Z、K、H

目的操作数 [D·]：Y

如图 4-76 所示，当 M8000 变为 ON 时，从 Y000 输出频率为 1000Hz 的脉冲 1000 个，起始和结束的加减速时间分别为 150ms。

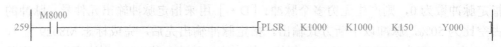

图4-76　可调速脉冲输出指令梯形图

使用可调速脉冲输出指令时应注意：

① 只能用于晶体管 PLC 的 Y0 和 Y1，可进行 16 位操作，分别占 9 个程序步。

② 该指令只能用一次。

第六节　PLC实现单元控制设计实例

一、开环电路实现门铃控制

开环电路是指从输入到输出，信号传输只有一个方向的电路。开环电路用在门铃上时，当按钮 QA₁ 被按下时，门铃的蜂鸣器才开始鸣响，也就是说蜂鸣器的鸣响与按钮 QA₁ 的接通有因果关系，只有当按钮被按下时才响。

本例中为了使读者通晓外部连接的元件与三菱 FX3U 系列 PLC 地址之间的关系，所以选用三个按钮和 4 个蜂鸣器。

三菱 FX3U 系列 PLC 选用 FX3U-32MR 来安装按钮和蜂鸣器。按钮的常开点有两个端子，一端连接到模块的通道上，另一端连接到模块的 COM 端。4 个蜂鸣器选用 AC 220V 的，分别连接到模块输出通道上。硬件连接如图 4-77 所示。

在程序的编制过程中使用 X000 连接的按钮 QA₁ 来实现单一的开环控制，一个按钮只控制一个蜂鸣器 Y000，同样，按钮 QA₂ 也控制一个蜂鸣器 Y001。但 X002 连接的按钮 QA₃ 控制了两个蜂鸣器 Y002 和 Y003，这两个蜂鸣器可以安装到不同的楼层或不同的房间当中。程序梯形图如图 4-78 所示。

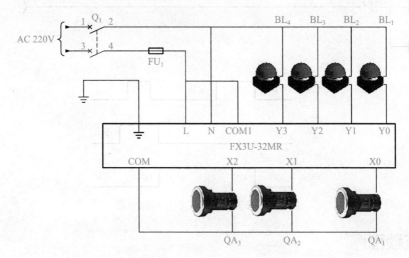

图4-77 门铃控制硬件连接图

图4-78 门铃控制程序图

二、自锁电路（自保持电路）与自保持控制程序

自保持电路也称自锁电路，在电动机的启停控制中应用十分普遍。自锁电路常用于无机械锁定开关的启动停止的控制中，无机械锁定开关就是按下去电路导通，手一松开电路就会断开的开关。

使用这种无机械锁定功能的按钮控制电动机的启动和停止，一般分为启动优先和断开优先两种。断开优先控制程序与时序图如图 4-79 所示。

图 4-79 中的软元件 X000 连接的是启动按钮，X001 连接的是停止按钮，Y000 连接的是电动机的驱动信号。在启动优先控制程序中，读者通过时序图可以看到，在停止按钮处于 ON 状态时，按下启动按钮还是可以启动输出软元件 Y000 的。而同样的情形下，断开优先程序里，按下启动按钮后是不能启动输出软元件 Y000 的，因为停止按钮 X001 是串联在 Y000 线圈的主回路中的。

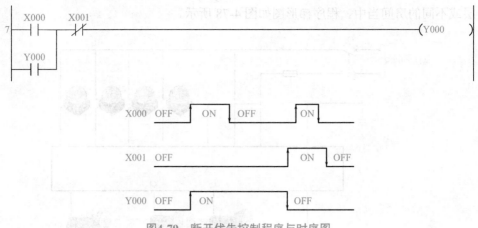

图4-79 断开优先控制程序与时序图

三、互锁程序

在电气设备的控制中，互锁电路用于不允许同时动作的两个或多个继电器的控制，如电动机的正反转控制，燃烧炉的点火与吹扫等，互锁控制电路程序如图 4-80 所示。

图4-80 互锁控制电路程序

图 4-80 中，输出软元件 Y001 和 Y002 的常闭点相互串接在彼此的回路当中，这样在同一时刻就只能启动一个输出软元件，以实现互锁。

四、延时接通的定时器应用程序

在实际工程中，时间电路程序主要用于延时、定时和脉冲方面的控制。时间控制电路，既可以用定时器实现，也可以用标准时钟脉冲实现，编程时使用方便。

在 GX Developer 编程软件中，使用定时器实现接通延时的程序和时序图如图 4-81 所示。读者在延时接通的定时器应用程序的时序图中可以清楚地看到，在输入软元件 X003 接通后，T8 开始计时，计时时间被设置成 10s，当 X003 接通 6s 后，又由 ON 的状态变为 OFF，所以，定时器 T8 的计时时间归 0，也就是说只有在输入软元件 X003 保持 ON 状态的时间到达 10s 以上时，定时器的触点才能延时接通，即

T8 的触点接通，此时输出软件 Y003 也接通了，而当 X003 由 ON 变成 OFF 状态时，T8 的线圈将立即停止，T8 的常开触点也立即改变接通的状态，所以 Y003 也同样由 ON 状态变为 OFF 的状态。

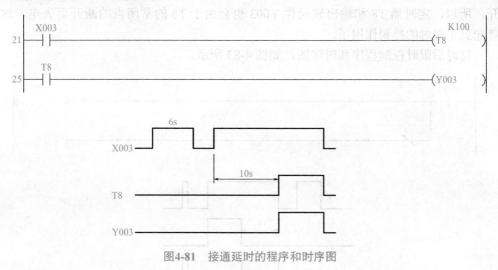

图4-81 接通延时的程序和时序图

五、限时控制程序

在 GX Developer 编程软件中，使用定时器实现限时控制程序的梯形图和时序图如图 4-82 所示。

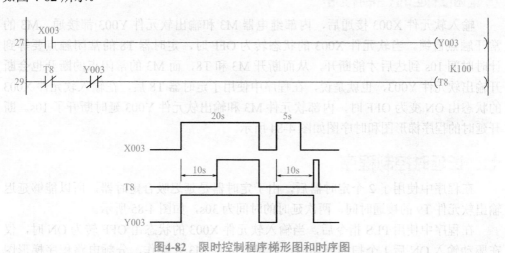

图4-82 限时控制程序梯形图和时序图

读者在限时接通的定时器应用程序的时序图中可以清楚地看到，在输入软元件 X003 的状态由 OFF 变为 ON 时，输出软元件 Y003 接通，常开触点 Y003 断开，同时，定时器 T8 开始计时，当达到定时器 T8 的计时时间 10s 后，定时器 T8 接通，T8 的常闭触点断开，经过 20s 后，当输入软元件 X003 的状态由 ON 变为 OFF 时，输出软元件 Y003 和定时器 T8 都失电，但当输入软元件 X003 的状态由 OFF 变为 ON 时，输出软元件 Y003 接通，常开触点 Y003 断开，同时，定时器 T8 开始计时，经过 5s 后，当 X003 的状态处于 OFF 时，输出软元件是通过定时器 T8 和 Y003 的常闭点来接通的。

　　另外，当到达定时器 T8 的计时时间 10s 后，定时器 T8 接通，T8 的常闭触点断开，所以，定时器 T8 和输出软元件 Y003 也会由于 T8 的常闭点的断开而失电，这就起到了限时的控制作用了。

　　延时后限时控制程序和时序图，如图 4-83 所示。

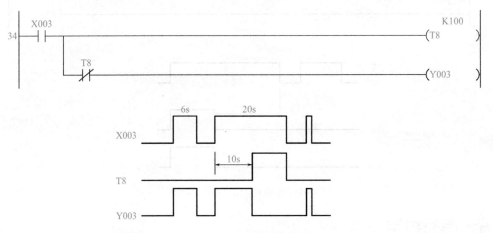

图4-83　延时后限时控制程序梯形图和时序图

六、断开延时控制程序

　　输入软元件 X003 接通后，内部继电器 M3 和输出软元件 Y003 都接通，M3 的常开触点自锁。当软元件 X003 的状态转为 OFF 时，定时器 T8 的常闭触点要等到计时时间 10s 到达后才能断开，从而断开 M3 和 T8，而 M3 的常闭点的断开也会断开输出软元件 Y003，也就是说，在程序中使用了定时器 T8 后，在输入软元件 X003 的状态由 ON 变为 OFF 时，内部软元件 M3 和输出软元件 Y003 延时断开了 10s。断开延时的程序梯形图和时序图如图 4-84 所示。

七、长延时控制程序

　　在程序中使用了 2 个定时器后，由于定时器是延迟吸合定时器，所以能够延迟输出软元件 T9 的接通时间，两次延时的时间为 30s，如图 4-85 所示。

　　在程序中使用 PLS 指令后，当输入软元件 X003 的状态由 OFF 转为 ON 时，仅在驱动输入 ON 后 1 个扫描周期内，内部软元件 M3 才动作，分频电路程序梯形图和时序图如图 4-86 所示。这是一个二分频电路。待分频的脉冲信号加在输入 X003 上，在第一个脉冲信号到来时，M3 产生一个扫描周期的单脉冲，使 M3 的常开触点闭合一个扫描周期。第一个脉冲到来一个扫描周期后，M3 断开，Y003 接通，第二个支路使 Y003 保持接通。当第二个脉冲到来时，M3 再产生一个扫描周期的单脉冲，使得 Y003 的状态由接通变为断开。

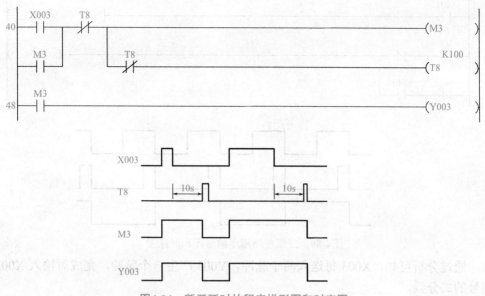

图4-84　断开延时的程序梯形图和时序图

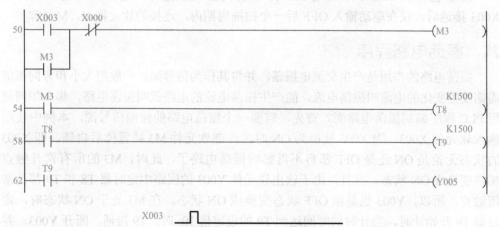

图4-85　长延时控制程序梯形图和时序图

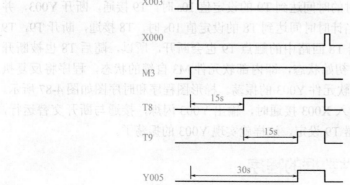

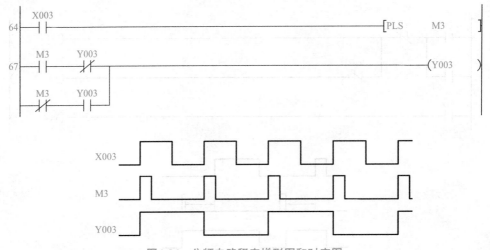

图4-86　分频电路程序梯形图和时序图

通过分析可知，X003 每送入两个脉冲，Y003 产生一个脉冲，完成对输入 X003 信号的二分频。

读者也可以在程序中使用 PLF 指令来代替 PLS 指令，这样，在输入软元件 X003 接通后，仅在驱动输入 OFF 后一个扫描周期内，连接的软元件 Y、M 才动作。

八、振荡电路程序

振荡电路的作用是产生交流电振荡，并将其作为信号源。一般把大小和方向都随周期发生变化的电流叫振荡电流，能产生振荡电流的电路就叫振荡电路，那么如何使用 PLC 程序编制振荡电路呢？首先，需要一个振荡电路的使能信号源，本例中使用输入软元件 X003。当 X003 使能为 ON 时，内部软元件 M3 被置位后自锁，即 X003 的状态无论是 ON 还是 OFF 都将不再影响振荡电路了。此时，M3 的所有常开触点都将变换成 ON 状态，并且，由于输出软元件 Y003 的回路中定时器 T8 和 T9 都是常闭触点，所以，Y003 也是由 OFF 状态变换成 ON 状态。在 M3 处于 ON 状态时，定时器 T9 开始计时，当计时的时间达到 T9 的设定值 10s 时，T9 接通，断开 Y003，并且定时器 T8 开始计时，当计时时间达到 T8 的设定值 10s 时，T8 接通，断开 T9，T9 被断开时，串接在定时器 T8 回路中的触点 T9 也会断开，所以，随后 T8 也被断开了，这样，程序又回到了初始状态，即内部软元件 M3 自锁的状态，程序将反复执行这个过程，实现了输出软元件 Y003 的振荡。梯形图程序和时序图如图 4-87 所示。

简单地说，就是当输入 X003 接通时，输出 Y003 闪烁，接通与断开交替运行，接通时间为 10s，由定时器 T9 设定，这样就实现 Y003 的振荡了。

九、清除一组软元件数据的程序

清除一组软元件中的数据时，如这组软元件是 D100、D102、D104 和 D106，可以使用 RST 清除指令来进行清除，程序如图 4-88 所示。

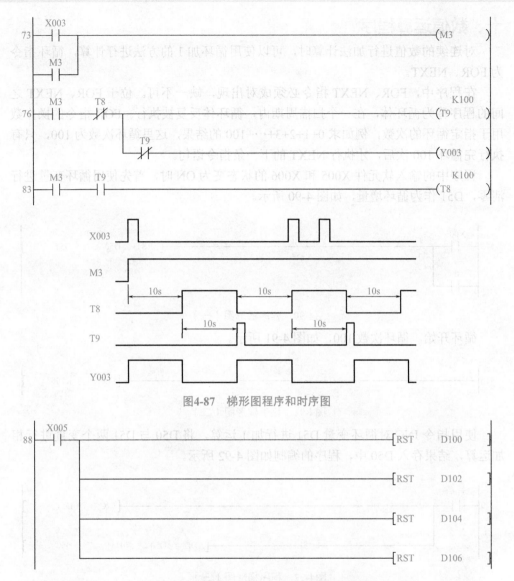

图4-87 梯形图程序和时序图

图4-88 RST指令清除一组数据的程序梯形图

读者还可以在程序中使用 FMOV 指令一次性清除多个数据，源（S）连接的是常数 0，目的（D）侧连接的是软元件 D1，n 连接的是要清除的个数。具体操作是在输入软元件 X003 的状态为 ON 时，FMOV 指令将数值 0 传送到软元件 D1 开头的连续 6 个软元件当中，即将 D1、D2、D3、D4、D5 和 D6 中的数据清 0，这个命令使用起来更加方便，如图 4-89 所示。

图4-89 FMOV指令清除一组数据的程序梯形图

十、数值运算程序

对连续的数值进行加法计算时，可以使用循环加 1 的方法进行计算，循环指令为 FOR、NEXT。

在程序中，FOR、NEXT 指令必须成对出现，缺一不可。位于 FOR、NEXT 之间的程序称为循环体，在一个扫描周期内，循环体反复被执行。FOR 指令的操作数用于指定循环的次数，例如求 0+1+2+3+…+100 的结果，这里循环次数为 100，只有执行完循环 100 次后，才执行 NEXT 的下一条指令语句。

程序中的输入软元件 X005 和 X006 的状态变为 ON 时，首先使用循环变量进行清零，D51 作为循环增量，如图 4-90 所示。

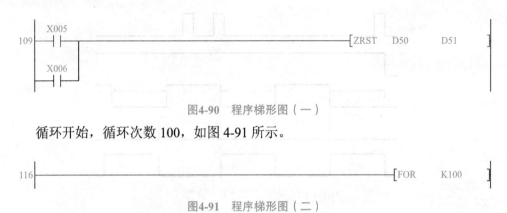

图4-90　程序梯形图（一）

循环开始，循环次数 100，如图 4-91 所示。

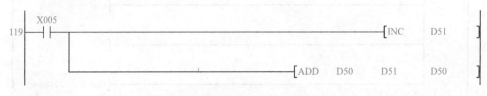

图4-91　程序梯形图（二）

使用指令 INC 对循环变量 D51 进行加 1 运算，将 D50 与 D51 两个变量进行相加运算，结果存入 D50 中，程序的编制如图 4-92 所示。

图4-92　程序梯形图（三）

使用循环结束指令 NEXT 来结束循环。

经过上述的程序之后，0+1+2+3+…+100 相加后的和存储在 D50 当中。

十一、代数和计算程序

计算几个代数的和时，首先要将代数传送到数据寄存器中，假设要计算和的代数有四个，数值分别是 10、15、-31 和 234，本例中使用 D0、D1、D2、D3 来存储数据要相加的这些数据，结果存入到 D10 当中。X003 是计算控制端，X007 是清零控制端。代数的加法在子程序中编制，代数的传送以及运算结果的调用在主程序中编制，详细的程序如下所示。

1. 主程序的完整清单

主程序编制时，在输入软元件 X003 的上升沿脉冲到来时，首先使用传送指令 MOV 将数值 10 送入到 D0、15 送入到 D1、−31 送入到 D2、234 送入到 D3 中，如图 4-93 所示。

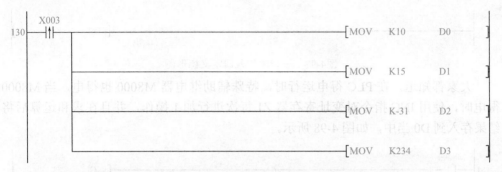

图4-93 传送要相加的各个代数程序梯形图

在输入软元件 X003 的上升沿脉冲到来时，对变址寄存器 Z1 进行复位清零，并调用子程序 P15，程序如图 4-94 所示。

在输入软元件 X003 的状态变为 ON 时，将 D0 中的数据送入 D10 中，并使用 MOV 指令将结果输入输出位组件 K1Y000，程序如图 4-95 所示。

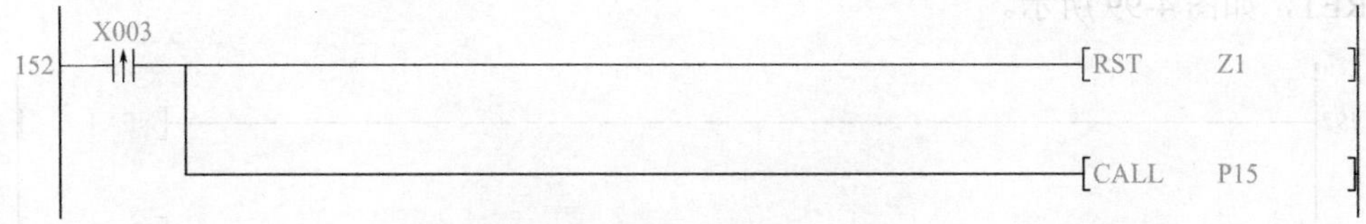

图4-94 调用子程序梯形图

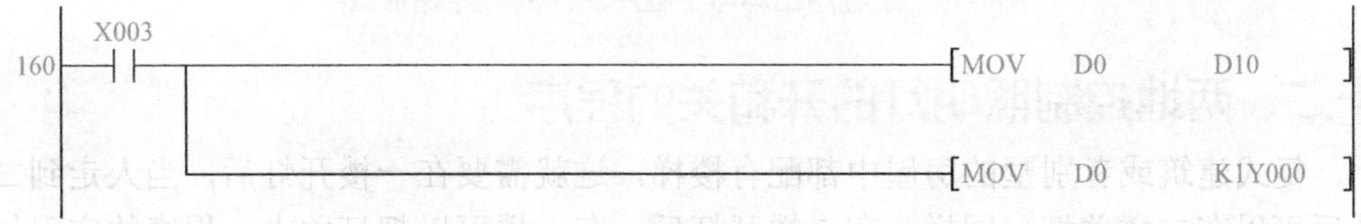

图4-95 代数运算结果的输出梯形图

当输入软元件 X007 的状态变为 ON 时，对输出位组件 K1Y000 进行清零操作，然后使用指令 FEND 来结束主程序，程序如图 4-96 所示。

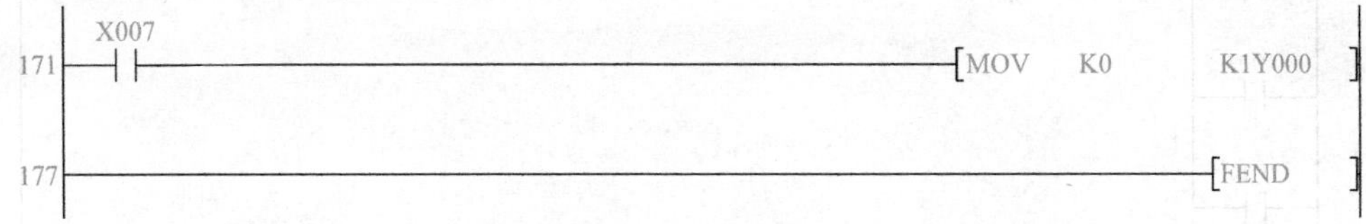

图4-96 程序梯形图

2. 子程序的编制

子程序的入口由FOR指令来定义，FOR指令的操作数用于指定循环的次数，由于要计算的代数为4个，所以这里计算加法的循环次数为3次，在子程序的入口处进行定义，即K的值为3，如图4-97所示。

178
FOR
K3

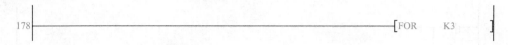

图4-97　子程序的入口定义梯形图

大家都知道，在PLC得电运行时，特殊辅助继电器M8000也得电，当M8000得电时，使用INC指令对变址寄存器Z1每次进行加1操作，并且在求和运算后将结果存入到D0当中，如图4-98所示。

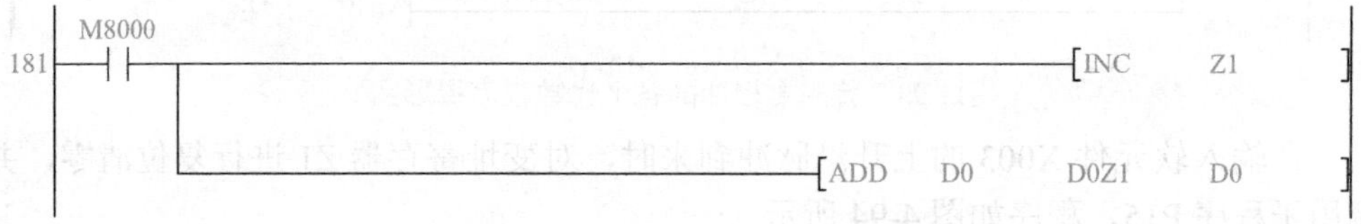
M8000
181
INC
Z1
ADD
D0
D0Z1
D0

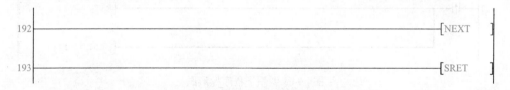

图4-98　求和运算的程序梯形图

使用NEXT指令来结束循环，另外，还需要为子程序编制子程序返回程序，即SRET，如图4-99所示。

192
NEXT
193
SRET

图4-99　子程序循环与子程序返回的程序梯形图

十二、两地控制照明灯的开和关的程序

复式建筑或者别墅的房屋中都配有楼梯，这就需要在一楼开灯后，当人走到二楼后可以在二楼关灯，同样，在二楼开灯后，在一楼可以把灯关上，程序的实现如图4-100所示。

X004
X006
X007
194
Y017
X005
Y017

图4-100　开关灯的两地控制程序梯形图

其中，开灯按钮 X004 和关灯按钮 X006 安装在一楼，开灯按钮 X005 和关灯按钮 X007 安装在二楼，Y017 的输出连接照明灯 HL。在一楼当使用者按下按钮 X004 时，照明灯 HL 点亮，关灯时使用者如果在一楼就按下关灯按钮 X006，在二楼时按下关灯按钮 X007 即可，因为这两个关灯按钮是串接在回路中的。同样，开灯时，在一楼时可以按下 X004，而在二楼时，可以按下开关 X005。

十三、安全报警控制系统

紧急系统要求即时响应。中断编程技术可使某事件在一个程序扫描周期内立即被激活，与它实际在程序中的位置无关（图 4-101、图 4-102）。

图4-101 主程序和中断程序梯形图

从图 4-101、图 4-102 得出：在任何时刻，如果安全门被打开，一个专用的中断输入（X001）触发中断程序 I101。当输入 X001 从 OFF 变为 ON 时，指针 I101 同时作为程序标记和所使用的中断的标记。当中断处理完，程序控制返回到"紧急情况"前执行的最后一步。这样处理是很有用的，它帮助编程者保持程序的编程顺序。主要的问题是某个特殊功能被激活或者一个子程序运行，并且当控制返回主程序时，操作顺序与机器操作不协调。使用任何形式的"程序中断"时都应小心。

中断运行完毕，输出 Y005 设置为 ON。本例中，铃声响起，由此作为声音警报。本程序中通过激活输入 X004 使警报复位。

图4-102 脉冲输出产生声音程序梯形图

安全门关闭时，它提供输入 X001，如果门打开，则输入消失，警报器开始工作。使用 PLSY 指令控制对警报器的输出，警报器的音高或音量能被控制。一系列高频脉冲会发出高而连续的声音。如果使用一个低频输出，则会听到一个较低的更分散的声音。这是有可能的：一旦确定相应频率，就能得到警报器声音输出，随着时间声音升高或降低。收到来自 Y000 的输出时，警报器声音的音量和音高都将增大。当来自 Y000 的信号不再出现时，警报器的音量和音高会下降，随之声音自然减弱并且 / 或者被中断。警报器活动过程可以通过限定 PLSY 指令发出的脉冲数来控制。本例中，通过设置 K0 可得到连续脉冲输出。

十四、高速计数器检测速度控制程序

本程序计算风扇每秒旋转的圈数（图 4-103）。

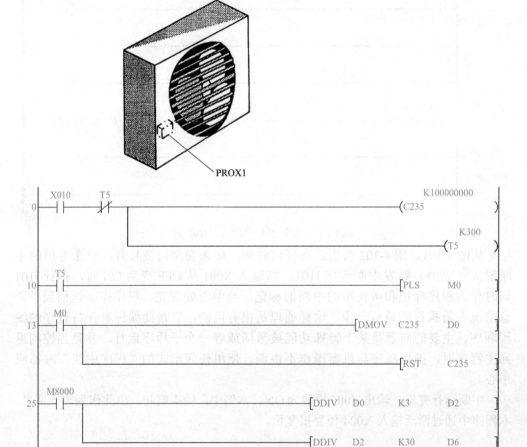

图4-103　高速计数器检测梯形图

如图 4-103 所示，风扇有三个叶片，当它们各自经过接近开关 RPOX1 时被检测到。此开关与驱动高速计数器 C235 的输入 X010 相连。因为要计算速度，计数过程必须在一个定时段内出现，所以，自切断定时器 T005 用来触发 C235 中的当前数据转移到数据寄存器 D001、D000（C235 是一个 32 位寄存器）。当数据转移结束，计数器复位，并且定时计数过程再次开始。其间，存于 D000 的新数据被 3 除。这是因为有 3 个叶片，而速度要求是整圈的圈数。除法运算后的答案存在 D003，D002 中的答案必须要再除以 30，这是因为 T005 是 300 个 100ms，即 30s。接着答案存在寄存器 D007、D006 中，余数部分存在 D008、D009 中。

> **注意：**
>
> 　要求使用双字操作，因为来自计数器的初始数据是 32 位格式。应该注意有余数寄存器的除法操作。

十五、求平均数程序

求平均数程序梯形图见图 4-104。平均数计算程序是非常复杂的，要进行平均数计算的元素个数直接等于 FOR⋯NEXT 回路将运行的次数。在实例中，这通过把一个值直接输入到数据寄存器 D7 来实现。

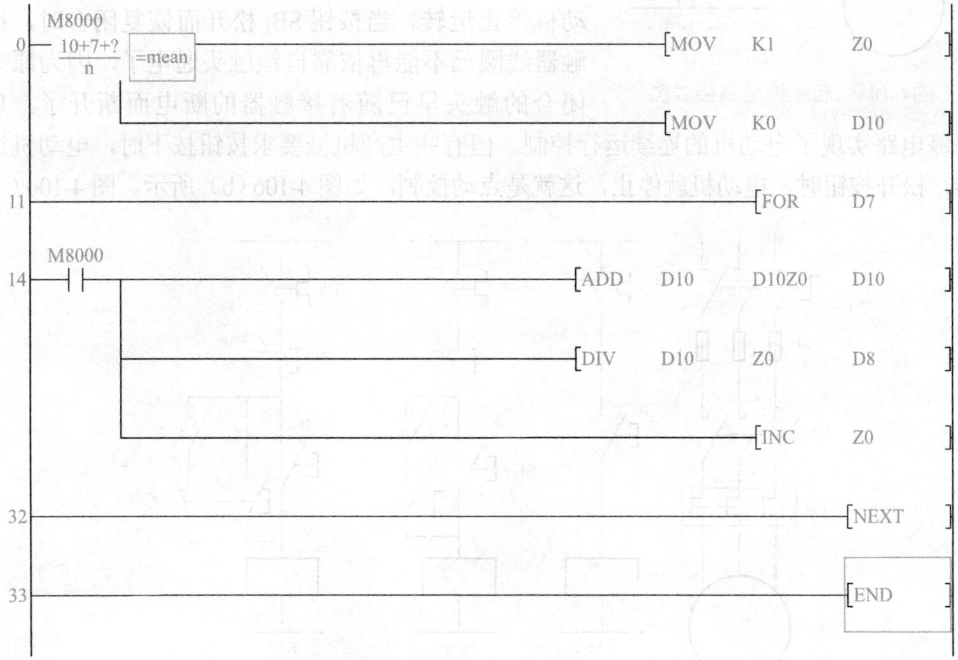

图4-104　求平均数程序梯形图

本例中，平均数处理的源数据放在首地址为 D10 的连续数据寄存器中，每次扫描将重作一次平均数值计算。这是因为 FOR…NEXT 回路照顾到源数据寄存器的递加。

应注意的是，所算得的平均数（DIV 指令之后）会占用 2 个 16 位数据寄存器。一个包含所计算的整数部分，而另一个则包含余数的数据。

十六、启动、保持、停止、点动与连续运行控制程序

在自动控制电路中，启动按钮 SB_2、停止按钮 SB_1 和交流接触器 KM 组成了启动、保持、停止（简称启保停电路）典型控制电路。图 4-105 是一个常用的最简单的控制电路。

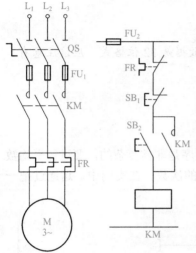

图4-105　启保停电路接线图

启动时，合上隔离开关 QS。引入三相电源，按下启动按钮 SB_2，接触器 KM 的线圈通电，接触器的主触头闭合，电动机接通电源直接启动运转。同时与 SB_2 并联的常开辅助触头 KM 也闭合，使接触器线圈经两条路通电，这样，当 SB_2 复位时，KM 的线圈仍可通过 KM 触头继续通电，从而保持电动机的连续运行。

要使电动机停止运转，只要按下停止按钮 SB_1 即可。按下 SB_1 后，控制电路将断开，接触器 KM 断电释放，KM 的常开主触头将三相电源切断，电动机停止运转。当按钮 SB_1 松开而恢复闭合时，接触器线圈已不能再依靠自锁触头通电了，因为原来闭合的触头早已随着接触器的断电而断开了。启保停电路实现了电动机的连续运行控制。但有些生产机械要求按钮按下时，电动机运转，松开按钮时，电动机就停止，这就是点动控制，如图 4-106（b）所示。图 4-106（a）

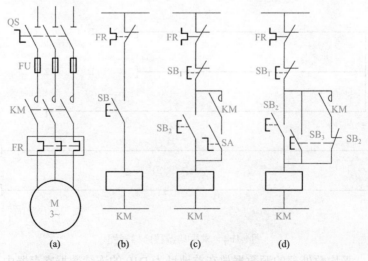

图4-106　常用的点动控制电路图

是主电路，图4-106（c）、图4-106（d）是实现点动与连续运行的电路。常用的点动控制梯形图如图4-107所示。

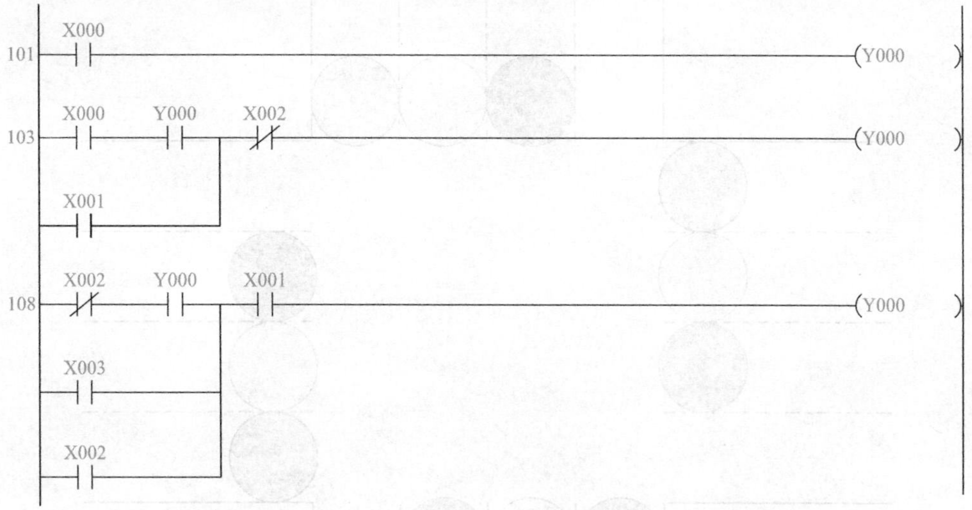

图4-107 常用的点动控制梯形图

十七、交通灯控制程序

信号灯受一个启动开关控制，当启动开关接通时，信号灯系统开始工作，且先南北红灯亮，东西绿灯亮。当启动开关断开时，所有信号灯都熄灭。

南北红灯亮维持25s，在南北红灯亮的同时东西绿灯也亮，并维持20s。到20s时，东西绿灯闪亮，闪亮3s后熄灭。在东西绿灯熄灭时，东西黄灯亮，并维持2s。到2s时，东西黄灯熄灭，东西红灯亮，同时，南北红灯熄灭，绿灯亮。东西红灯亮维持30s。南北绿灯亮维持25s，然后闪亮3s后熄灭。同时南北黄灯亮，维持2s后熄灭，这时南北红灯亮，东西绿灯亮。周而复始。

图4-108中的南北红、黄、绿灯分别接主机的输出点Y002、Y001、Y000，东西红、黄、绿灯分别接主机的输出点Y005、Y004、Y003，模拟南北向行驶车的灯接主机的输出点Y006，模拟东西向行驶车的灯接主机的输出点Y007；启动开关SD接主机的输入端X000。

启动开关SD合上时，X000触点接通，Y002得电，南北红灯亮；同时Y002的动合触点闭合，Y003线圈得电，东西绿灯亮。1s后，T49的动合触点闭合，Y007线圈得电，模拟东西向行驶车的灯亮。维持到20s，T43的动合触点接通，与该触点串联的T59动合触点每隔0.5s导通0.5s，从而使东西绿灯闪烁。又过3s，T44的动断触点断开，Y003线圈失电，东西绿灯灭；此时T44的动合触点闭合、T47的动断触点断开，Y004线圈得电，东西黄灯亮，Y007线圈失电，模拟东西向行驶车的灯灭。再过2s后，T42的动断触点断开，Y004线圈失电，东西黄灯灭；此时启动累计

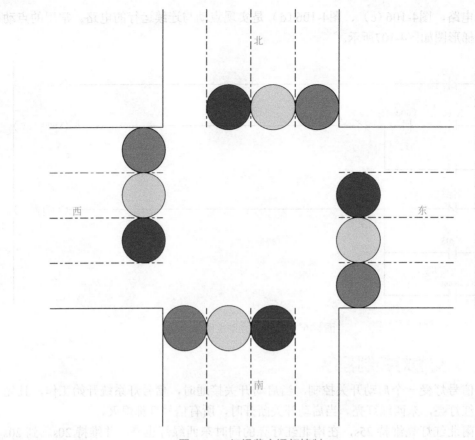

图4-108　红绿黄交通灯控制

时间达25s，T37的动断触点断开，Y002线圈失电，南北红灯灭，T37的动合触点闭合，Y005线圈得电，东西红灯亮，Y005的动合触点闭合，Y000线圈得电，南北绿灯亮。1s后，T50的动合触点闭合，Y006线圈得电，模拟南北向行驶车的灯亮。又经过25s，即启动累计时间为50s时，T38动合触点闭合，与该触点串联的T59的触点每隔0.5s导通0.5s，从而使南北绿灯闪烁；闪烁3s，T39动断触点断开，Y000线圈失电，南北绿灯灭；此时T39的动合触点闭合、T48的动断触点断开，Y001线圈得电，南北黄灯亮，Y006线圈失电，模拟南北向行驶车的灯灭。维持2s后，T40动断触点断开，Y001线圈失电，南北黄灯灭。这时启动累计时间达5s，T41的动断触点断开，T37复位，Y003线圈失电，即维持了30s的东西红灯灭。此为一个工作过程，按此过程周而复始地进行。交通灯控制程序梯形图见图4-109。

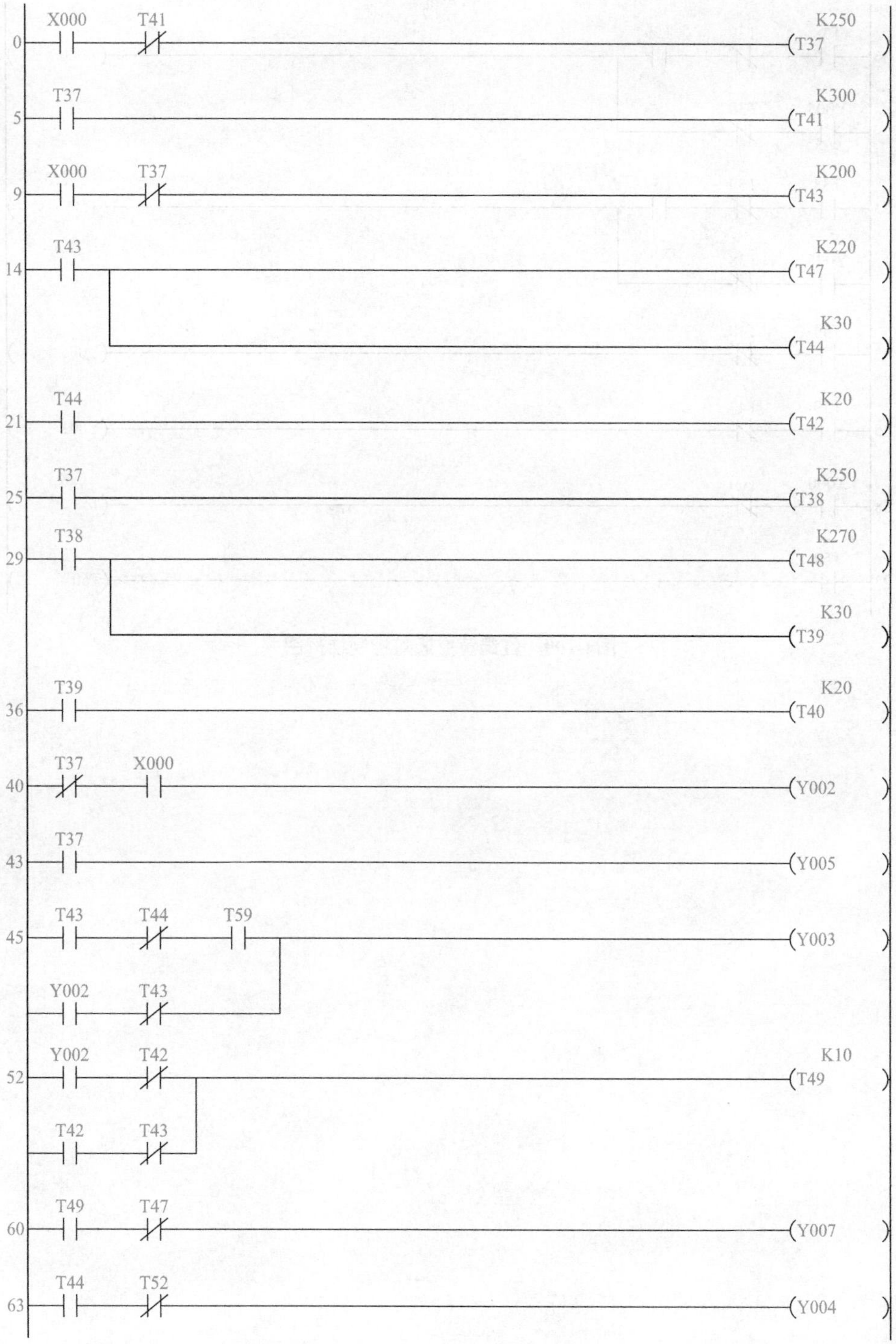

图4-109

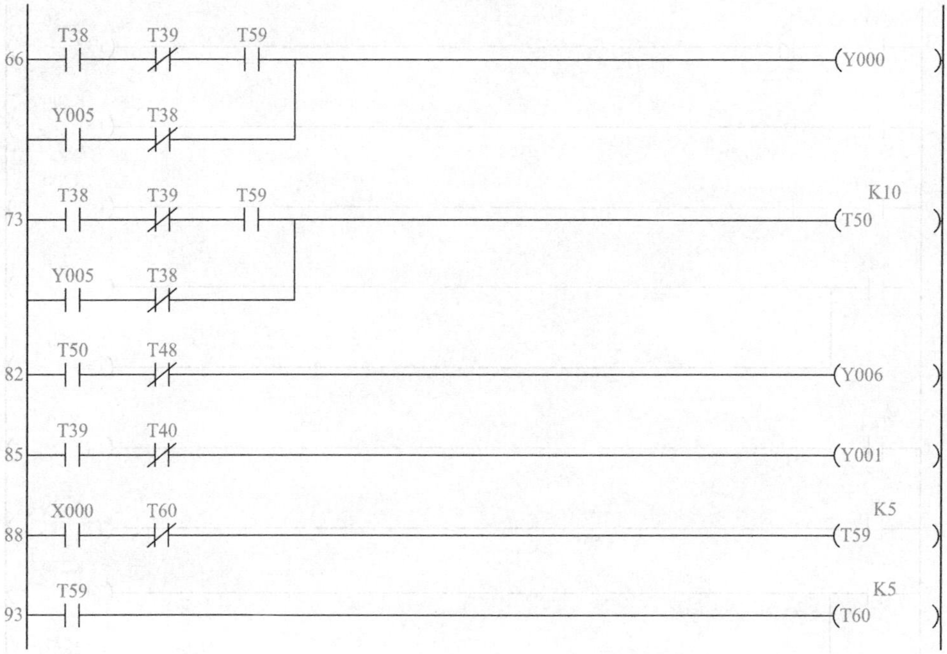

图4-109　红绿黄交通灯控制梯形图

第 **五** 章
精通PLC功能模块

第一节　模拟量输入模块

一、端子排列和端子定义

模拟量输入模块 FX3U-4AD 的端子排列如图 5-1 所示，端子定义如表 5-1 所示。

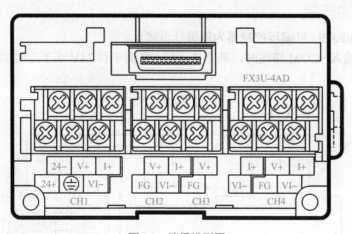

图5-1　端子排列图

表 5-1　端子定义

信号名称	用途
24+	DC 24V电源
24−	

续表

信号名称	用途
⏚	接地端子
V+	通道1模拟量输入
VI–	
I+	
FG	
V+	通道2模拟量输入
VI–	
I+	
FG	
V+	通道3模拟量输入
VI–	
I+	
FG	
V+	通道4模拟量收入
VI–	
I+	

二、电源的连接

以 FX3G/FX3U 可编程控制器为例进行讲述。

① 漏型输入 –COM 接线时，基本单元的 S/S 端子和 24V 端子连接如图 5-2 所示。

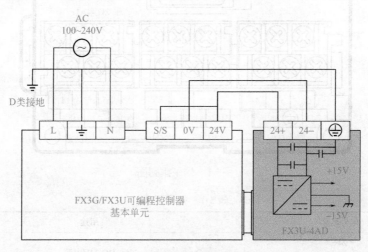

图5-2　基本单元S/S端子和24V端子连接图

② 源型输入 +COM 接线时，基本单元 S/S 端子和 0V 端子连接如图 5-3 所示。

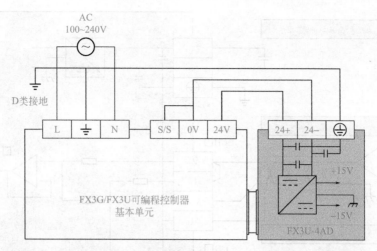

图5-3　基本单元S/S端子和0V端子连接图

三、FX3U可编程控制器与多台模拟量输入模块连接的电源接线

FX3U 可编程控制器与多台模拟量输入模块连接的电源接线如图 5-4 所示。

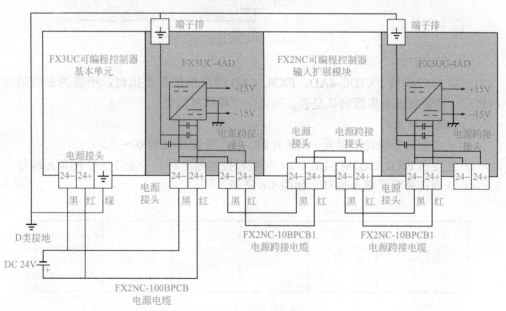

图5-4　FX3U可编程控制器与多台模拟量输入模块连接的电源接线图

四、FX3U-4AD模拟量输入模块的硬件接线与软件编程

1. FX3U-4AD 模拟量输入接线

模拟量输入的每个 CH（通道）可以使用电压输入、电流输入，如图 5-5 所示。

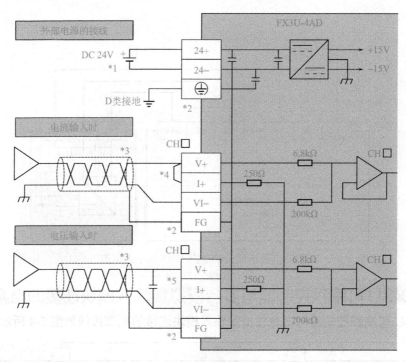

图5-5　FX3U-4AD模拟量输入接线图

2. 编写程序

三菱 PLC 模块 FX3UC-4AD、FX3U-4AD 读出模拟量数据时，所需的最低限度的程序，请依据以下步骤确认是否正确读出了模拟量数据。

（1）确认单元号

①从左侧的特殊功能单元／模块开始，依次分配单元号 0 ～ 7。

②连接在 FX3UC-32MT-LT（-2）可编程控制器上时，分配 1 ～ 7 的单元编号。

③请确认分配了哪个编号，如图 5-6 所示。

图5-6　单元号分配图

（2）决定输入模式（BFM #0）的内容　请根据连接的模拟量发生器的规格，设定与之相符的各通道的输入模式（BFM #0）。

用 16 进制数设定输入模式。请在使用通道的相应位中，选择表 5-2 所示的输入模式，进行设定。通道的设定图如图 5-7 所示。

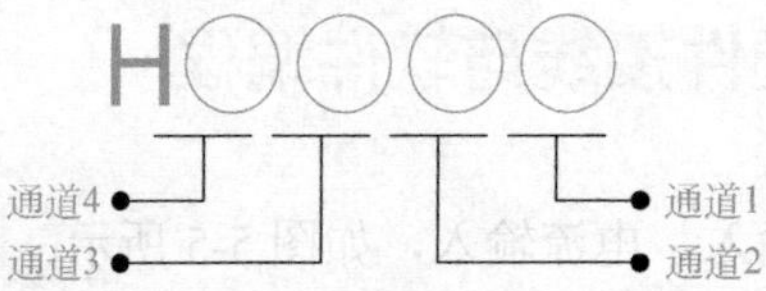

图5-7　通道的设定图

表5-2　输入模式的设定

设定值	输入模式	模拟量输入范围	数字量输出范围
0	电压输入模式	−10V～+10V	−32000～+32000
1	电压输入模式	−10V～+10V	−4000～+4000
2	电压输入 模拟量值直接显示模式	−10V～+10V	−10000～+10000
3	电流输入模式	4mA～20mA	0～16000
4	电流输入模式	4mA～20mA	0～4000
5	电流输入 模拟量值直接显示模式	4mA～20mA	4000～20000
6	电流输入模式	−20mA～+20mA	−16000～+16000
7	电流输入模式	−20mA～+20mA	−4000～+4000
8	电流输入 模拟量值直接显示模式	−20mA～+20mA	−20000～+20000
F	通道不使用		

（3）编写顺控程序　编写读出模拟量数据的程序。

① 在 H ○○○○中，请输入步骤 2 中决定的输入模式。

② 在图 5-5 所示的□中，请输入步骤 1 中确认的单元号。

使用 FX3U、FX3UC 可编程控制器时的梯形图如图 5-8 所示。

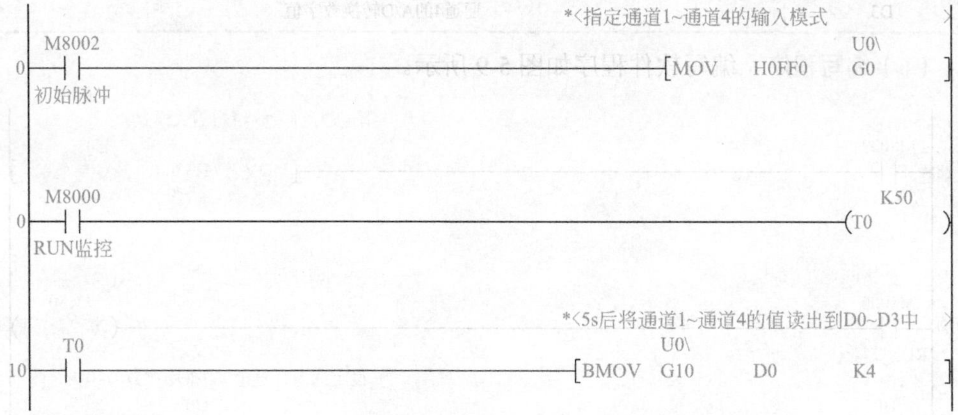

图5-8　读模拟量数据梯形图

注意：

使用 FX3G、FX3GC 可编程控制器时，请使用 FROM/TO 指令。

（4）传送顺控程序，确认数据寄存器的内容

① 传送顺控程序，运行可编程控制器。

② 将 4AD 中输入的模拟量数据保存到可编程控制器的数据寄存器（D0～D3）中。

③ 请确认数据是否保存在 D0 ～ D3 中。

五、控制程序实例

1. 使用平均次数的程序

程序使用 4AD 中输入的模拟量数据平均次数或者数字滤波器功能。

根据下面条件编写顺序控制程序。

（1）系统构成　FX3U 可编程控制器上连接了 FX3U-4AD（单元号：0）。

（2）输入模式

① 设定通道 1、通道 2 为模式 0（电压输入，−10 ～ +10V → −32000 ～ +32000）。

② 设定通道 3、通道 4 为模式 3（电流输入，4 ～ 20mA → 0 ～ 16000）。

（3）平均次数　设定通道 1 ～通道 4 为 10 次。

（4）数字滤波器设定　设定通道 1 ～通道 4 的数字滤波器功能无效（初始值）。

（5）软元件的分配　软元件的分配如表 5-3 所示。

表5-3　软元件的分配表

软元件	内容
D0	通道1的A/D转换数字值
D1	通道2的A/D转换数字值
D2	通道3的A/D转换数字值
D3	通道4的A/D转换数字值

（6）编写程序　编写软件程序如图 5-9 所示。

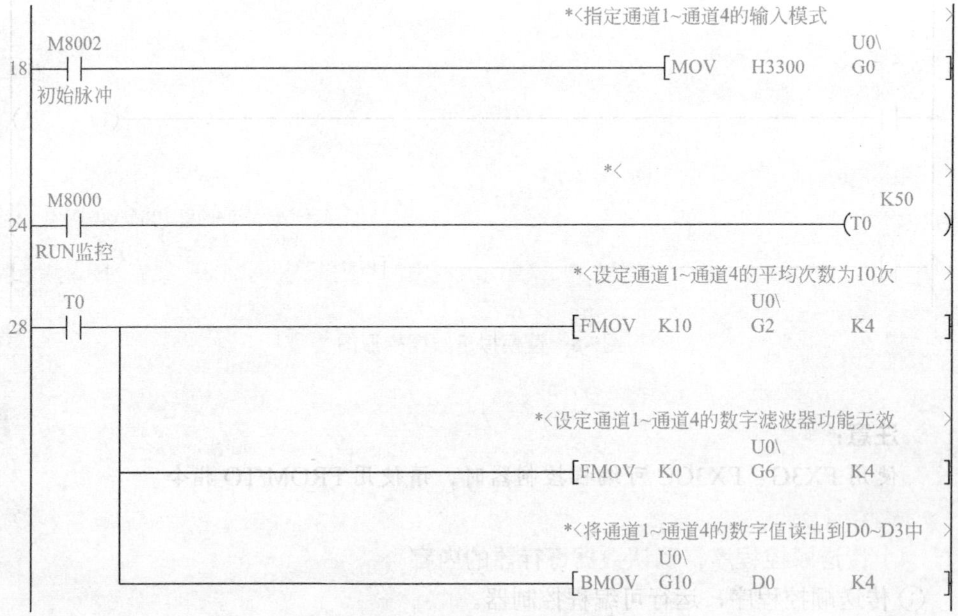

图5-9　平均次数梯形图

2. 使用便利功能的程序

程序使用 4AD 的便利功能。

根据下面条件编写顺序控制程序。

（1）系统构成　FX3U 可编程控制器上连接了 FX3U-4AD（单元号：0）。

（2）输入模式

① 设定通道 1、通道 2 为模式 0（电压输入，–10 ～ +10V → –32000 ～ +32000）。

② 设定通道 3、通道 4 为模式 3（电流输入，4 ～ 20mA → 0 ～ 16000）。

（3）平均次数　设定所有通道为 1 次（初始值）。

> **注意：**
>
> 与初始值相同时，不需要顺序控制程序。

（4）数字滤波器设定　设定所有通道的数字滤波器功能无效（初始值）。

> **注意：**
>
> 与初始值相同时，不需要顺控程序。

（5）便利功能　使用上下限检测功能、上下限错误状态的自动传送功能、量程溢出状态的自动传送功能、错误状态的自动传送功能。

（6）软元件的分配　软元件的分配如表 5-4 所示。

表 5-4　软元件的分配表

软元件		内容
输入	X000	上下限检测错误的清除
	X001	量程溢出的清除
	Y000	通道1下限值错误的输出
	Y001	通道1上限值错误的输出
	Y002	通道2下限值错误的输出
	Y003	通道2上限值错误的输出
	Y004	通道3下限值错误的输出
	Y005	通道3上限值错误的输出
	Y006	通道4下限值错误的输出
	Y007	通道4上限值错误的输出
	Y010	通道1量程溢出（下限）的输出
	Y011	通道1量程溢出（上限）的输出

软元件		内容
输入	Y012	通道2量程溢出（下限）的输出
	Y013	通道2量程溢出（上限）的输出
	Y014	通道3量程溢出（下限）的输出
	Y015	通道3量程溢出（上限）的输出
	Y016	通道4量程溢出（下限）的输出
	Y017	通道4量程溢出（上限）的输出
	Y020	有错误时输出
	Y021	有设定错误时输出
	D0	通道1的A/D转换数字值
	D1	通道2的A/D转换数字值
	D2	通道3的A/D转换数字值
	D3	通道4的A/D转换数字值
	D100	上下限值错误状态的自动传送目标数据寄存器
	D101	量程溢出状态的自动传送目标数据寄存器
	D102	错误状态自动传送的目标数据寄存器

（7）编写程序　编写软件程序如图 5-10 所示。

```
                                          *〈指定通道1~通道4的输入模式
     M8002                                                    U0\
0    ┤├─────────────────────────────────[MOV    H3300    G0   ]
     初始脉冲


     M8000                                                   K50
6    ┤├──────────────────────────────────────────────────(T0  )
     RUN监控

                                          *〈便利功能的设定
     T0                                                       U0\
10   ┤├─────┬───────────────────────────[MOV    H1A2     G22  ]
           │
           │                       *〈将上下限值错误状态自动传送的寄存器〉
           │                                                  U0\
           └───────────────────────────[MOV    K100     G126 ]
```

142

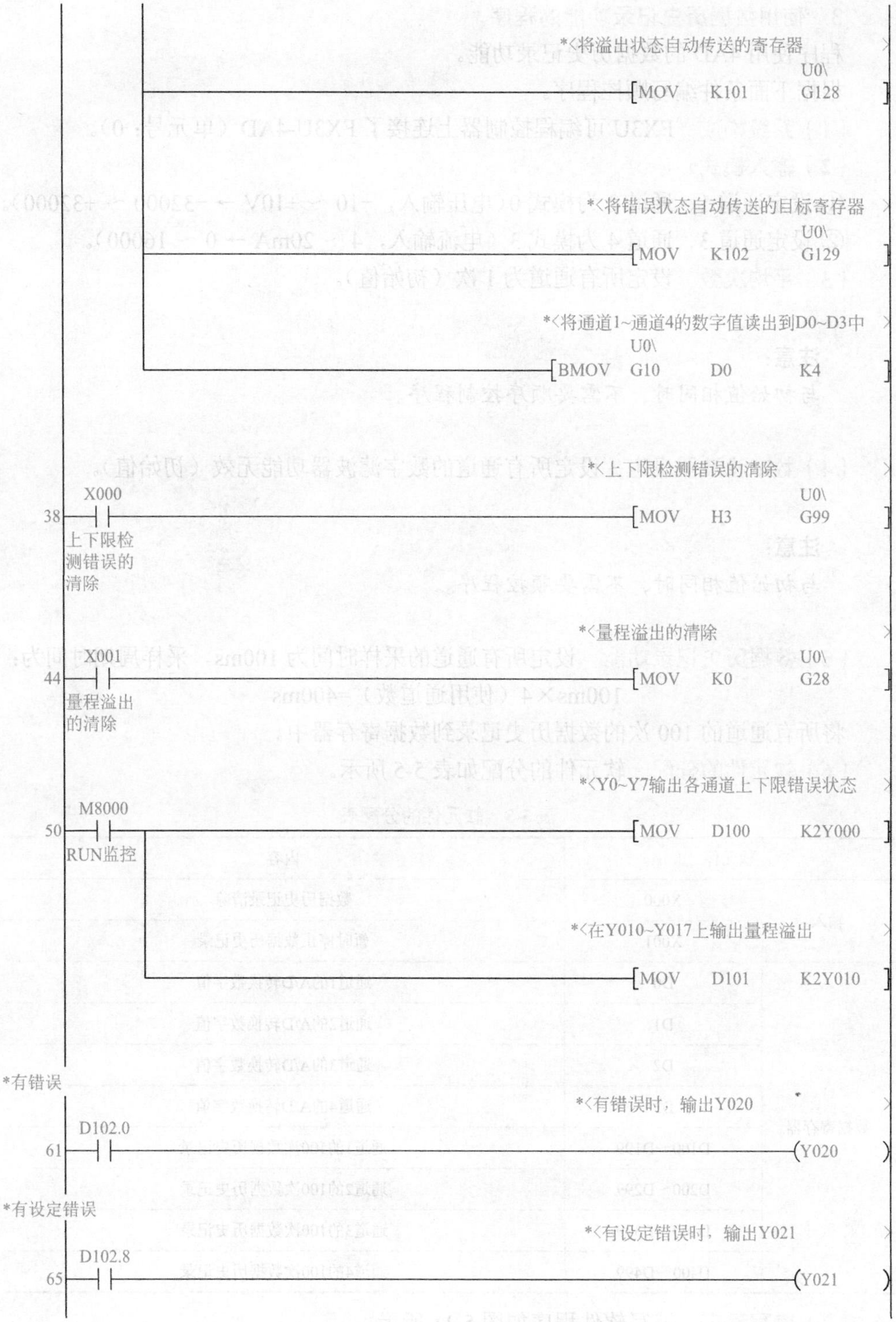

```
                                              *<将溢出状态自动传送的寄存器
                                                                        U0\
                                                        [MOV    K101    G128   ]

                                              *<将错误状态自动传送的目标寄存器
                                                                        U0\
                                                        [MOV    K102    G129   ]

                                              *<将通道1~通道4的数字值读出到D0~D3中
                                                                        U0\
                                                  [BMOV   G10     D0      K4   ]

                                              *<上下限检测错误的清除
       X000                                                              U0\
38  ───┤├────────────────────────────────────────────────[MOV    H3      G99   ]
    上下限检
    测错误的
    清除

                                              *<量程溢出的清除
       X001                                                              U0\
44  ───┤├────────────────────────────────────────────────[MOV    K0      G28   ]
    量程溢出
    的清除

                                              *<Y0~Y7输出各通道上下限错误状态
       M8000
50  ───┤├────────────────────────────────────────────────[MOV    D100    K2Y000 ]
    RUN监控

                                              *<在Y010~Y017上输出量程溢出
                                                        [MOV    D101    K2Y010 ]

*有错误
                                              *<有错误时，输出Y020
       D102.0
61  ───┤├──────────────────────────────────────────────────────────────(Y020  )

*有设定错误
                                              *<有设定错误时，输出Y021
       D102.8
65  ───┤├──────────────────────────────────────────────────────────────(Y021  )
```

图5-10 便利功能梯形图

3. 使用数据历史记录功能的程序

程序使用 4AD 的数据历史记录功能。

根据下面条件编写顺控程序。

（1）系统构成　FX3U 可编程控制器上连接了 FX3U-4AD（单元号：0）。

（2）输入模式

① 设定通道 1、通道 2 为模式 0（电压输入，$-10 \sim +10V \rightarrow -32000 \sim +32000$）。

② 设定通道 3、通道 4 为模式 3（电流输入，$4 \sim 20mA \rightarrow 0 \sim 16000$）。

（3）平均次数　设定所有通道为 1 次（初始值）。

> **注意：**
>
> 与初始值相同时，不需要顺序控制程序。

（4）数字滤波器设定　设定所有通道的数字滤波器功能无效（初始值）。

> **注意：**
>
> 与初始值相同时，不需要顺控程序。

（5）数据历史记录功能　设定所有通道的采样时间为 100ms。采样周期时间为：

$$100ms \times 4（使用通道数）=400ms$$

将所有通道的 100 次的数据历史记录到数据寄存器中。

（6）软元件的分配　软元件的分配如表 5-5 所示。

表 5-5　软元件的分配表

软元件		内容
输入	X000	数据历史记录清除
	X001	暂时停止数据历史记录
数据寄存器	D0	通道1的A/D转换数字值
	D1	通道2的A/D转换数字值
	D2	通道3的A/D转换数字值
	D3	通道4的A/D转换数字值
	D100～D199	通道1的100次数据历史记录
	D200～D299	通道2的100次数据历史记录
	D300～D399	通道3的100次数据历史记录
	D400～D499	通道4的100次数据历史记录

（7）编写程序　编写软件程序如图 5-11 所示。

```
                                              *<指定通道1~通道4的输入模式              >
    M8002                                                              U0\
0    │├───────────────────────────────────────[MOV    H3300    G0       ]
   初始脉冲


    M8000                                                              K50
6    │├───────────────────────────────────────────────────────────────(T0      )
   RUN监控
                                              *<设定采样时间为100ms               >
    T0                                                                U0\
10   │├──────┬─────────────────────────────────[MOV    K100     G198     ]
            │



            │                                 *<将通道1~通道4的数字值读出到D0~D3中     >
            │                                                   U0\
            └─────────────────────────────────[BMOV   G10   D0     K4    ]

                                              *<清除所有通道的数据历史记录           >
    X000                                                              U0\
23   │├───────────────────────────────────────[MOV    H0F    G199     ]
   清除数据
   历史记录


                                              *<暂停所有通道的数据历史记录           >
    X001                                                              U0\
29   │├───────────────────────────────────────[MOV    H0F00    G199     ]
   数据历史
   记录暂停

                                              *<解除所有通道的数据历史记录的暂停>
    X001                                                              U0\
35   │/├──────────────────────────────────────[MOV    H0    G199     ]
   数据历史
   记录暂停


                                              *<通道1的100次记录读出到D100~D199>
    T0                                                                U0\
41   │├──────┬─────────────────────────────────[BMOV   G200   D100   K100   ]
            │                                 *<看门狗定时器的刷新               >
            │
            └───────────────────────────────────────────────────────[WDT     ]
```

图5-11

145

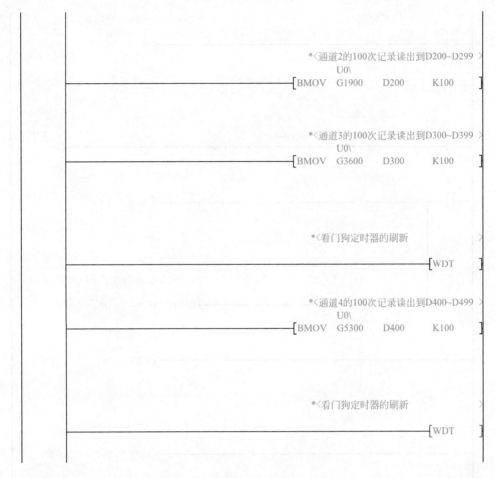

图5-11　数据历史记录的梯形图

4．初始化（工厂出厂时）4AD 的程序

初始化 4AD 时，请执行下面的程序。

输入模式（BFM #0）、偏置数据（BFM #41 ～ #44）以及增益数据（BFM #51 ～ #54）等回到工厂出厂时的状态。

记载了在下列条件下运行的顺控程序举例。

（1）系统构成　FX3U 可编程控制器上连接了 FX3U-4AD（单元号：0）。

（2）软元件的分配　软元件的分配如表 5-6 所示。

表5-6　软元件的分配表

软元件	内容
X000	4AD的初始化指令

（3）编写程序　编写软件程序如图 5-12 所示。

图5-12 初始化4AD梯形图

注意:

① 从初始化执行开始到结束需要约 5s。

请不要执行对缓冲存储区的设定(写入)。

② 初始化结束后,BFM #20 的值变为 K0。

③ 设定值变更禁止(BFM #19)的设定优先。执行初始化,请将 BFM #19 设定为 K2080。

第二节 模拟量输出模块

一、端子排列和端子定义

模拟量输出模块 FX3U-4DA 的端子排列如图 5-13 所示,端子定义如表 5-7 所示。

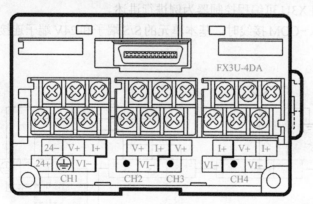

图5-13 端子排列图

表 5-7 端子定义

信号名称	用途
24+	DC 24V电源
24-	

信号名称	用途
⏚	接地端子
V+	
VI-	通道1模拟量输出
I+	
●	请不要接线
V+	
VI-	通道2模拟量输出
I+	
●	请不要接线
V+	
VI-	通道3模拟量输出
I+	
●	请不要接线
V+	
VI-	通道4模拟量输出
I+	

二、电源的连接

以 FX3G、FX3U 可编程控制器为例进行讲述。

① 漏型输入-COM 接线时，基本单元的 S/S 端子和 24V 端子连接如图 5-14 所示。

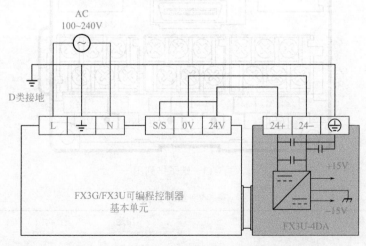

图5-14　基本单元的S/S端子和24V端子连接图

② 源型输入 +COM 接线时，基本单元的 S/S 端子和 0V 端子连接如图 5-15 所示。

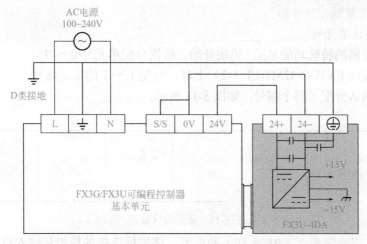

图5-15 基本单元的S/S端子和0V端子连接图

三、模拟量输出部分的端子接线

模拟量输出模式中，各 CH（通道）中都可以使用电压输出、电流输出，模拟量输出部分的端子接线如图 5-16 所示。

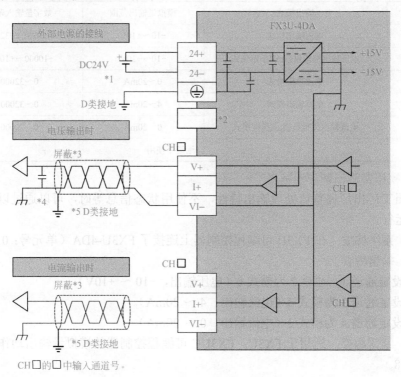

图5-16 模拟量输出部分的端子接线图

四、模拟量输出

1. 模拟量输出的步骤

（1）确认单元号

① 从左侧的特殊功能单元 / 模块开始，依次分配单元号 0 ～ 7。

② 连接在 FX3UC-32MT-LT（-2）上时，分配 1 ～ 7 的单元编号。

③ 请确认分配了哪个编号，如图 5-17 所示。

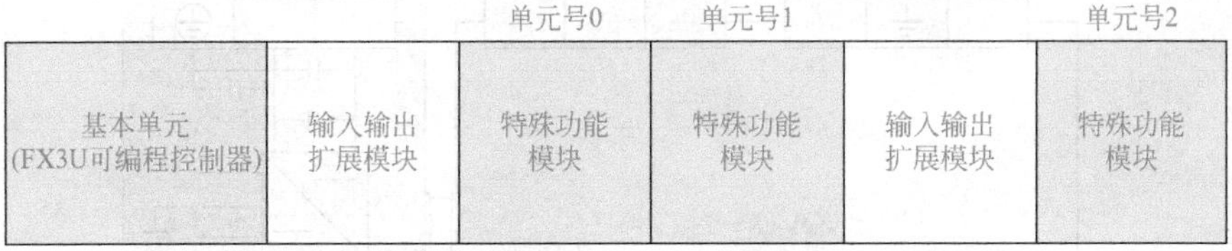

图5-17　单元号分配图

（2）决定输出模式（BFM #0）的内容　请根据连接的模拟量输入设备的规格，设定与之相符的各通道（CH）的输出模式（BFM #0）。用 16 进制数设定输出模式。请在使用通道（CH）的相应位中，选择表 5-8 所示的输出模式，进行设定。通道的设定同图 5-7。

表5-8　输出模式的设定

设定值	输出模式	模拟量输出范围	数字量输入范围
0	电压输出模式	−10～+10V	−32000～+32000
1	电压输出模拟量值mV指定模式	−10～+10V	−10000～+10000
2	电流输出模式	0～20mA	0～32000
3	电流输出模式	4～20mA	0～32000
4	电流输出模拟量值μA指定模式	0～20mA	0～20000
F	通道不使用		

2. 模拟量输出动作的程序

按照工厂出厂调整值处理输出特性，不使用状态信息等时，可以通过以下简单的程序运行。

（1）系统构成　在 FX3U 可编程控制器上连接了 FX3U-4DA（单元号：0）。

（2）输出模式

① 设定通道 1、通道 2 为模式 0（电压输出，−10 ～ +10V）。

② 设定通道 3 为模式 3（电流输出，4 ～ 20mA）。

③ 设定通道 4 为模式 2（电流输出，0 ～ 20mA）。

（3）编写程序　适用于 FX3U、FX3UC 可编程控制器的模拟量输出动作梯形图见图 5-18。

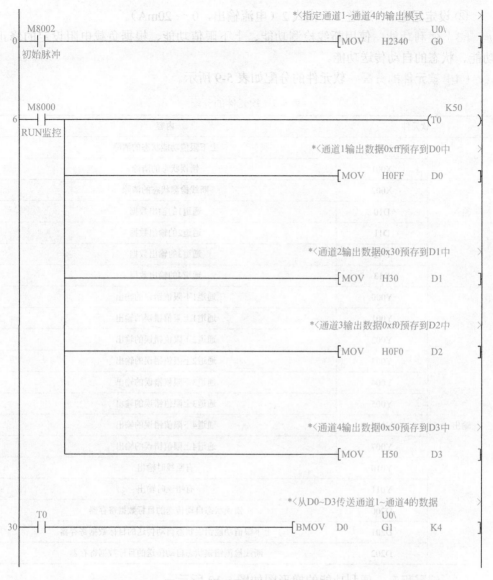

图5-18　模拟量输出动作梯形图

3. 使用便利功能的程序

说明了使用 FX3U-4DA 的断线检测功能（BFM #28）、上下限值功能（BFM #38 ～ #48）、根据负载电阻设定的修正功能（BFM #50 ～ #54）、状态自动传送功能（BFM #60 ～ #63）的实用程序。

根据下面条件编写顺控程序。

（1）系统构成　在 FX3U 可编程控制器上连接了 FX3U-4DA（单元号：0）。

（2）输出模式

① 设定通道 1、通道 2 为模式 0（电压输出，-10 ～ +10V）。

② 设定通道 3、通道 4 为模式 2（电流输出，0 ~ 20mA）。

（3）便利功能　使用断线检测功能、上下限值功能、根据负载电阻设定的修正功能、状态的自动传送功能。

（4）软元件的分配　软元件的分配如表 5-9 所示。

表 5-9　软元件的分配

软元件		内容
输入	X000	上下限值功能状态的清除
	X001	错误状态的清除
	X002	断线检测状态的清除
	D10	通道1的输出数据
	D11	通道2的输出数据
	D12	通道3的输出数据
	D13	通道4的输出数据
输出	Y000	通道1下限值错误的输出
	Y001	通道1上限值错误的输出
	Y002	通道2下限值错误的输出
	Y003	通道2上限值错误的输出
	Y004	通道3下限值错误的输出
	Y005	通道3上限值错误的输出
	Y006	通道4下限值错误的输出
	Y007	通道4上限值错误的输出
	Y010	有断线时输出
	Y011	有错误时输出
	D200	错误状态自动传送的目标数据寄存器
	D201	上下限值功能错误状态自动传送的目标数据寄存器
	D202	断线检测错误状态自动传送的目标数据寄存器

（5）编写程序　便利功能的梯形图如图 5-19 所示。

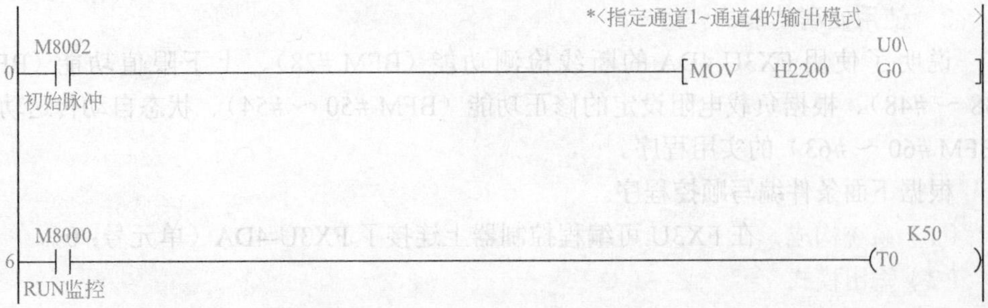

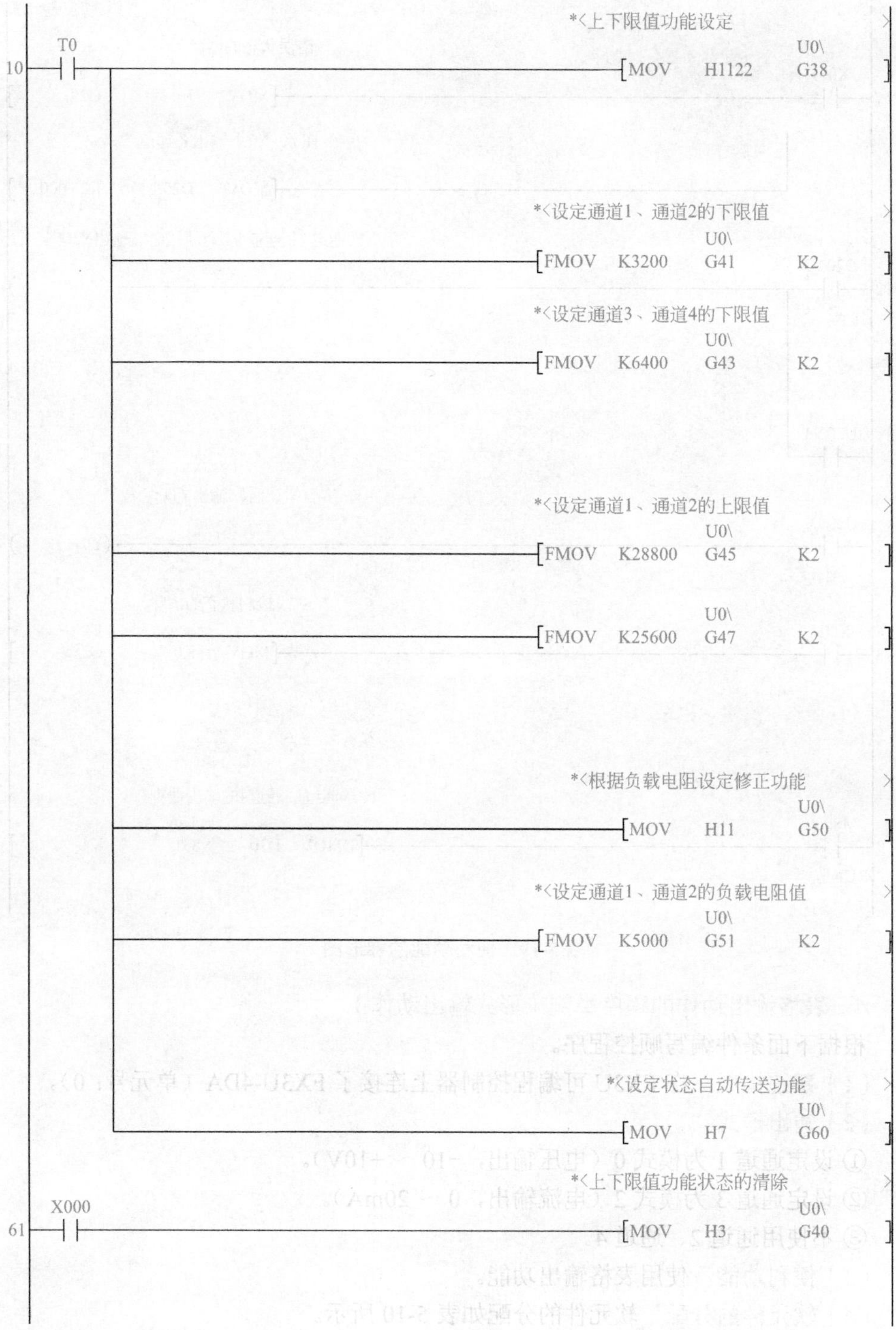

```
                                        *<上下限值功能设定                        >
        T0                                                        U0\
10     ─┤├──┬─                                       ─[MOV    H1122    G38      ]
        │



        │                                *<设定通道1、通道2的下限值                >
        │                                                        U0\
        ├─────────────────────────────────────────[FMOV    K3200    G41    K2 ]

        │                                *<设定通道3、通道4的下限值                >
        │                                                        U0\
        ├─────────────────────────────────────────[FMOV    K6400    G43    K2 ]



        │                                *<设定通道1、通道2的上限值                >
        │                                                        U0\
        ├─────────────────────────────────────────[FMOV    K28800   G45    K2 ]

        │                                                        U0\
        ├─────────────────────────────────────────[FMOV    K25600   G47    K2 ]



        │                                *<根据负载电阻设定修正功能                >
        │                                                        U0\
        ├─────────────────────────────────────────[MOV     H11      G50      ]


        │                                *<设定通道1、通道2的负载电阻值            >
        │                                                        U0\
        ├─────────────────────────────────────────[FMOV    K5000    G51    K2 ]




        │                                *<设定状态自动传送功能                    >
        │                                                        U0\
        └─────────────────────────────────────────[MOV     H7       G60      ]

                                        *<上下限值功能状态的清除                  >
       X000                                                      U0\
61     ─┤├──────────────────────────────────────────[MOV     H3       G40      ]
```

图5-19

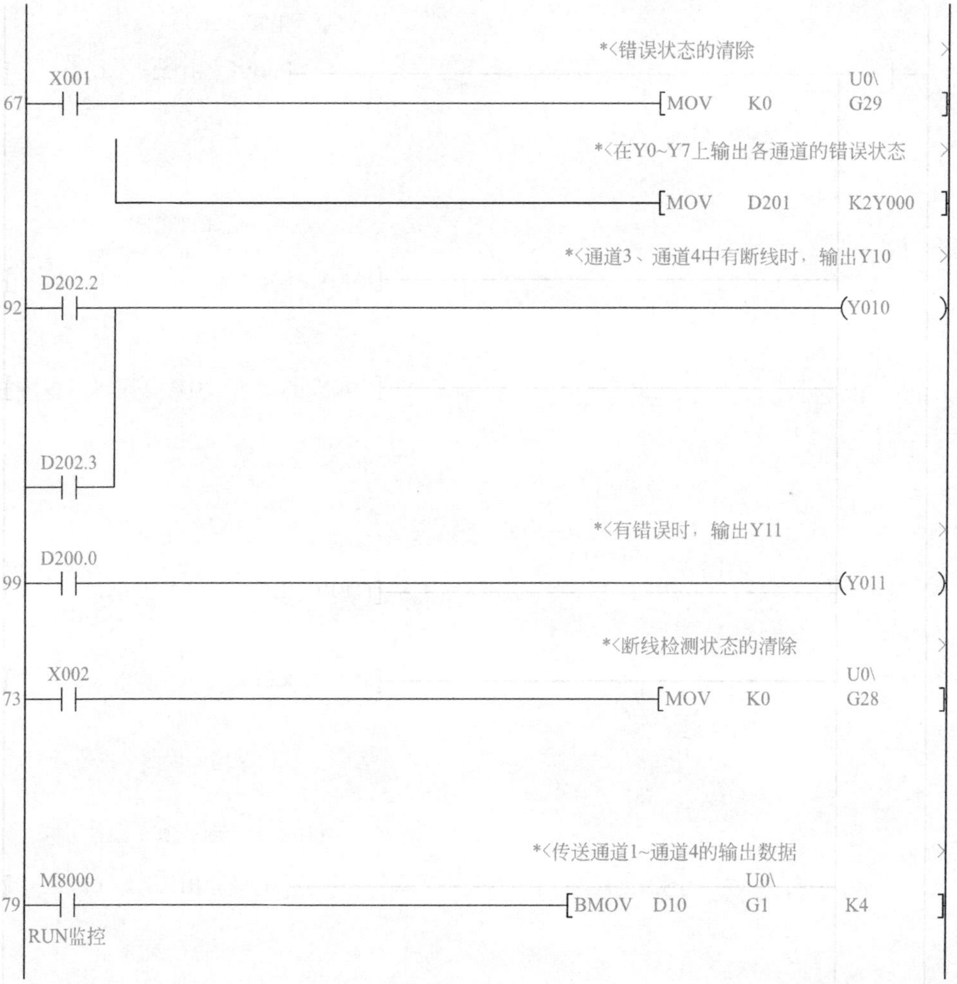

```
                                              *<错误状态的清除                          >
         X001                                                              U0\
    67   ├─┤├────────────────────────────────────────────[MOV    K0      G29    ]
                                              *<在Y0~Y7上输出各通道的错误状态              >
         │                                              [MOV    D201    K2Y000 ]
                                              *<通道3、通道4中有断线时，输出Y10            >
         D202.2
    92   ├─┤├──────────────────────────────────────────────────────────(Y010   )
         │
         │
         D202.3
         ├─┤├┘
                                              *<有错误时，输出Y11                       >
         D200.0
    99   ├─┤├──────────────────────────────────────────────────────────(Y011   )
                                              *<断线检测状态的清除                       >
         X002                                                              U0\
    73   ├─┤├────────────────────────────────────────────[MOV    K0      G28    ]
                                              *<传送通道1~通道4的输出数据                 >
         M8000                                                             U0\
    79   ├─┤├──────────────────────────────[BMOV   D10     G1      K4     ]
         RUN监控
```

图5-19　便利功能的梯形图

4. 表格输出动作的程序举例（形式输出动作）

根据下面条件编写顺控程序。

（1）系统构成　在 FX3U 可编程控制器上连接了 FX3U-4DA（单元号：0）。

（2）输出模式

① 设定通道 1 为模式 0（电压输出，−10 ～ +10V）。

② 设定通道 3 为模式 2（电流输出，0 ～ 20mA）。

③ 不使用通道 2、通道 4。

（3）便利功能　使用表格输出功能。

（4）软元件的分配　软元件的分配如表 5-10 所示。

表5-10　软元件的分配

软元件		内容
输入	X000	启用通道1、通道3的表格输出功能
	X001	表格输出功能的停止
	X002	通道3的表格输出功能的再启动
	D10	通道1的输出数据
	D11	通道2的输出数据
	D12	通道3的输出数据
	D13	通道4的输出数据
	D5000～	略
输出	Y000	通道1的表格输出结束
	Y001	表格输出错误
	M0	数据表格的传送结束
	M1	通道3的表格输出中
	D100	数据表格的传送指令
	D101	表格输出结束标志位

（5）编写程序　表格输出动作的程序梯形图如图 5-20 所示。

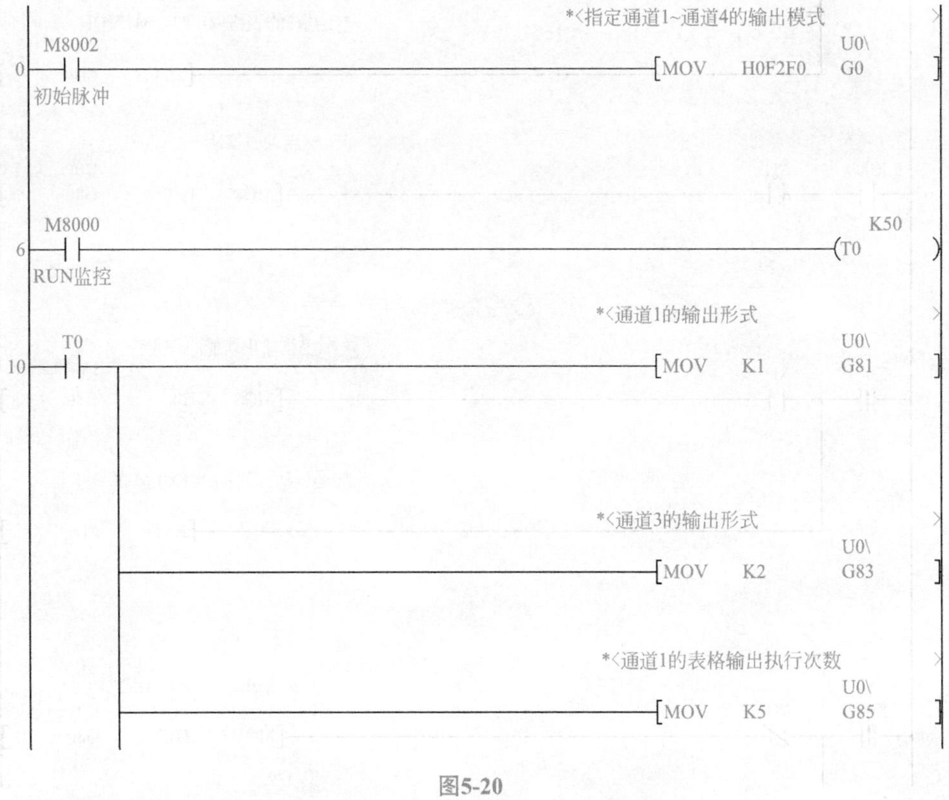

图5-20

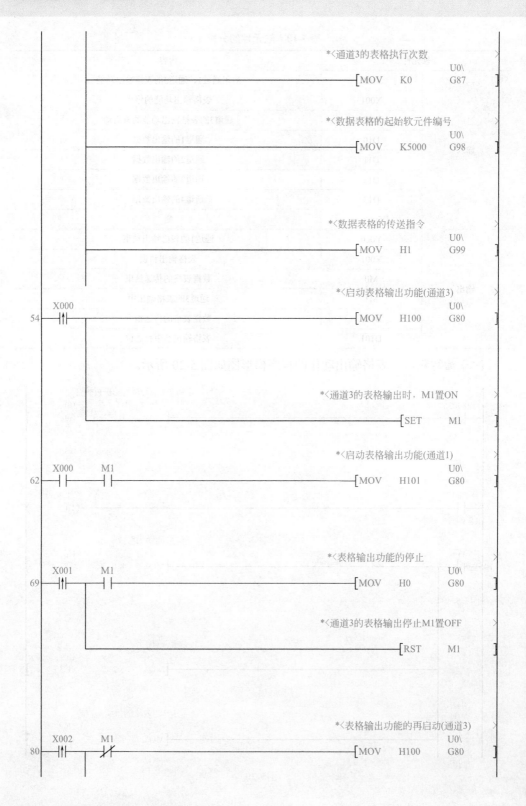

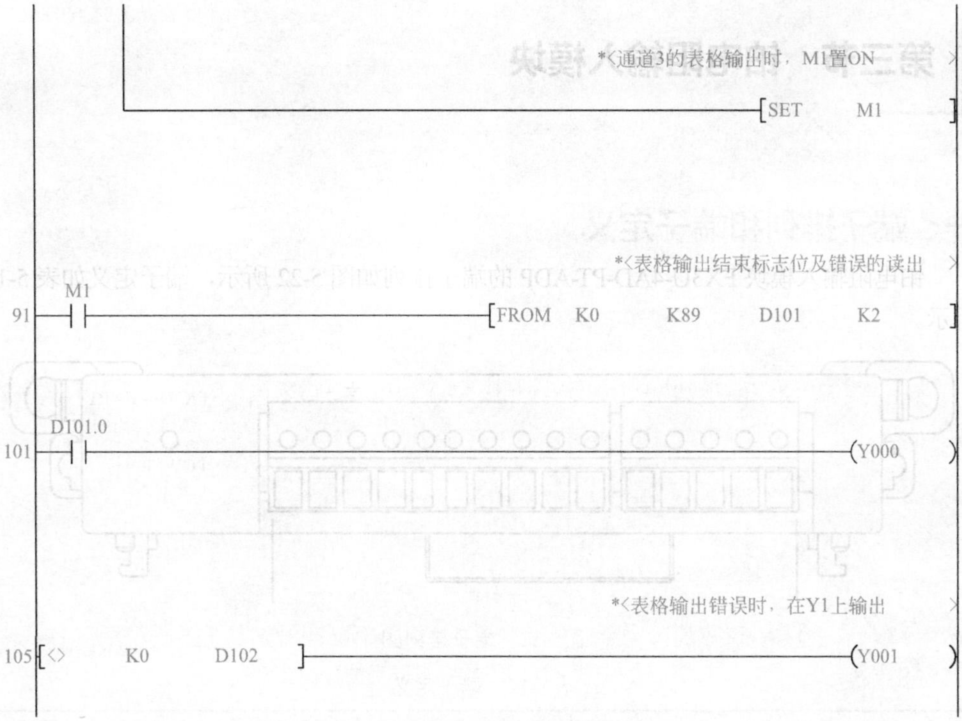

*〈通道3的表格输出时，M1置ON〉

```
                                              ─[SET    M1  ]
```

*〈表格输出结束标志位及错误的读出〉

```
      M1
91  ──┤├──                        ─[FROM   K0    K89   D101   K2 ]

      D101.0
101 ──┤├──                                         ─(Y000)
```

*〈表格输出错误时，在Y1上输出〉

```
105 ─[<>   K0    D102 ]─                            ─(Y001)
```

图5-20　表格输出动作梯形图

5. 初始化（工厂出厂时）FX3U-4DA 的程序

初始化 FX3U-4DA 时，请执行下面的程序。

输出模式（BFM #0）、偏置数据（BFM #10 ～ #13）以及增益数据（BFM #14 ～ #17）等回到工厂出厂时的状态。

根据下面条件编写顺控程序。

（1）系统构成　在 FX3U 可编程控制器上连接了 FX3U-4DA（单元号：0）。

（2）软元件的分配　软元件的分配见表 5-11。

表5-11　软元件的分配

软元件	内容
X000	4DA的初始化指令

（3）编写程序　初始化 4DA 程序梯形图如图 5-21 所示。

*〈执行4DA的初始化

```
      X000                                            U0\
0   ──┤├──                             ─[MOV   K1    G20 ]
    4DA初始化
    命令
```

图5-21　初始化4DA梯形图

157

第三节 铂电阻输入模块

一、端子排列和端子定义

铂电阻输入模块 FX3U-4AD-PT-ADP 的端子排列如图 5-22 所示,端子定义如表 5-12 所示。

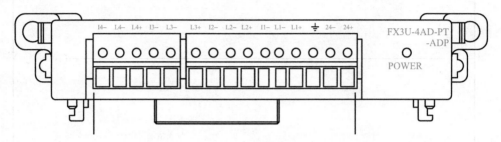

图5-22 端子排列图

表5-12 端子定义

信号名称	用途
24+	外部电源
24-	
⏚	接地端子
L1-	
L1+	通道1铂电阻输入
I1-	
L2-	
L2+	通道2铂电阻输入
I2-	
L3-	
L3+	通道3铂电阻输入
I3-	
L4-	
L4+	通道4铂电阻输入
I4-	

二、电源的连接

1. 连接在 FX3S、FX3G、FX3U 可编程控制器上时

① 使用外部电源时接线图如图 5-23 所示。

158

② 使用可编程控制器的 DC 24V 电源时接线图如图 5-24 所示。

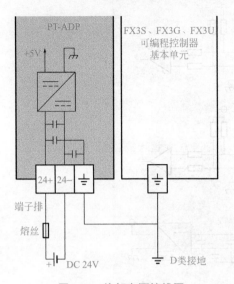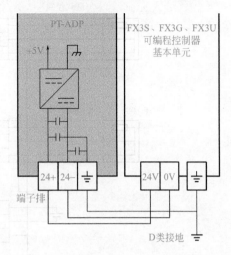

図5-23　外部电源接线图　　　　　図5-24　使用可编程控制器的 DC 24V 电源的接线图

2. 连接在 FX3GC、FX3UC 可编程控制器上时

连接在 **FX3GC、FX3UC** 上的接线图如图 5-25 所示。

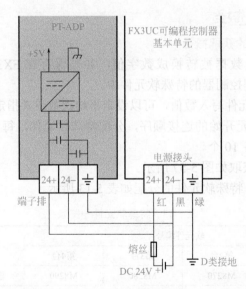

图5-25　连接在 FX3GC、FX3UC 上的接线图

三、铂电阻的接线

铂电阻的接线如图 5-26 所示。

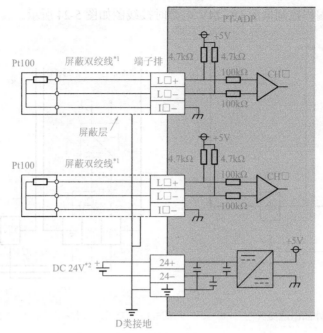

L□+、L□−、I□−、CH□的□中输入通道号。

图5-26　铂电阻的接线图

四、温度单位的选择

1. A/D 转换数据的获取概要

① 输入的模拟量数据被转换成数字值，并被保存在 FX3S、FX3G、FX3GC、FX3U、FX3UC 可编程控制器的特殊软元件中。

② 通过向特殊软元件写入数值，可以设定平均次数或者指定输入模式。

③ 依照从基本单元开始的连接顺序，分配特殊软元件，每台分配特殊辅助继电器、特殊数据寄存器各 10 个。

A/D 转换数据的获取如图 5-57 所示。

连接 PT-ADP 时，特殊软元件的分配如表 5-13 所示。

表 5-13　特殊软元件一览表

特殊软元件	软元件编号				内容	属性
	第1台	第2台	第3台	第4台		
特殊辅助继电器	M8260	M8270	M8280	M8290	温度单位的选择	R/W
	M8261~M8269	M8271~M8279	M8281~M8289	M8291~M8299	未使用（请不要使用）	—
特殊数据寄存器	D8260	D8270	D8280	D8290	通道1测定温度	R
	D8261	D8271	D8281	D8291	通道2测定温度	R
	D8262	D8272	D8282	D8292	通道3测定温度	R

续表

特殊软元件	软元件编号				内容	属性
	第1台	第2台	第3台	第4台		
特殊数据寄存器	D8263	D8273	D8283	D8293	通道4测定温度	R
	D8264	D8274	D8284	D8294	通道1平均次数（设定范围1~4095）	R/W
	D8265	D8275	D8285	D8295	通道2平均次数（设定范围1~4095）	R/W
	D8266	D8276	D8286	D8296	通道3平均次数（设定范围1~4095）	R/W
	D8267	D8277	D8287	D8297	通道4平均次数（设定范围1~4095）	R/W
	D8268	D8278	D8288	D8298	错误状态	R/W
	D8269	D8279	D8289	D8299	机型代码=20	R

注：R—读出；W—写入。

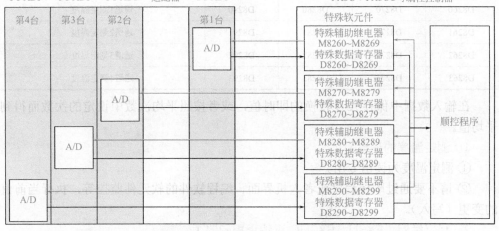

图5-27 A/D转换数据的获取示意图

2. 温度单位的选择

通过将特殊辅助继电器置为 ON（华氏度，℉）或 OFF（摄氏度，℃）来设定 PT-ADP 的温度单位（所有通道一起切换）。

温度单位选择中使用的特殊辅助继电器如表 5-14 所示。

表 5-14　温度单位选择中使用的特殊辅助继电器（FX3U、FX3UC 可编程控制器）

特殊辅助继电器				内容
第1台	第2台	第3台	第4台	
M8260	M8270	M8280	M8290	温度单位的选择 OFF：摄氏度（℃） ON：华氏度（℉）

3. 程序举例（FX3U、FX3UC 可编程控制器）

① 设定第 1 台 PT-ADP 的温度单位为摄氏度（℃），如图 5-28 所示。

② 设定第 2 台 PT-ADP 的温度单位为华氏度（℉），如图 5-29 所示。

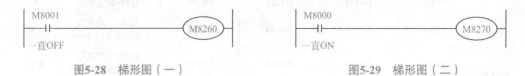

图5-28　梯形图（一）　　　　　　　　　　图5-29　梯形图（二）

五、测定温度

将 PT-ADP 中输入的温度数据保存到特殊数据寄存器中。

保存测定温度的特殊数据寄存器如表 5-15 所示。

表5-15　保存测定温度的特殊数据寄存器

特殊数据寄存器				内容
第1台	第2台	第3台	第4台	
D8260	D8270	D8280	D8290	通道1测定温度
D8261	D8271	D8281	D8291	通道2测定温度
D8262	D8272	D8282	D8292	通道3测定温度
D8263	D8273	D8283	D8293	通道4测定温度

在输入数据中保存 A/D 转换的即时值，或者按照平均次数中设定的次数而得到平均值。

1. 测定温度的注意事项

① 测定温度为读出专用。

② 请不要通过顺控程序或者人机界面、编程软件的软元件监控等，执行当前值的变更（写入）。

2. 程序举例（FX3U、FX3UC 可编程控制器）

测定温度梯形图见图 5-30。

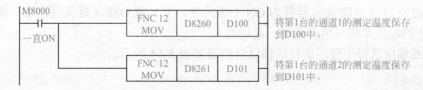

图5-30　测定温度梯形图

即使不在 D100、D101 中保存测定温度，也可以在四则运算指令或者 PID 指令等中直接使用 D8260、D8261。

六、基本程序举例

图 5-31 所示的程序是将第 1 台的通道 1、通道 2 的测定温度（℃）分别保存到 D100、D101 中。平均次数设定为通道 1 是 1 次（即时值），通道 2 是 5 次。

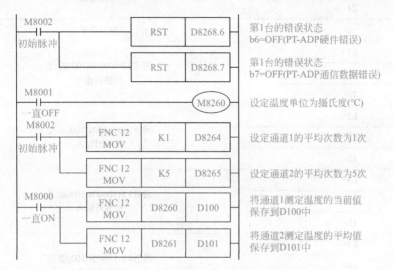

图5-31 测定温度实例梯形图

即使不在 D100、D101 中保存测定温度，也可以在四则运算指令或者 PID 指令等中直接使用 D8260、D8261。

第四节 温度传感器输入模块

一、端子排列和端子定义

温度传感器输入模块 FX3U-4AD-PNK-ADP 的端子排列如图 5-32 所示，端子定义如表 5-16 所示。

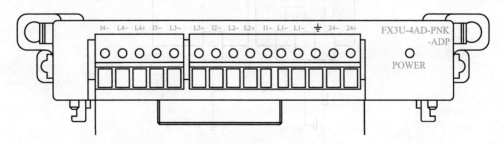

图5-32 端子排列图

表5-16 端子定义

信号名称	用途
24+	外部电源
24−	
⏚	接地端子
L1−	通道1Pt1000/Ni1000温度 传感器输入
L1+	
I1−	
L2−	通道2 Pt1000/Ni1000温度 传感器输入
L2+	
I2−	
L3−	通道3 Pt1000/Ni1000温度 传感器输入
L3+	
I3−	
L4−	通道4 Pt1000/Ni1000温度 传感器输入
L4+	
I4−	

二、电源的连接

PNK-ADP 的电源（DC 24V）由端子排的"24+""24−"供给。

1. 连接在 FX3S、FX3G、FX3U 可编程控制器上时

① 使用外部电源时接线如图 5-33 所示。

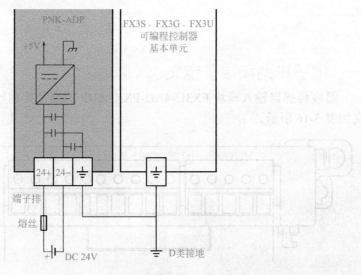

图5-33 外部电源接线图

② 使用可编程控制器的 DC 24V 电源时接线如图 5-34 所示。

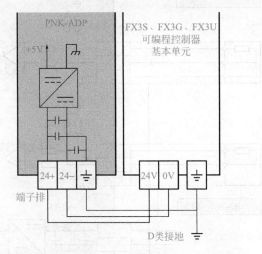

图5-34　使用可编程控制器的**DC 24V接线图**

2. 连接在 FX3GC、FX3UC 可编程控制器上时

以 **FX3UC** 可编程控制器为例进行讲解，其接线图如图 5-35 所示。

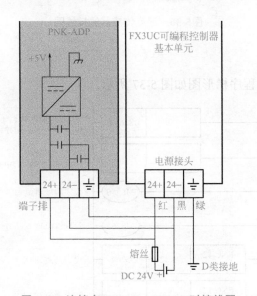

图5-35　连接在**FX3GC、FX3UC时接线图**

三、温度传感器的接线

选择 Pt1000 或 Ni1000 温度传感器（2 线式或 3 线式）。根据使用的温度传感器不同，接线也各异。

温度传感器的接线如图 5-36 所示。

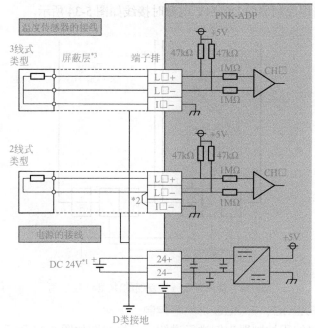

温度传感器的接线

3线式类型   屏蔽层*3   端子排

2线式类型

电源的接线

L□+、L□-、I□-、通道□的□中输入通道号。

图5-36   温度传感器的接线图

四、程序编写

测定温度的基本程序梯形图如图 5-37 所示。

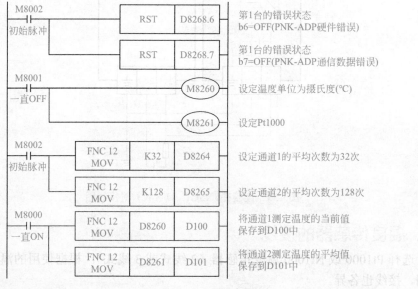

M8002 初始脉冲	RST		D8268.6	第1台的错误状态 b6=OFF(PNK-ADP硬件错误)
	RST		D8268.7	第1台的错误状态 b7=OFF(PNK-ADP通信数据错误)
M8001 一直OFF			(M8260)	设定温度单位为摄氏度(℃)
			(M8261)	设定Pt1000
M8002 初始脉冲	FNC 12 MOV	K32	D8264	设定通道1的平均次数为32次
	FNC 12 MOV	K128	D8265	设定通道2的平均次数为128次
M8000 一直ON	FNC 12 MOV	D8260	D100	将通道1测定温度的当前值 保存到D100中
	FNC 12 MOV	D8261	D101	将通道2测定温度的平均值 保存到D101中

图5-37   测定温度梯形图

即使不在 D100、D101 中保存测定温度，也可以在四则运算指令或者 PID 指令等中直接使用 D8260、D8261。

第五节　热电偶输入

一、端子排列和端子定义

热电偶输入模块 FX3U-4AD-TC-ADP 的端子排列如图 5-38 所示，端子定义如表 5-17 所示。

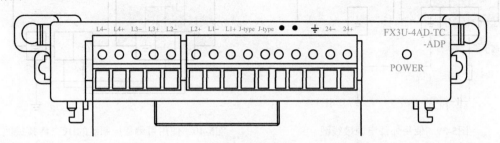

图5-38　端子排列图

表 5-17　端子定义

信号名称	用途
24+	外部电源
24−	
⏚	接地端子
●	未使用（请不要接线）
●	
J-type	K型/J型切换输入
J-type	
L1+	通道1热电偶传感器输入
L1−	
L2+	通道2 热电偶传感器输入
L2−	
L3+	通道3 热电偶传感器输入
L3−	
L4+	通道4 热电偶传感器输入
L4−	

二、电源的连接

1. 连接在 FX3S、FX3G、FX3U 可编程控制器上时

① 使用外部电源时接线图如图 5-39 所示。

② 使用可编程控制器的 DC 24V 电源时接线图如图 5-40 所示。

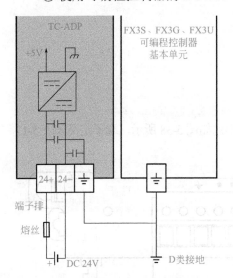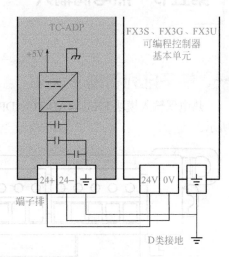

图5-39　使用外部电源接线图　　　　　图5-40　使用可编程控制器的DC 24V接线图

2. 连接在 FX3GC、FX3UC 可编程控制器上时

K 型热电偶和 J 型热电偶分别如图 5-41 和图 5-42 所示。

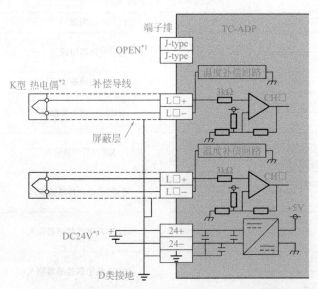

L□+、L□-、CH□的□中输入通道号。

图5-41　K型热电偶连接在FX3GC、FX3UC接线图

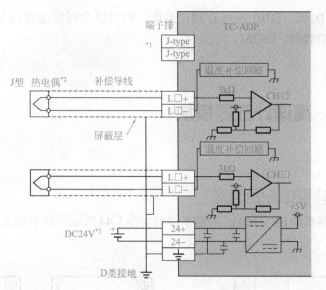

L□+、L□−、CH□的□中输入通道号。

图5-42 J型热电偶连接在FX3GC、FX3UC接线图

三、程序编写

图 5-43 所示的程序是设定热电偶类型为 K 型，将第 1 台的通道 1、通道 2 的测定温度（℃）分别保存在 D100、D101 中。平均次数设定为通道 1 是 32 次，通道 2 是 128 次。

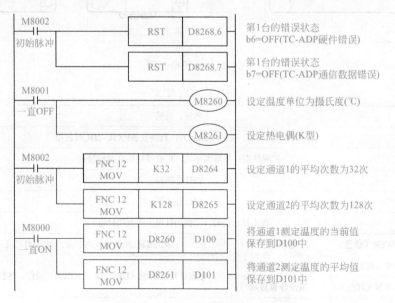

图5-43 K型热电偶测温梯形图

即使不在 D100、D101 中保存测定温度，也可以在四则运算指令或者 PID 指令等中直接使用 D8260、D8261。

第六节 高速计数器模块

一、端子排列和端子定义

高速计数器模块FX3U-2HC的端子排列如图 5-44 所示，端子定义如表 5-18 所示。

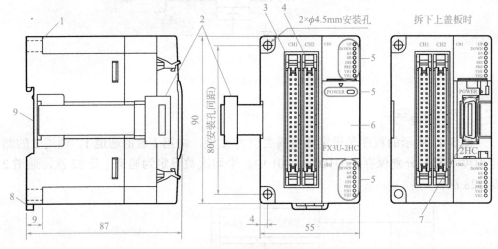

图5-44 端子排列图

表5-18 端子定义

序号	名称、说明		
1	直接安装用孔（2×φ4.5mm）：直接安装FX3U-2HC时使用		
2	扩展线缆：与基本单元、扩展模块等连接时使用		
3	CH1连接器		
4	CH2连接器		
5	状态显示LED（上侧CH1用，下侧CH2用）		
	POWER（绿色）	电源显示	从可编程控制器正常供给5V电源时灯亮
	UP（红色）	加法计算显示	根据计数器的增（UP）/减（DOWN）动作，各LED灯亮
	DOWN（红色）	减法计算显示	
	φA（红色）	A相输入显示	根据φA输入、φB输入的ON/OFF灯亮（闪烁）
	φB（红色）	B相输入显示	

序号			名称、说明
5	DIS（红色）	DISABLE输入显示	根据PRESET端子输入和DISABLE端子输入的ON/OFF灯亮/灯灭
	PRE（红色）	PRESET输入显示	
	YH1（红色）	YH1输出显示	根据YH1、YH2端子输出的ON/OFF指令灯亮/灯灭
	YH2（红色）	YH2输出显示	
6			上盖板
7			次段扩展连接器：右侧与扩展模块等连接时使用
8			DIN导轨安装用挂钩
9			DIN导轨安装用沟槽（DIN导轨宽35mm）

二、FX3U-2HC连接器接线

① 与 NPN 集电极输出型编码器的接线如图 5-45 所示。

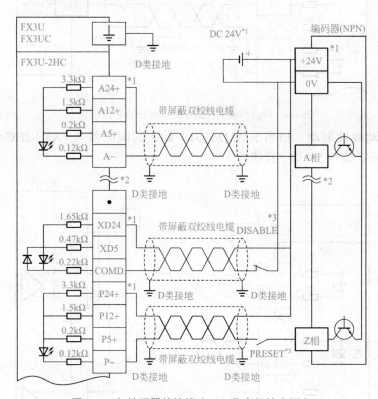

图5-45　与编码器的接线（NPN集电极输出型）

② 与差动线性驱动输出型编码器的接线如图 5-46 所示。

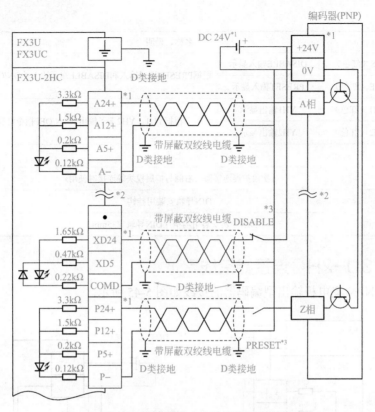

图5-46 与编码器的接线（差动线性驱动输出型）

③ 差动线性驱动（相当于 AM26C31）输出的编码器与 FX3U-2HC 连接时如图 5-47 所示，请与 5V 端子接线。

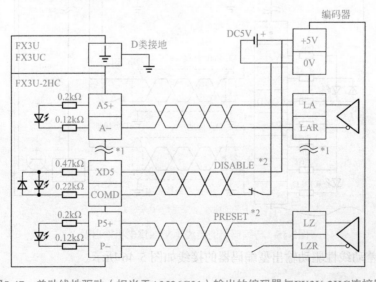

图5-47 差动线性驱动（相当于AM26C31）输出的编码器与FX3U-2HC连接图

④ YH1 输出、YH2 输出接线（漏型接线）如图 5-48 所示。

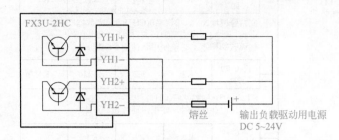

图5-48　YH1输出、YH2输出接线（漏型接线）

⑤ YH1 输出、YH2 输出接线（源型接线）如图 5-49 所示。

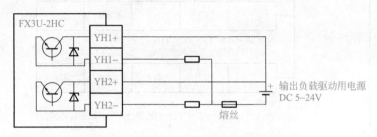

图5-49　YH1输出、YH2输出接线（源型接线）

三、程序示例

图 5-50 所示的程序向特殊功能模块 No.2 的 BFM #4（CH1）中写入 M25 ～ M10 的 ON/OFF 状态，b15 ～ b0 动作。在此期间，b4 ～ b0 根据 M14 ～ M10 状态一直为 ON。

此外，b8（M18）和 b9（M19）、b10（M20）根据可编程控制器的输入 X004、X005 状态控制 ON/OFF。

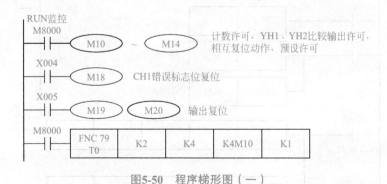

图5-50　程序梯形图（一）

可编程控制器必须编程的情况示例如图 5-51 所示。其他根据需要要读出计数器的当前值、各种状态时，也可使用可编程控制器侧。

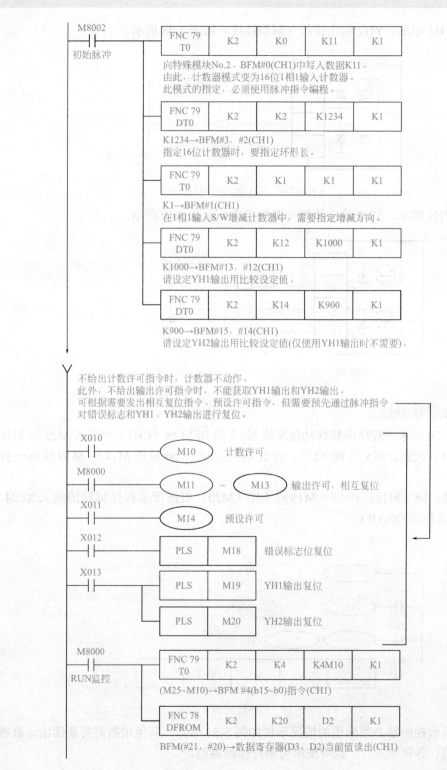

图5-51 程序梯形图（二）

图 5-52 所示的程序为错误处理实例。BFM #29 的 b0 ～ b15 内容，通过读取可编程控制器的辅助继电器，可以获知 FX3U-2HC 的错误状态。从 BFM #4、#44 b8 可以对错误标志复位。

图5-52　错误处理梯形图

图 5-52 所示的程序为循环反复运行，DPM 和 DPI 用 D-BIT 与 C 端连接，运行块时
不执行逻辑运算的程序块。由于块 0 使用 THC 引信算法块，从 DPM + 到块 0S
有延时。只用数组运算 FLC。

第 六 章
FX系列PLC的通信

一、FX系列PLC支持的通信功能

FX 系列 PLC 支持以下几种类型的通信功能：

① $N:N$ 网络功能；

② 并联链接功能；

③ 计算机链接功能；

④ 变频器通信功能；

⑤ 无协议通信功能（RS2 指令）；

⑥ 无协议通信功能（RX2N-232IF）。

PLC 发展到今天，不少产品都在其本身的 CPU 模块上加上了具有网络功能的硬件和软件，实现 PLC 之间的连接已经非常方便。当把多台 PLC 联网以后，从操作的角度看，对任一站的操作都可以和使用同一台 PLC 进行单独操作一样方便；从网络的角度看，从任一站都可以对其他站的元件及数据乃至程序进行操作，这大大提高了 PLC 的控制功能。

$N:N$ 链接通信协议用于 PLC 之间的连接。最多可以实现 8 台 FX 系列 PLC 之间自动数据交换，其中一台为主机，其余为从机。由于 $N:N$ 网络借助数据共享实现 PLC 之间的数据通信，相对于每台 PLC 都是主站，所以称为 $N:N$ 网络通信，如图 6-1 所示。

二、相互链接的功能

① 根据要链接的点数，有 3 种模式可以选择。

② 数据的链接是在最多 8 台 FX 可编程控制器之间自动更新。

③ 总延长距离最大可达 500m。

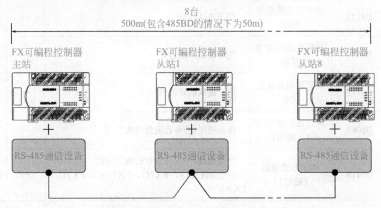

图6-1　$N:N$网络通信示意图

三、与 $N：N$ 网络有关的软元件及其设置

1. 与 $N：N$ 网络有关的位软元件

与 $N：N$ 网络有关的位软元件如表 6-1 所示。

表6-1　与 $N：N$ 网络有关的位软元件

软元件类型	软元件编号	名称	内容	初始值	检测	R/W
通信设定用的软元件	M8038	参数设定	设定通信参数的标志位	—	M，L	R
	M8179	通道的设定	设定要使用的通信口的通道（使用FX3G，FX3GC，FX3U，FX3UC时）	—	M，L	W/R
确认通信状态用的软元件	M8063	串行通信错误1（通道1）	当使用通道1的串行通信中出现异常时置ON	—	M，L	R
	M8438	串行错误2（通道2）	在使用通道2的串行通信中，出现异常时置ON（使用FX3G，FX3GC，FX3U，FX3UC时）	—	M，L	R
	M8183	数据传送序列错误	在主站中发生数据传送序列异常时置ON	—	L	R
	M8184～M8190	数据传送序列错误	在各从站中发生数据传送序列异常时置ON但是不能检测出本站（从站）的数据传送序列是否错误	—	M，L	R
	M8191	数据传送序列	执行数据传送时置ON	—	M，L	R

注：R—读出专用（在程序中作为触点使用）；W/R—设定/读出用；M—主站（站号 0）；L—从站（站号 1～7）。

2. 与 $N：N$ 网络有关的字软元件

与 $N：N$ 网络有关的字软元件如表 6-2 所示。

表6-2　与 $N:N$ 网络有关的字软元件

软元件类型	软元件编号	名称	内容	初始值	检测	R/W
确认用的软元件	D8173	相应站号的设定状态	用于确认站号	—	M，L	R
	D8174	通信从站的设定状态	用于确认从站台数	—	M，L	R
	D8175	刷新范围的设定状态	用于确认刷新范围	—	M，L	R
	D8063	串行通信错误代码1（通道1）	保存通道1的串行通信错误代码	—	M，L	R
	D8419	动作方式显示（通道1）	保存通道1中正在执行的通信功能（使用FX3S，FX3G，FX3GC，FX3U，FX3UC时）	—	M，L	R
	D8438	串行通信错误代码2（通道2）	保存通道2的串行通信错误代码（使用FX3G，FX3GC，FX3U，FX3UC时）	—	M，L	R
	D8439	动作方式显示（通道2）	保存通道2中正在执行的通信功能（使用FX3G，FX3GC，FX3U，FX3UC时）	—	M，L	R
通信设定用的软元件	D8176	相应站号的设定	用于设定站号	0	M，L	W/R
	D8177	从站站数的设定	用于设定要进行通信的从站的台数	7	M	W/R
	D8178	刷新范围的设定	用于设定刷新范围	0	M	W/R
	D8179	重试次数	用于设定重试次数	3	M	W/R
	D8180	监视时间	用于设定无响应监视时间	5	M	W/R
确认通信状态用的软元件	D8201	当前链接扫描时间	网络的循环时间的当前值	—	M	R
	D8202	最大链接扫描时间	网络的循环时间的最大值	—	M	R
	D8203	数据传送序列错误的计数值	主站发生数据序列错误的次数	—	L	R
	D8204～D8210	数据传送序列错误的计数值	各从站发生数据序列错误的次数，但是不能检测出本站（从站）的数据传送序列是否错误	—	M，L	R
	D8211	数据传送错误代码	用于保存主站的错误代码	—	L	R
	D8212～D8218	数据传送错误代码	用于保存各从站的错误代码，但是不能检测出本站（从站）的数据传送序列是否错误	—	M，L	R

注：R—读出专用；W/R—设定／读出用；M—主站（站号0）；L—从站（站号1～7）。

3. $N:N$ 网络的设置

$N:N$ 网络的各数据寄存器设置如下：

① 工作站号的设置（D8176）。D8176的取值范围为0～7，主站设置为0，从

站设置为 1～7。

② 从站个数的设置（**D8177**）。该设置只适用于主站，D8177 的设置范围为 1～7，默认值为 7。

③ 刷新范围的设置（**D8178**）。刷新范围是指主站与从站共享的辅助继电器和数据寄存器的范围。刷新范围由主站的 D8178 设置，可以设定为 0～2（默认为 0）。当为 0 时，即为模式 0；当为 1 时，即为模式 1；当为 2 时，即为模式 2。

④ 重试次数的设置（**D8179**）。D8179 的设置范围为 0～10（默认值为 3），该设置仅用于主站。当通信出错时，主站就会根据设置次数自动重试通信。

⑤ 通信超时时间设置（**D8180**）。通信超时时间是主站与从站之间的通信驻留时间。D8180 的设定范围为 5～55，默认值为 5，该值乘以 10ms 就是通信超时时间。该设置仅用于主站。

以上设置只有在程序运行或 PLC 启动时才有效。

四、模式程序举例

1. 系统构成实例

链接 3 台 FX 系列可编程控制器的系统构成如图 6-2 所示。

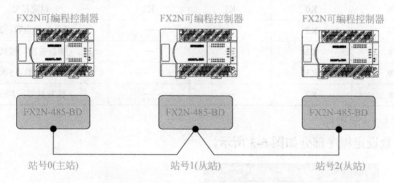

图6-2　3台FX系列可编程控制器链接图

动作内容及对应程序编号如表 6-3 所示。

表6-3　动作内容及对应程序编号

项目	动作编号		数据源	数据变更对象及内容	
位软元件的链接	①	主站	输入X000～X003（M1000～M1003）	从站1	到输出Y010～Y013
				从站2	到输出Y010～Y013
	②	从站1	输入X000～X003（M1064～M1067）	主站	到输出Y014～Y017
				从站2	到输出Y014～Y017
	③	从站2	输入X000～X003（M1128～M1131）	主站	到输出Y020～Y023
				从站1	到输出Y020～Y023

续表

项目	动作编号		数据源		数据变更对象及内容
字软元件的链接	④	主站	数据寄存器D1	从站1	到计数器C1的设定值
		从站1	计数器C1的触点（M1070）	主站	到输出Y005
	⑤	主站	数据寄存器D2	从站2	到计数器C2的设定值
		从站2	计数器C2的触点（M1140）	主站	到输出Y006
	⑥	从站1	数据寄存器D10	主站	从站1（D10）和从站2（D20）相加后保存到D3中
		从站2	数据寄存器D20		
	⑦	主站	数据寄存器D0	从站1	主站（D0）和从站2（D20）相加后保存到D11中
		从站2	数据寄存器D20		
	⑧	主站	数据寄存器D0	从站2	主站（D0）和从站1（D10）相加后保存到D21中
		从站1	数据寄存器D10		

设定内容如表 6-4 所示。

表 6-4　设定内容

系统用软元件	主站	站号1	站号2	内容
D8176	K0	K1	K2	设定站号
D8177	K2	—	—	总从站站点数：2台
D8178	K2	—	—	刷新范围：模式2
D8179	K5	—	—	重试次数：5次
D8180	K7	—	—	监视时间：70ms

2. 主站设定程序

① 参数设定程序部分如图 6-3 所示。

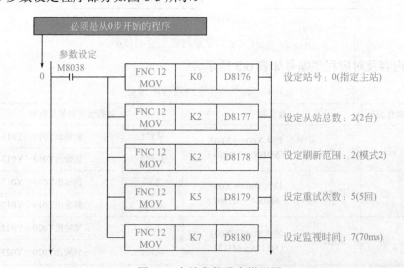

图6-3　主站参数设定梯形图

② 错误显示程序部分梯形图如图6-4所示。由于本站的错误自己是无法识别的,所以不需要对本站的错误编程。

③ 动作程序部分如图6-5所示。

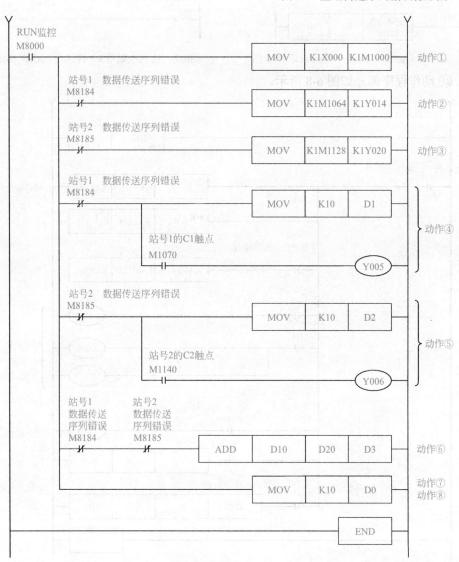

图6-4 主站传送序列错误梯形图

图6-5 主站动作部分梯形图

3. 从站（站号1）设定程序

① 参数设定程序部分梯形图如图 6-6 所示。

② 错误显示程序部分梯形图如图 6-7 所示。由于本站的错误自己是无法识别的，所以不需要对本站的错误编程。

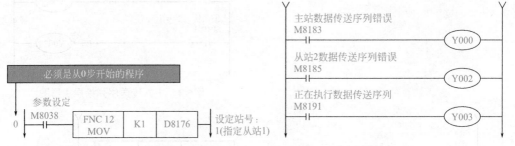

图6-6 从站（站号1）参数设定梯形图　　图6-7 从站（站号1）传送序列错误梯形图

③ 动作程序部分如图 6-8 所示。

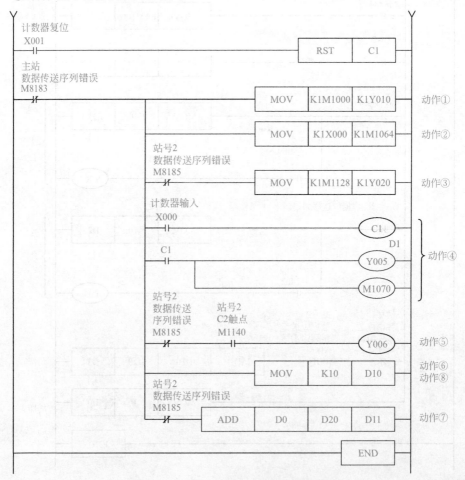

图6-8 从站（站号1）动作部分梯形图

4. 从站（站号 2）设定程序

将程序分为"参数设定程序部分""错误显示程序部分"以及"动作程序部分"三大块进行说明。

① 参数设定程序部分如图 6-9 所示。

② 出错显示程序部分梯形图如图 6-10 所示。由于本站的错误自己是无法识别的，所以不需要对本站的错误编程。

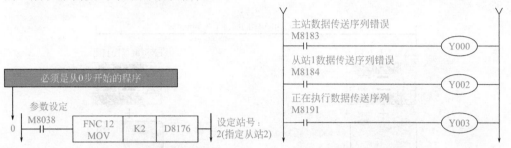

图6-9 从站（站号2）参数设定梯形图　　图6-10 从站（站号2）传送序列错误梯形图

③ 动作程序部分如图 6-11 所示。

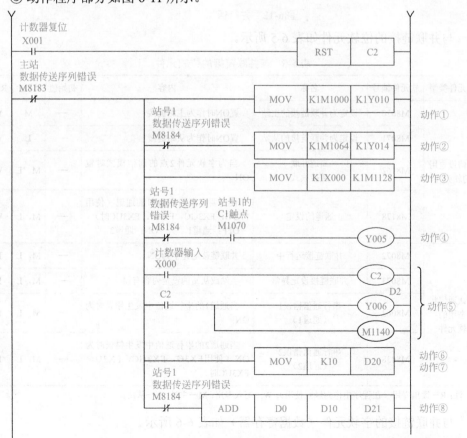

图6-11 从站（站号2）动作部分梯形图

183

五、并联链接功能

1. 并联链接实现

并行通信用来实现两台同系列 PLC 之间的数据自动传送，一台作为主机，一台作为从机。用户不需要编写通信程序，只需设置与通信有关的参数。并行通信示意图如图 6-12 所示。

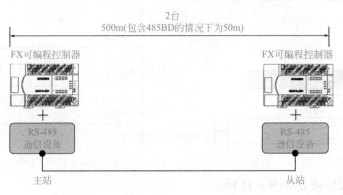

图6-12 并行通信示意图

与并联链接的位软元件如表 6-5 所示。

表 6-5 与并联链接的位软元件

软元件类型	软元件编号	名称	内容	初始值	设定	R/W
通信设定用的软元件	M8070	设定为并联链接的主站	置ON时作为主站链接	—	M	W
	M8071	设定为并联链接的从站	置ON时作为从站链接	—	L	W
	M8162	高速并联链接模式	当为字软元件2点的通信模式时置ON	—	M, L	W
	M8178	通道的设定	设定要使用的通信口的通道（使用FX3G，FX3GC，FX3U，FX3UC时） OFF：通道1　　　ON：通道2	—	M, L	W
确认通信状态用的软元件	M8072	并联链接运行中	并联链接运行中为ON	—	M, L	R
	M8073	并联链接设定异常	主站或从站的设定内容有误	—	M, L	R
	M8063	串行通信错误1（通道1）	当通道1的串行通信中发生错误时为ON	—	M, L	R
	M8438	串行通信错误2（通道2）	当通道2的串行通信中发生错误时为ON（使用FX3G，FX3GC，FX3U，FX3UC时）	—	M, L	R

注：R—读出专用（在程序中作为触点使用）；W—写入专用；M—主站；L—从站。

与并联链接的字软元件（数据寄存器）如表 6-6 所示。

表6-6 与并联链接的字软元件

软元件类型	软元件编号	名称	内容	初始值	设定	R/W
通信设定用的软元件	D8070	判断为错误的时间	设定并联链接中的数据通信出错的判断时间	500	M，L	W
确认通信状态用的软元件	D8063	串行通信错误代码（通道1）	当通道1的串行通信中发生错误时，保存错误代码	0000	M，L	R
	D8438	串行通信错误代码（通道2）	当通道2的串行通信中发生错误时，保存错误代码（使用FX3G，FX3GC，FX3U，FX3UC时）	0000	M，L	R
确认用的软元件	D8419	动作方式显示（通道1）	保存通道1中正在执行的通信功能（使用FX3S，FX3G，FX3GC，FX3U，FX3UC时）	—	M，L	R
	D8439	动作方式显示（通道2）	保存通道2中正在执行的通信功能（使用FX3G，FX3GC，FX3U，FX3UC时）	—	M，L	R

注：R—读出专用；W—写入专用；M—主站；L—从站。

2. 普通并联链接模式程序举例

当需要较多点数链接软元件时，使用普通并联链接模式。

并行连接的两台同系列 PLC 通过 1∶1 并行连接通信网络配置通信程序，实现以下功能：

① 主站的 X0 ～ X7 通过 M8000 ～ M8007 控制从站的 Y0 ～ Y7；

② 从站的 X0 ～ X7 通过 M9000 ～ M90087 控制主站的 Y0 ～ Y7；

③ 主站的 D0 值小于或者等于 100 时，从站的 Y10 为 ON；

④ 从站的 D10 值作为主站的 T0 设置值。

链接 2 台 FX2N 可编程控制器的系统构成如图 6-13 所示。

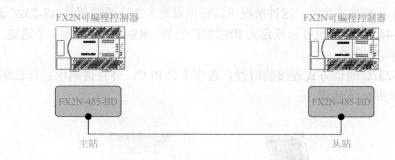

图6-13 2台FX2N可编程控制器的链接

设定内容如表 6-7 所示。

表6-7 软元件设定内容

软元件	内容
M8070	并联链接设定为主站
M8071	并联链接设定为从站
D8070	判断通信错误的时间

主站程序如图 6-14 所示。

从站程序如图 6-15 所示。

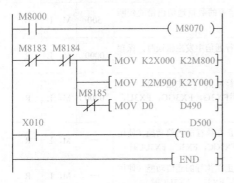

图6-14 主站程序梯形图

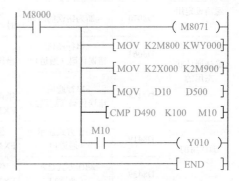

图6-15 从站程序梯形图

双机并行连接是指使用 RS-485 通信适配器或功能扩展板连接两台 FX 系列 PLC 以实现两台 PLC 之间信息自动交换的方式，其中一台 PLC 作为主站，另一台作为从站，双机并行连接方式下，用户不需要编写通信程序，只需要设置与通信有关的参数，两台 PLC 之间就可以自动地传送数据，最多可以连接 100 点辅助继电器和 10 点数据寄存器的数据。

六、计算机链接功能

使用计算机链接功能时，可以以 RS-232C 通信 / 或 RS-485（RS-422）通信 2 种方式中的任意一种进行链接。

使用 FX3G、FX3GC、FX3U、FX3UC 可编程控制器时，最多可以同时在 2 个通道中使用计算机链接功能。这种情况下，可以设定为 2 个通道都是 RS-232C 通信，或者都是 RS-485 通信、也可以设定为 RS-232C 通信、RS-485 通信各 1 个通道。

1. RS-232C 通信（1：1）

通过 RS-232C 通信方式连接的时候，连接 1 台 PLC，并且请确保总延长距离在 15m 以内，如图 6-16 所示。

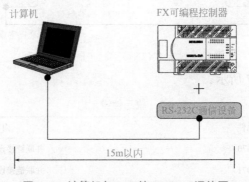

图6-16 计算机与PLC的RS-232C通信图

2. RS-485（RS-422）通信（1 : N）

通过 RS-485（RS-422）通信方式连接的时候，最多可以连接 16 台 PLC，并且请确保总延长距离在 500m 以内（包含 485BD 的时候为 50m 以内），如图 6-17 所示。

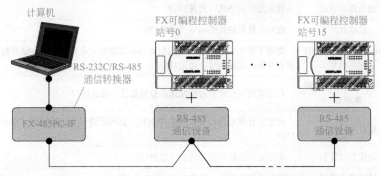

图6-17 计算机与PLC的RS-485通信图

相关软元件如表 6-8 和表 6-9 所示。

表6-8 相关位软元件表

软元件	名称	内容	R/W
M8063	串行通信错误1	当通道1的串行通信中错误时置ON	R
M8120	保持通信设定用	保持通信的设定状态（FXON可编程控制器用）	R/W
M8126	全局ON	接收到计算机发出的全局指令（GW）后ON/OFF（通道1用）	R
M8127*1	下位请求通信发送中	下位请求通信执行中为ON（通道1用） ON：正在发送下位请求通信的数据 OFF：下位请求通信的数据发送结束	R
M8128	下位请求通信错误标志位	在下位请求通信的发送数据用指定值中有错误时为ON（通道1用）	R
M8129	下位请求通信字/字节的切换	指定下位请求通信数据的字/字节单位（通道1用） ON：字节单位（8位单位） OFF：字单位（16位单位）	R/W
M8426	全局ON	接收到计算机发出的全局指令（GW）后ON/OFF（通道2用）	R
M8427	下位请求通信发送中	下位请求通信执行中为ON（通道2用） ON：正在发送下位请求通信的数据 OFF：下位请求通信的数据发送结束	R
M8428	下位请求通信错误标志位	在下位请求通信的发送数据用指定值中有错误时为ON（通道2用）	R
M8429	下位请求通信字/字节的切换	指定下位请求通信数据的字/字节单位（通道2用） ON：字节单位（8位单位） OFF：字单位（16位单位）	R/W
M8438	串行通信错误2	当通道2的串行通信中错误时为ON	R

注：R—读出专用；W—写入专用；R/W—读出 / 写入均可。

表 6-9　相关字软元件表

软元件	名称	内容	R/W
D8063	串行通信错误代码1	当串行通信中发生错误时，保存错误代码（通道1用）	R
D8120	通信格式设定	设定通信的格式（通道1用）	R/W
D8121	设定站号	设定计算机链接的站号（通道1用）	R/W
D8127	指定下位请求通信的起始编号	要用下位请求通信发送的数据被保存在数据寄存器中，设定这些数据寄存器的起始编号（通道1用）	R/W
D8128	指定下位请求通信的数据数	设定要用下位请求通信发送的数据数目（通道1用）	R/W
D8129	超时时间设定	设定从计算机接收数据发生中断时，到判断错误为止的时间（通道1用）	R/W
D8419	动作方式显示	保存正在执行的通信功能（通道1用）	R
D8420	通信格式设定	设定通信的格式（通道2用）	R/W
D8421	设定站号	设定计算机链接的站号（通道2用）	R/W
D8427	指定下位请求通信的起始编号	要用下位请求通信发送的数据被保存在数据寄存器中，设定这些数据寄存器的起始编号（通道2用）	R/W
D8428	指定下位请求通信的数据数	设定要用下位请求通信发送的数据数目（通道2用）	R/W
D8429	超时时间设定	设定从计算机接收数据发生中断时，到判断出错为止的时间（通道2用）	R/W
D8438	串行通信错误代码2	当串行通信中发生错误时，保存错误代码（通道2用）	R
D8439	动作方式显示	保存正在执行的通信功能（通道2用）	R

注：R—读出专用；W—写入专用；R/W—读出/写入均可。

与计算机链接时使用的专用协议的指令的指定方法如表 6-10 所示。

表 6-10　相关指令及处理内容

指令	处理内容
BR	以1点为单位读出位软元件
WR	以16点为单位读出位软元件，以1点为单位读出字软元件
QR	以16点为单位读出位软元件，以1点为单位读出字软元件
BW	以1点为单位写入位软元件
WW	以16点为单位写入位软元件，以1点为单位写入字软元件
QW	以16点为单位写入位软元件，以1点为单位写入字软元件
BT	位软元件以1点为单位随机指定置位/复位（强制ON/OFF）
WT	位软元件以16点为单位随机指定置位/复位（强制ON/OFF）或字软元件以1点为单位随机指定写入数据
QT	以16点为单位随机指定位软元件后，置位/复位（强制ON/OFF）或以1点为单位随机指定字软元件后，写入数据

续表

指令	处理内容
RR	远程运行可编程控制器
RS	远程停止可编程控制器
PC	读出可编程控制器的型号名称
GW	开/关所有连接的可编程控制器的全局信号
—	没有用于下位请求通信（从可编程控制器发出发送请求）的指令
TT	从计算机接收到的字符被直接返回到计算机

七、变频器通信功能与程序实例

1. 变频器通信功能实现

实现变频器通信功能，就是以 RS-485 通信方式连接 FX 可编程控制器与变频器，最多可以对 8 台变频器进行运行监控以及各种指令和参数的读出 / 写入，如图 6-18 所示。

① 可以对变频器 FREQROL-F700、A700、E700、D700、V500、F500、A500、E500、S500（带通信功能）系列进行链接（F700、A700、E700、D700、V500、F500 系列仅支持 FX3S、FX3G、FX3GC、FX3U、FX3UC 变频器）。

② 可以执行变频器的运行监视、各种指令和参数的读出 / 写入等功能。

③ 总延长距离最大可达 500m（仅限于由 485ADP 构成的情况）。

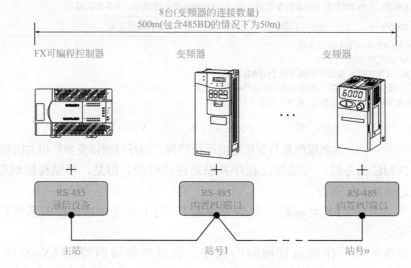

图6-18　PLC与变频器链接图

变频器通信功能的特殊继电器和特殊数据寄存器软元件如表 6-11 和表 6-12 所示。

表6-11　相关位软元件

软元件编号		名称	内容	R/W
通道1	通道2			
M8029		指令执行结束	变频器通信指令执行结束时，维持1个运算周期为ON。即使当变频器通信错误（M8152，M8157）为ON，只要指令执行结束，也会置ON	R
M8063	M8438	串行通信错误①	即使是变频器通信以外的通信，也置ON，是所有通信通用的标志位	R
M8151	M8156	变频器通信中	与变频器进行通信时置ON	R
M8152	M8157	变频器通信错误②	与变频器之间的通信错误时置ON的标志位	R
M8153	M8158	变频器通信错误锁存②	与变频器之间的通信错误时置ON的标志位	R
M8154	M8159	IVBWR指令错误②③	在IVBWR指令中发生错误时置ON	R

① 在电源从 OFF 切换到 ON 后清除。
② 从 STOP 切换到 RUN 时清除。
③ 仅 FX3U、FX3UC 可编程控制器支持 IVBWR 指令。
注：R—读出专用（在程序中作为触点使用）。

表6-12　相关字软元件

软元件编号		名称	内容	R/W
通道1	通道2			
D8063	D8438	串行通信错误的错误代码①	保存通信错误的错误代码	R
D8150	D8155	变频器通信的响应等待时间①	设定变频器通信的响应等待时间	R/W
D8151	D8156	变频器通信中的步编号	保存正在执行变频器通信的指示的步编号	R
D8152	D8157	变频器通信错误代码②	保存变频器通信的错误代码	R
D8153	D8158	发生变频器通信错误的步锁存②	锁存发生变频器通信错误的步④	R
D8154	D8159	IVBWR指令错误的参数编号②③	IVBWR指令错误时，保存参数编号	R
D8419	D8439	动作方式显示	保存正在执行的通信功能	R

① 在电源从 OFF 切换到 ON 后清除。
② 从 STOP 切换到 RUN 时清除。
③ 仅 FX3U、FX3UC 可编程控制器支持 IVBWR 指令。
④ 仅在首次发生错误时更新，在第 2 次以后错误时都不更新。
注：R—读出专用；W—写入专用；R/W—读出 / 写入均可。

2. 程序举例（FX3S，FX3G，FX3GC，FX3U，FX3UC）

[程序实例6-1] 本例程序是与变频器的运行监视、运行控制以及参数相关的基本例。

使用 IVMC 指令时，可以简化程序并缩短通信时间。但是，可编程控制器及变频器也需支持 IVMC 指令。

（1）系统构成　FX 可编程控制器（通道1）与1台变频器链接的系统构成如图 6-19 所示。

（2）动作内容　作为运行控制的程序，执行变频器的停止（X000）、正转（X001）、反转（X002）。此外，通过更改 D10*1 的内容来变更速度。可以在顺控程序或者人机界面中更改 D10*1 的内容。*1 表示使用 IVMC 指令的场合，为 D11。

（3）程序举例

① 在可编程控制器运行时，向变频器写入参数值，如图 6-20 所示。

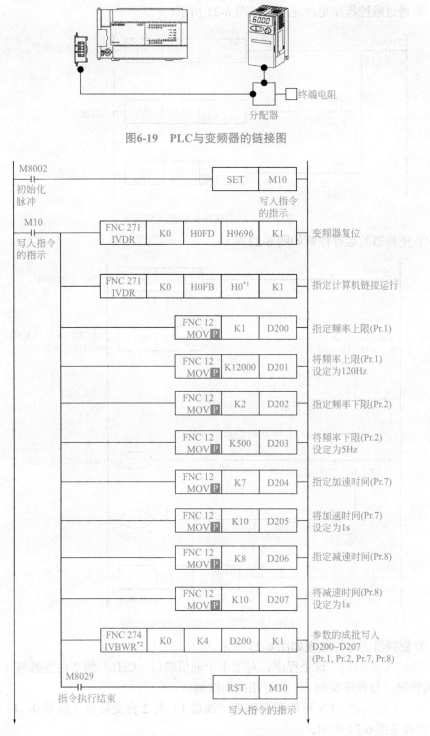

图6-19 PLC与变频器的链接图

图6-20 变频器的参数设定梯形图

191

② 通过顺控程序更改速度，如图 6-21 所示。

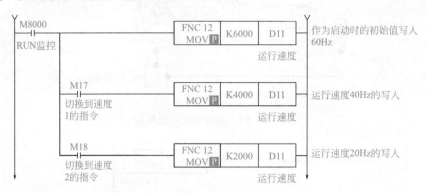

图6-21 顺控程序更改速度梯形图

③ 变频器的运行控制如图 6-22 所示。

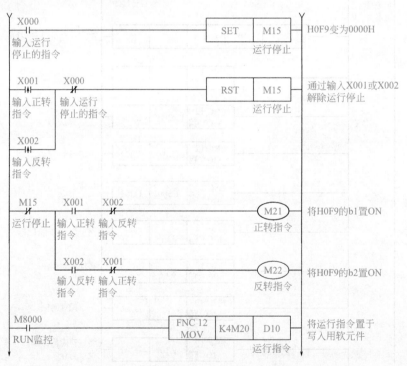

图6-22 变频器的运行控制梯形图

④ 变频器的运行监视如图 6-23 所示。

［程序实例 6-2］ 这个程序，对于 1 个通信端口（CH1）到 2 台变频器（站号 0，1）的情况，与程序实例 6-1 执行相同的控制。

（1）系统构成 FX 可编程控制器（通道 1）与 2 台变频器（站号 0，1）链接的系统构成见图 6-24 所示。

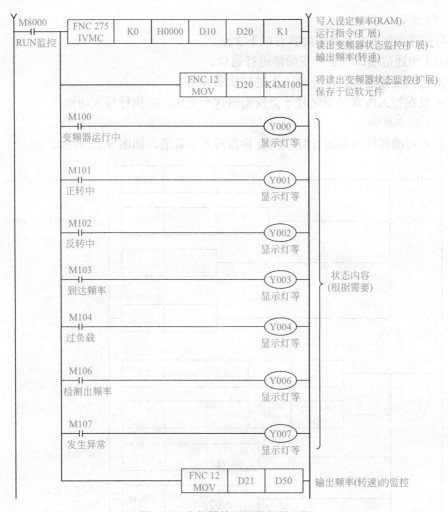

图6-23　变频器的运行监视梯形图

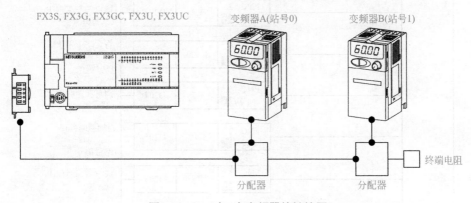

图6-24　PLC与2台变频器的链接图

（2）动作内容

与程序实例 6-1 不同的内容有以下 3 点。

① 1 个通信端口与 2 台变频器进行通信。

② 已向变频器写入指令时，不进行状态读出。

③ 仅在写入内容有变化时才会检测出这个变化，并执行写入动作。

（3）程序举例

① 在可编程控制器运行时，向变频器写入参数值，如图 6-25 所示。

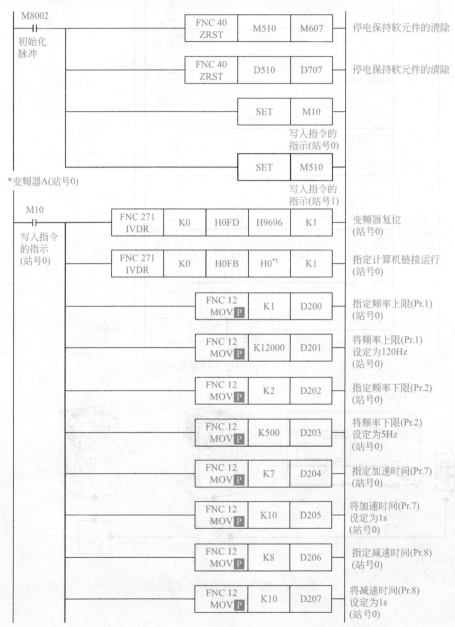

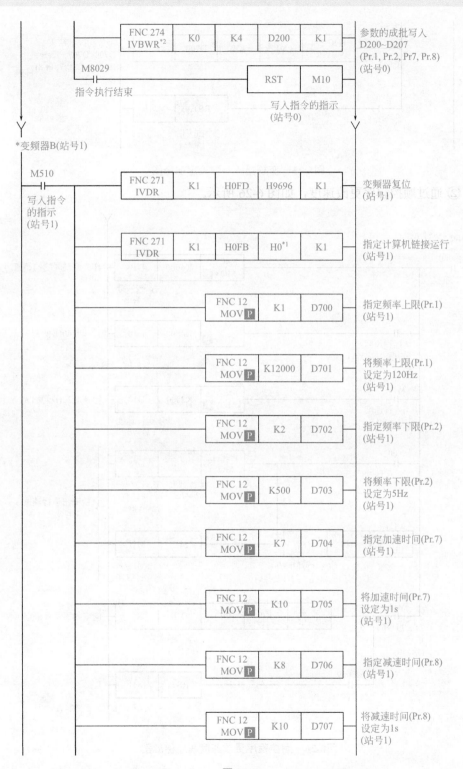

图6-25

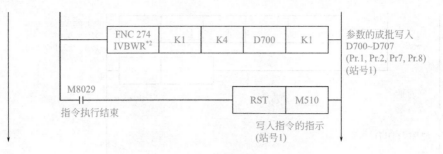

图6-25　变频器的参数设定梯形图

② 通过顺控程序更改速度，如图 6-26 所示。

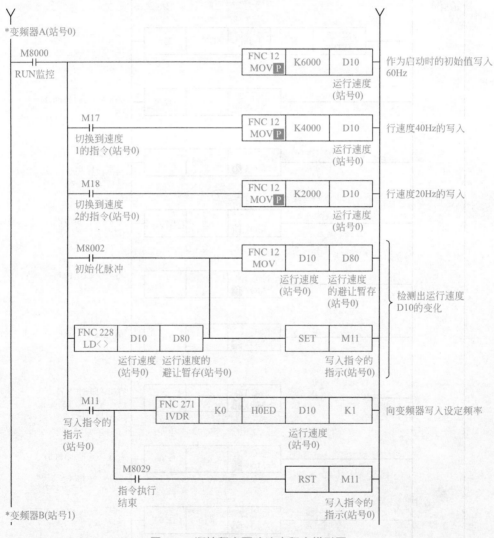

图6-26　顺控程序更改速度程序梯形图

③ 变频器的运行控制如图 6-27 所示。

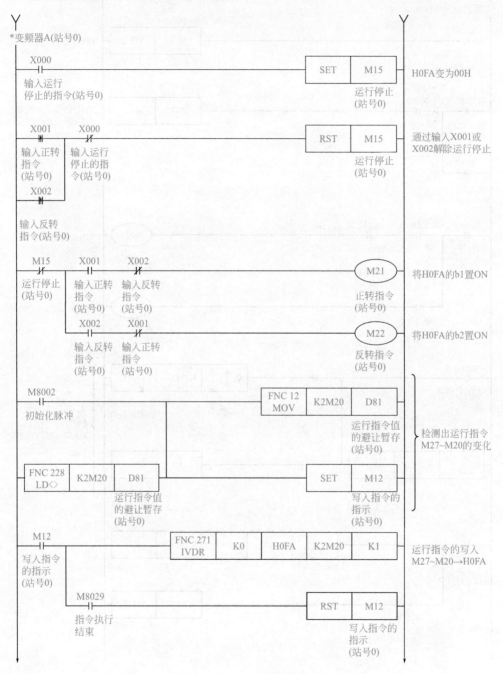

图6-27

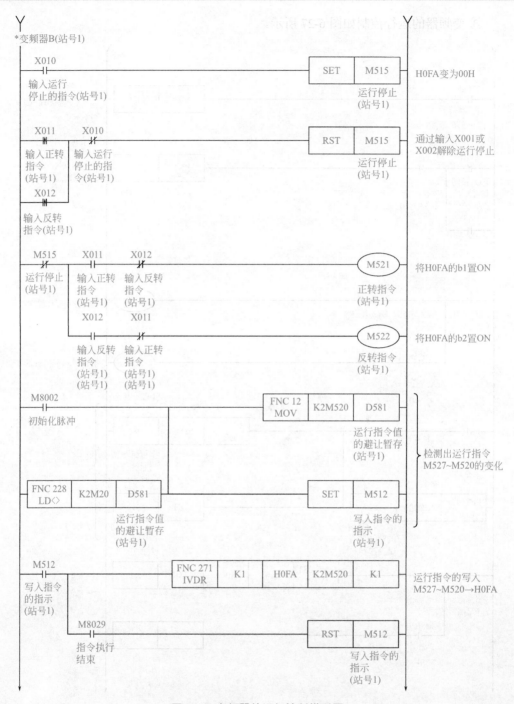

图6-27　变频器的运行控制梯形图

④ 变频器的运行监视如图 6-28 所示。

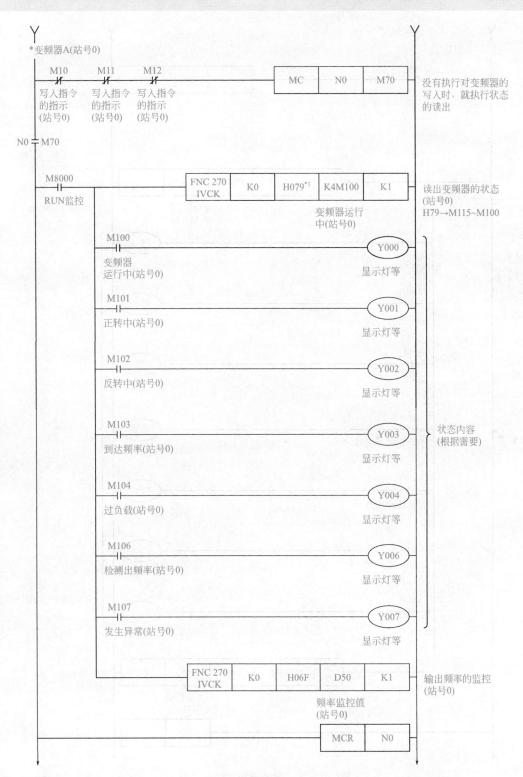

图6-28

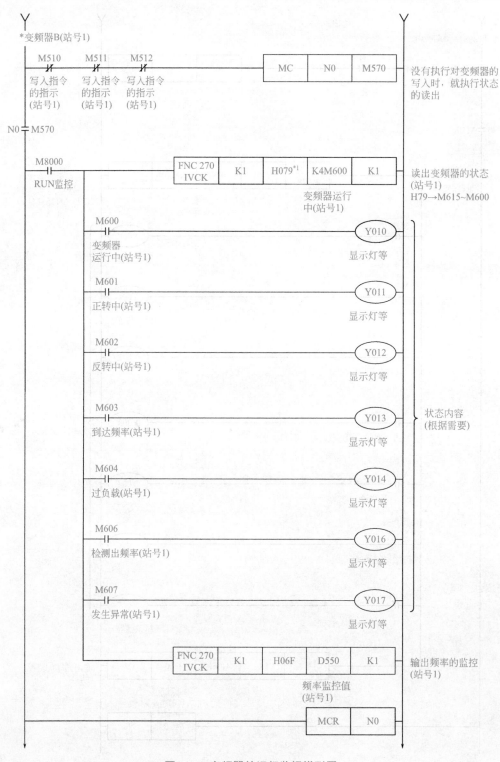

图6-28 变频器的运行监视梯形图

八、无协议通信功能（RS.RS2指令）

无协议通信功能，是执行打印机或条形码阅读器等无协议数据通信的功能。

在 FX 系列 PLC 中，通过使用 RS 指令、RS2 指令，可以使用无协议通信功能。

RS2 指令是 FX3S、FX3G、FX3GC、FX3U、FX3UC 可编程控制器的专用指令。

FX3G、FX3GC 可编程控制器可以同时执行 3 个通道的通信。

FX3U、FX3UC 可编程控制器可以同时执行 2 个通道的通信。

① 通信数据点数允许最多发送 4096 点数据，最多接收 4096 点数据。

使用 FX2N、FX2NC 可编程控制器的场合，发送数据和接收数据的合计点数不能超出 8000 点。

② 采用无协议方式，连接支持串行通信的设备，可以实现数据的交换通信。

③ RS-232C 通信的场合，总延长距离最大可达 15m；RS-485 通信的场合，最大可达 500m（采用 485BD 连接时，最大为 50m）。如图 6-29 所示。

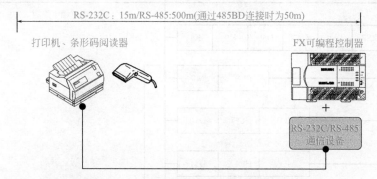

图6-29　PLC与打印机或条形码阅读器的连接图

无协议通信是实现 PLC 与上位计算机、打印机或条形码阅读器等之间的无协议数据通信的功能。在 FX 系列 PLC 中，它是由 RS2 指令通过 RS-232C 端口来发送和接收串行数据的。RS2 串行通信指令如图 6-30 所示。

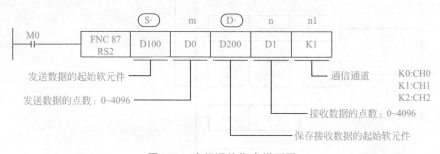

图6-30　串行通信指令梯形图

［程序实例 6-3 ］ 使用 RS2 指令的打印机打字（连接 RS-232C）系统构成见图 6-31。

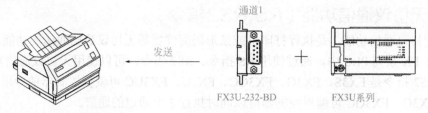

图6-31　PLC与打印机连接图

程序如图 6-32 所示。

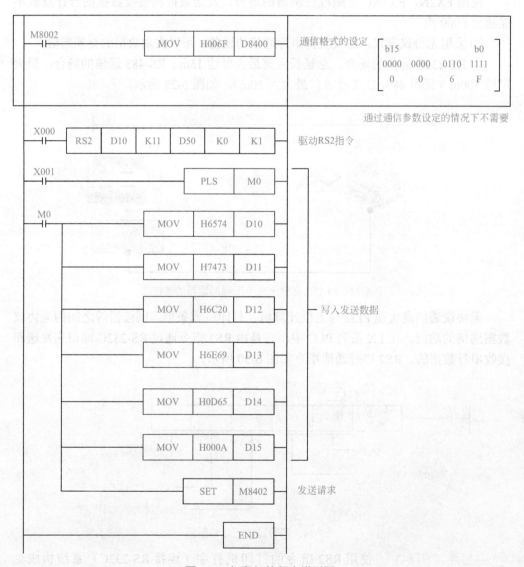

图6-32　打印机的程序梯形图

九、无协议通信功能（RX2N-232IF）

型号为 FX2N-232IF 的 RS-232C 通信特殊功能模块（以下简称为 232IF）是连接在 FX2N、FX3U、FX2NC、FX3UC 可编程控制器上，用于与计算机、条形码阅读器、打印机等带有 RS-232C 接口的设备之间进行全双工方式的串行数据通信的产品。

1. 可以连接多台 232IF（RS-232C 设备）

可以在可编程控制器上连接多台带有 RS-232C 接口的外部设备。

① 使用 FX2N、FX3U、FX3UC 可编程控制器的场合，1 台可编程控制器上最多可以连接 8 台。与 FX3UC-32MT-LT（-2）连接时，最多可以连接 7 台。

② 使用 FX2NC 可编程控制器的场合，1 台可编程控制器上最多可以连接 4 台。

2. 无协议的通信

通信为全双工启停同步、无协议的通信，在缓冲存储区（BFM）中指定通信格式。可以对缓冲存储区使用 FROM/TO 指令（使用 FX3U、FX3UC 可编程控制器的场合，还可以使用 FROM/TO 以外的指令）。

3. 发送接收缓冲区为 512 个字节 /256 个字

发送接收缓冲区具有 512 个字节 /256 个字。

此外，如使用 RS-232C 相互链接的连接模式，还可以接收超出 512 个字节 /256 个字的数据。

4. 内置 ASCII 转换功能

具备了将发送数据缓存中的 HEX 数值（0 ～ F）转换为 ASCII 后发送的功能，以及将接收到的 ASCII 码转换成 HEX 数值（0 ～ F）后保存到接收缓存中的功能。

5. FROM 指令

16 位运算如图 6-33 所示。

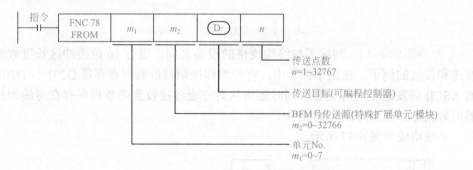

图6-33　FROM指令16位运算程序梯形图

32 位运算如图 6-34 所示。

6. TO 指令

16 位运算如图 6-35 所示。

32 位运算如图 6-36 所示。

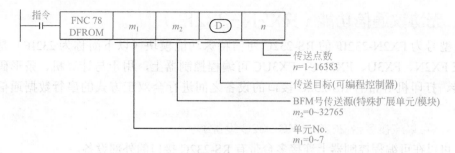

图6-34 FROM指令32位运算程序梯形图

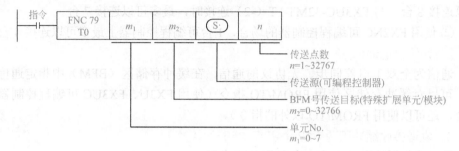

图6-35 TO指令16位运算程序梯形图

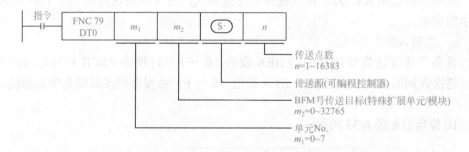

图6-36 TO指令32位运算程序梯形图

[程序实例6-4] 列举了与终端规格的设备之间，进行16位缓冲区长度数据的发送和接收的例子。在这个例子中，将可编程控制器的数据寄存器D201～D205中的ASCII码发送至对方设备，同时还将从对方设备接收到的数据保存在可编程控制器的数据寄存器D301～D304中。

系统构成如图6-37所示。

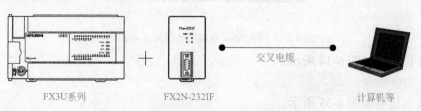

图6-37 PLC与计算机的连接图

梯形图程序如图 6-38 所示。

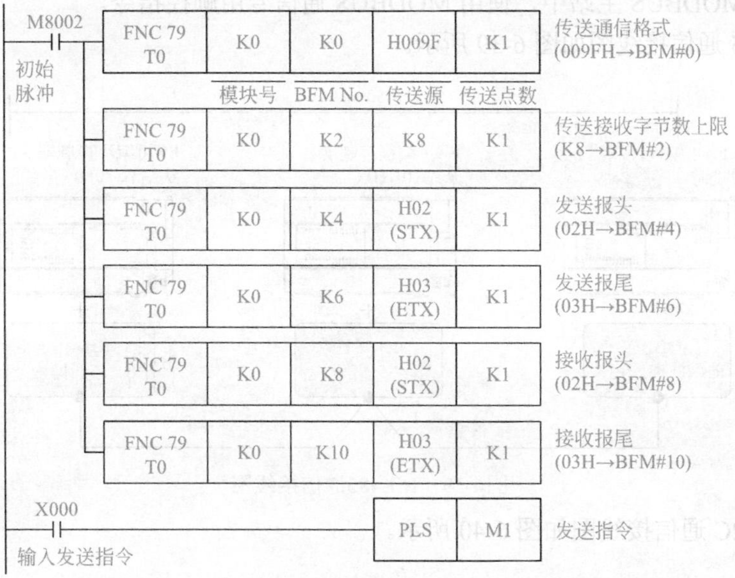

图6-38 16位缓冲区长度数据的发送和接收程序梯形图

第二节 MODBUS 通信与实例

一、MODBUS协议

MODBUS 是 Modicon 公司为其 PLC 与主机之间的通信而发明的串行通信协议。其物理层采用 RS232、485 等异步串行标准。由于其开放性而被大量的 PLC 及 RTU 厂家采用。MODBUS 通信采用主从方式的查询 - 相应机制，只有主站发出查询时，从站才能给出响应，从站不能主动发送数据。主站可以向某一个从站发出查询，也可以向所有从站广播信息。从站只响应单独发给它的查询，而不响应广播信息。MODBUS 通信协议有两种传送方式：RTU 方式和 ASCII 方式。

MODBUS 通信网络如果是 RS-485 通信，则可使用 1 台主站控制 32 站从站，如果是 RS-232C 通信，则可使用 1 台主站控制 1 站从站。

① 可使用 1 台 MODBUS 主站控制 32 站从站。

② 对应主站功能和从站功能。

③ 对应RTU 模式和 ASCII 模式（仅 FX3U/FX3UC 可编程控制器对应 ASCII 模式）。

④ 每 1 台可编程控制器可将 1 通道使用在 MODBUS 通信上（可使用 MODBUS 主站或 MODBUS 从站中的任意一种）。

⑤ 对应最大 115.2kb/s 的传送速度。

⑥ 在 MODBUS 主站中，使用 MODBUS 通信专用顺控指令。

RS-485 通信接线图如图 6-39 所示。

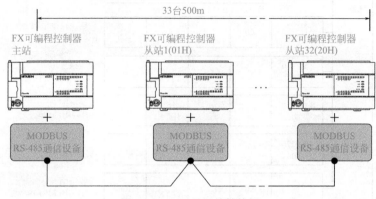

图6-39　RS-485通信接线图

RS-232C 通信接线图如图 6-40 所示。

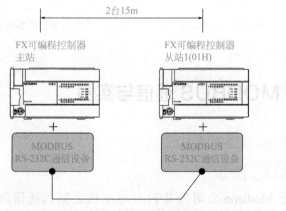

图6-40　RS-232C通信接线图

（1）MODBUS 通信的设定方法　在 MODBUS 通信设定中，使用特殊辅助继电器 M8411。使用将 LD M8411 作为接点的 MOV 指令，在特殊数据寄存器中设定通信参数。MODBUS 通信的通信参数可通过表 6-13 设定。

表6-13　使用通道1时的主站参数

软元件	名称
D8400	通信格式设定
D8401	协议
D8409	从站响应超时
D8410	播放延迟
D8411	请求间延迟（帧间延迟）

续表

软元件	名称
D8412	重试次数
D8415	通信计数器·通信事件日志储存软元件
D8416	通信计数器·通信事件日志储存位置

主站的参数设定用程序如图 6-41 所示。

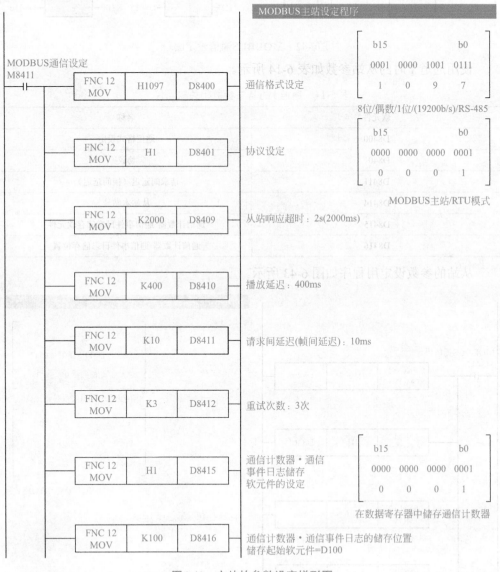

图6-41　主站的参数设定梯形图

（2）使用结构化梯形图/FBD 语言对 MODBUS 通信参数进行编程时的注意事项　请务必使用 MOV 指令将 ENO 输出与 EN 输入连接起来。

二、程序实例

MODBUS 通信设定如图 6-42 所示。

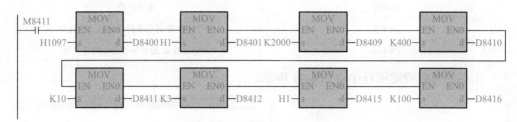

图6-42　MODBUS通信设定图

使用通道 1 时的从站参数如表 6-14 所示。

表6-14　通道1的从站参数相关软元件

软元件	名称
D8400	通信格式设定
D8401	协议
D8411	请求间延迟（帧间延迟）
D8414	从站本站号
D8415	通信计数器·通信事件日志储存软元件
D8416	通信计数器·通信事件日志储存位置

从站的参数设定用程序如图 6-43 所示。

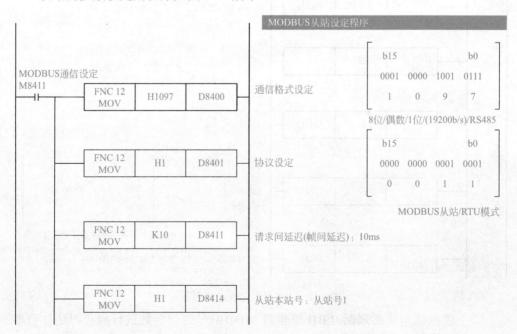

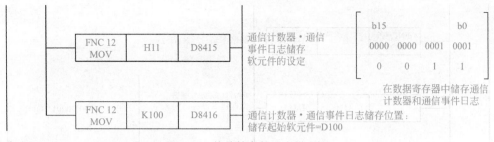

图6-43 从站的参数设定梯形图

同时使用 MODBUS 通信和 $N:N$ 网络时，请先设定 $N:N$ 网络（程序步设定为 0）。设定 $N:N$ 网络后，可将 MODBUS 通信设定进行编程，如图 6-44 所示。

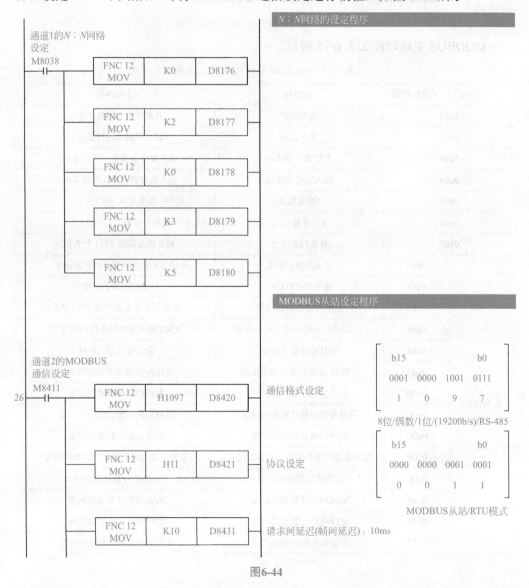

图6-44

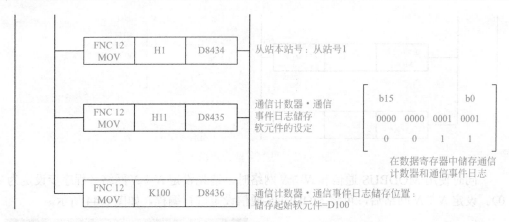

图6-44　MODBUS通信设定梯形图

MODBUS 主站功能如表 6-15 所示。

表6-15　MODBUS主站功能一览表

功能代码	子功能代码	功能名	详细内容
0x01		线圈读出	线圈读出（可以多点）
0x02		输入读出	输入读出（可以多点）
0x03		保持寄存器读出	保持寄存器读出（可以多点）
0x04		输入寄存器读出	输入寄存器读出（可以多点）
0x05		1线圈写入	线圈写入（仅1点）
0x06		1寄存器写入	保持寄存器写入（仅1点）
0x07		异常状态读出	异常状态读出（仅1个字节）
0x08诊断	0x00	请求数据的回复	请求数据的回复（回送测试）
	0x01	通信的重新启动	通信的重新启动
	0x02	诊断用寄存器的回复	诊断用寄存器的回复（仅1字）
	0x03	ASCII模式接收结束代码的变更	ASCII模式接收结束代码的变更
	0x04	向只接收模式转移	向只接收模式转移
	0x0A	计数器·诊断用寄存器的清除	计数器·诊断用寄存器的清除
	0x0B	总线信息计数器的回复	总线信息计数器的回复
	0x0C	总线通信出错计数器的回复	总线通信出错计数器的回复
	0x0D	例外出错计数器的回复	例外出错计数器的回复
	0x0E	发给本站的信息接收计数器的回复	发给本站的信息接收计数器的回复
	0x0F	无响应计数器的回复	无响应计数器的回复
	0x10	NAK响应计数器的回复	NAK响应计数器的回复
	0x11	忙碌响应计数器的回复	忙碌响应计数器的回复
	0x12	字符溢出出错计数器的回复	字符溢出出错计数器的回复

续表

功能代码	子功能代码	功能名	详细内容
0x0B		通信事件计数器的获得	通信事件计数器的获得
0x0C		通信事件日志的获得	通信事件日志的获得
0x0F		批量线圈写入	多点的线圈写入
0x10		批量寄存器写入	多点的保持寄存器写入
0x11		从站ID的报告	从站ID的报告
0x16		保持寄存器掩码写入	保持寄存器的AND/OR掩码写入（仅1点）
0x17		批量寄存器读出/写入	保持寄存器的多点读出和多点写入

FNC276-ADPRW/MODBUS 读出写入是用于和 MODBUS 主站所对应从站进行通信（数据的读出 / 写入）的指令。

16 位运算（ADPRW）如图 6-45 所示。功能代码⑤₁·在从站⑤·上依照参数⑤₂·、⑤₃·、⑤₄·/ⓓ·进行动作。播放时请在从站本站号中指定 0。

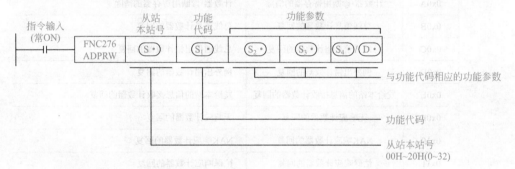

图6-45　ADPRW/MODBUS读出写入16位运算梯形图

MODBUS 从站功能代码如表 6-16 所示。

表6-16　MODBUS 从站功能代码一览表

功能代码	子功能代码	功能名	详细内容
0x01		线圈读出	线圈读出（可以多点）
0x02		输入读出	输入读出（可以多点）
0x03		保持寄存器读出	保持寄存器读出（可以多点）
0x04		输入寄存器读出	输入寄存器读出（可以多点）
0x05		1线圈写入	线圈写入（仅1点）
0x06		1寄存器写入	保持寄存器写入（仅1点）
0x07		异常状态读出	异常状态读出（仅1个字节） 通道1：M8060～M8067 通道2：M8060～M8062、M8438、M8064～M8067

续表

功能代码	子功能代码	功能名	详细内容
0x08诊断	0x00	请求数据的回复	请求数据的回复（回送测试）
	0x01	通信的重新启动	① 通信计数器的清除 ② 从只接收模式恢复 ③ 通信事件日志的重置（根据需要）
	0x02	诊断用寄存器的回复	诊断用寄存器的回复（仅1字） 通道1：M8060～M8067 通道2：M8060～M8062、M8438、M8064～M8067 注：高位字节不使用
	0x03	ASCII模式接收结束代码的变更	将ASCII模式时的接收结束代码的第2个字节 ［LF（OAH）］变更为指定数据
	0x04	向只接收模式转移	向只接收模式转移 注：从站为只接收模式时，通信启动指令之外全部为无响应。从站对只接收模式中发给本站的MODBUS文本或者播放进行监控，但是不做出动作和响应
	0x0A	计数器·诊断用寄存器的清除	计数器·诊断用寄存器的清除
	0x0B	总线信息计数器的回复	总线信息计数器的回复
	0x0C	总线通信出错计数器的回复	总线通信出错计数器的回复
	0x0D	例外出错计数器的回复	例外出错计数器的回复
	0x0E	发给本站的信息接收计数器的回复	发给本站的信息接收计数器的回复
	0x0F	无响应计数器的回复	无响应计数器的回复
	0x10	NAK响应计数器的回复	NAK响应计数器的回复
	0x11	忙碌响应计数器的回复	忙碌响应计数器的回复
	0x12	字符溢出出错计数器的回复	字符溢出出错计数器的回复
0x0B		通信事件计数器的获得	通信事件计数器的获得
0x0C		通信事件日志的获得	通信事件日志的获得
0x0F		批量线圈写入	多点的线圈写入
0x10		批量寄存器写入	多点的保持寄存器写入
0x11		从站ID的报告	① 可编程控制器的RUN/STOP状态（RUN=FFH；STOP=OOH） ② 从站ID F3H（FX3U/FX3UC的计算机链接机型代码）
0x16		保持寄存器掩码写入	保持寄存器的AND/OR掩码写入（仅1点）
0x17		批量寄存器读出/写入	保持寄存器的多点读出和多点写入

MODBUS 主站以图 6-46 所示的程序依次执行 MODBUS 命令。图 6-46 所示的程序是线圈读出、保持寄存器读出、线圈写入、寄存器写入和出错处理程序的程序实例。

设定 MODBUS 通信后，在主站进行软元件的读出 / 写入期间，MODBUS 从站可执行用户程序。从站的程序实例如图 6-47 所示。

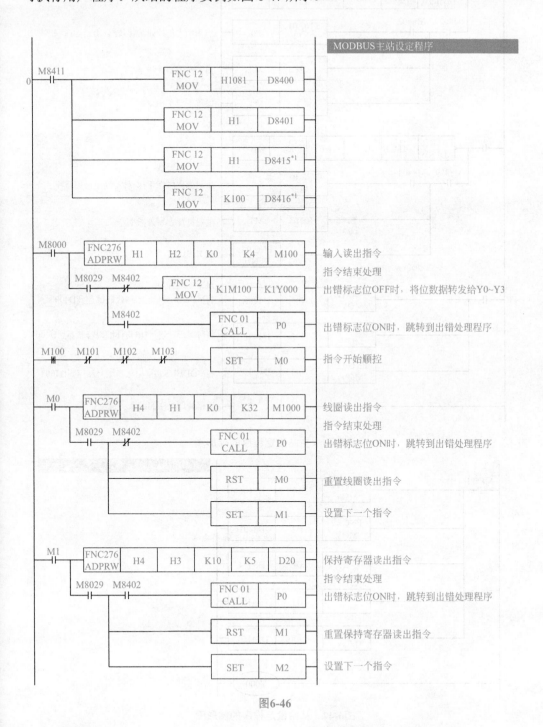

图6-46

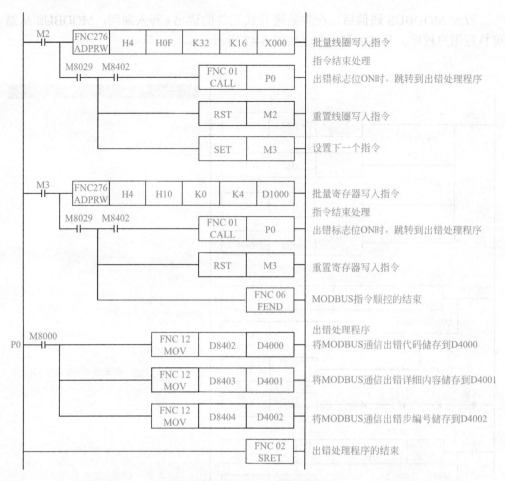

图6-46 主站设定程序的梯形图

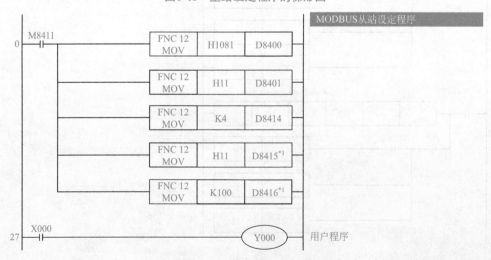

图6-47 从站设定程序的梯形图

第七章
PLC系统设计

第一节 系统设计原则和步骤

　　由于 PLC 应用方便、可靠性高，被大量地应用于各个行业、各个领域。随着可编程控制器功能的不断拓宽与增强，它已经从完成复杂的顺序逻辑控制的继电器控制柜的替代物，逐渐进入到过程控制盒闭环控制等领域，它所能控制的系统越来越复杂，控制规模也越来越宏大，因此如何用 PLC 完成实际控制系统应用设计，是每个从事电气控制技术人员所面临的问题。

一、设计原则

　　任何一种电气控制系统都是为了实现生产设备或生产过程的控制要求和工艺需求，以提高生产效率和产品质量。因此，在设计 PLC 控制系统时，应遵循以下基本原则：

　　① 最大限度地满足被控制对象提出的各项性能指标。设计前，设计人员除理解被控制对象的技术要求外，还应对现场进行实地的调查研究、收集资料，访问有关的技术人员和实际操作人员，共同拟订设计方案，协同解决设计中出现的各种问题。

　　② 在满足控制要求的前提下，力求使控制系统简单、经济，使用及维修方便。

　　③ 保证控制系统的安全、可靠。

　　④ 考虑到生产的发展和工艺的改进，在选择 PLC 容量时，应适当留有裕量。

二、设计步骤

　　设计一个 PLC 控制系统需要以下七个步骤：

　　1. 系统设计与设备选型

　　a. 分析你所控制的设备或系统。PLC 最主要的目的是控制外部系统，这个系统可以是单个机器，也可以是机群或一个生产过程。

b. 判断一下你所要控制的设备或系统的输入输出点数是否符合可编程控制器的点数要求（选型要求）。

c. 判断一下你所要控制的设备或系统的复杂程度，分析内存容量是否足够。

2. I/O 赋值（分配输入输出）

a. 将你所要控制的设备或系统的输入信号进行赋值，与 PLC 的输入编号相对应。

b. 将你所要控制的设备或系统的输出信号进行赋值，与 PLC 的输出编号相对应。

3. 设计控制原理图

a. 设计出较完整的控制草图。

b. 编写你的控制程序。

c. 在达到你的控制目的的前提下尽量简化程序。

4. 程序写入 PLC

将你的程序写入到可编程序控制器。

5. 编辑调试修改程序

a. 程序查错（逻辑及语法检查）。

b. 在局部插入 END，分段调试程序。

c. 整体运行调试。

6. 监视运行情况

在监视运行下，监视一下你的控制程序的每一个动作是否正确，如不正确返回第五步，如正确执行下一步。

7. 运行程序

千万别忘记备份好你的程序。

第二节　硬件设计和软件设计

一、机型选择

机型选择基本原则：在满足功能的前提下，力争最好的性价比，并有一定的可升级性。首先，按实际控制要求进行功能选择，单机控制还是要联网通信；一般开关量控制，还是要增加特殊单元；是否需要远程控制；现场对控制器响应速度有何要求；控制系统与现场分开还是在一起等。然后，根据控制对象的多少选择适当的 I/O 点数和信道数；根据 I/O 信号选择 I/O 模块，选择适当的程序存储量。在具体选择 PLC 的型号时可考虑以下几个方面：

1. 功能的选择

对于以开关量为主，带少量模拟量控制的设备，一般的小型 PLC 都可以满足要求。对于模拟量控制的系统，由于具有很多闭环控制系统，可根据控制规模的大小和复杂程度，选用中档或高档机。对于需要联网通信的控制系统，要注意机型统一，以便其模块可相互换用，便于备件采购和管理。功能和编程方法的统一，有利于产品的开发和升级，有利于技术水平的提高和积累。对有特殊控制要求的系统，可选用有相同或相似功能的 PLC。选用有特殊功能的 PLC，不必添加特殊功能模块。配了上位机后，可方便地控制各独立的 PLC，连成一个多级分布的控制系统，相互通信，集中管理。

2. 基本单元的选择

基本单元包括响应速度、结构形式和扩展能力。对于以开关量控制为主的系统，一般 PLC 的响应速度足以满足控制的需要。但是对于模拟量控制的系统，则必须考虑 PLC 的响应速度。在小型 PLC 中，整体式比模块式的价格便宜，体积也较小，只是硬件配置不如模块式的灵活。在排除故障所需的时间上，模块式相对来说比较短，应该多加关注扩展单元的数量、种类及扩展所占用的信道数和扩展口等。

二、软件设计方法和步骤

PLC 软件系统设计就是根据控制系统硬件结构和工艺要求，使用相应的编程语言，编制用户控制程序和形成相应文件的过程。编制 PLC 控制程序的方法很多，这里主要介绍几种典型的编程方法。

1. 图解法编程

图解法是靠画图进行 PLC 程序设计的，常见的主要有梯形图法、逻辑流程图法、时序流程图法和步进顺控法。

（1）梯形图法 梯形图法是用梯形图语言去编制 PLC 程序的，这是一种模仿继电器控制系统的编程方法。其图形甚至元件名称都与继电器控制电路十分相近。这种方法很容易地就可以把原继电器控制电路移植成 PLC 的梯形图语言，这对于熟悉继电器控制系统的人来说，是最方便的一种编程方法。

（2）逻辑流程图法 逻辑流程图法是用逻辑框图表示 PLC 程序的执行过程，反映输入与输出关系的方法。这种方法编制的 PLC 控制程序逻辑思路清晰，输入与输出的因果关系及联锁条件明确。逻辑流程图会使整个程序脉络清楚，便于分析控制程序，便于查找故障点，便于调试和维修程序。有时对一个程序，直接用语句表和梯形图编程可能觉得难以下手，则可以先画出逻辑流程图，再为逻辑流程图的各个部分用语句表和梯形图编制 PLC 应用程序。

（3）时序流程图法 时序流程图法是首先画出控制系统的时序图（即到某一个时间应该进行哪项控制的控制时序图），然后根据时序关系画出对应的控制任务的程序框图，最后把程序框图写成 PLC 程序的方法。时序流程图法很适用于以时间为基准的控制系统的编程。

（4）步进顺控法　步进顺控法是在顺控指令的配合下设计复杂的控制程序。一般比较复杂的控制程序，都可以划分成若干个比较简单的程序段，一个程序段可以看成整个控制过程中的一步。从整个角度去看，一个复杂系统的控制过程是由这样若干个步组成的。系统控制的任务实际上可以认为是在不同时刻或者在不同进程中去完成对各个步的控制。为此，不少PLC生产厂家在自己的PLC中增加了步进顺控指令。在画完了各个步进的状态流程图以后，可以利用步进顺控指令方便地编写控制程序。

2. 经验法编程

经验法是运用自己的或者别人的经验进行设计的方法。多数设计前先选择与自己工艺要求相近的程序，把这些程序看成是自己的"试验程序"。结合自己工程的情况，对这些"试验程序"逐一修改，使之适合自己的工程要求。这里所说的经验，有的来自自己的经验总结，有的也可能是别人的设计经验，这需要日积月累，善于总结。

3. 计算机辅助设计编程

计算机辅助设计时通过PLC编程软件在计算机上进行程序设计、离线或在线编程、离线仿真和在线调试等。使用编程软件可以十分方便地在计算机上离线或在线编程、在线调试，进行程序的存取、加密以形成EXE运行文件。

三、PLC软件系统设计的步骤

在了解了程序结构和编程方法的基础上，就要编写PLC程序了。编写PLC程序和编写其他计算机程序一样，都需要经历如下过程。

1. 对系统任务分块

分块的目的就是把一个复杂的工程分解成多个比较简单的小任务，这样可便于编制程序。

2. 编制控制系统的逻辑关系图

从逻辑控制关系图上，可以反映出某一逻辑关系的结果是什么，这一结果又应该导出哪些动作。这个逻辑关系可能以各个控制活动顺序为基准，也可能以整个活动的时间节拍为基准。逻辑关系图反映了控制过程中被控制对象的活动，也反映了输入与输出的关系。

3. 绘制各种电路图

绘制各种电路的目的，是把系统的输入/输出所设计的地址和名称联系起来，这是关键的一步。在绘制PLC的输入电路时，不仅要考虑到信号的连接点是否与命名一致，还要考虑输入端的电压和电流是否合适，也要考虑到在特殊条件下运行的可靠性与稳定条件等问题。特别要考虑到能否把高压引到PLC的输入端，若将高压引入PLC的输入端，有可能对PLC造成比较大的伤害。在绘制PLC输出电路时，不仅要考虑输出信号连接点是否与命名一致，还要考虑PLC输出模块的带负载能力和耐电压能力。此外还要考虑到电源输出功率和极性问题。整个电路的绘制，还要考虑设计原则，努力提高其稳定性和可靠性。虽然用PLC进行控制方便、灵活，但是在电路设计时仍然需要谨慎、全面。因此，在绘制电路图时要考虑周全，何处该装按钮何处该装开关都要一丝不苟。

4. 编制PLC程序并进行模拟调试

在编制完电路图后，就可以着手编制PLC程序了。在编程时，除了注意程序要正确、可靠之外，还要考虑程序简洁、省时、便于阅读、便于修改。编好一个程序块要进行模拟试验，这样便于查找问题，便于及时修改程序。

第三节　系统安装及调试

软件、硬件设计完成之后，并不代表系统设计已经成功。由于设计开发系统的环境与工厂实际生产环境有所区别，系统未必能够正常工作，因此控制系统的安装与调试就显得尤为重要，这一环节的工作量甚至不亚于系统设计。

一、系统的安装

在现场进行系统安装前，需要考虑安装环境是否满足PLC的使用环境要求，这一点可以参考各类产品的使用手册，但无论什么PLC，都不能装设在下列场所。

- 含有腐蚀性气体的场所。
- 阳光直接照射到的地方。
- 温度上下值在短时间内变化急剧的地方。
- 油、水、化学物质容易侵入的地方。
- 振动大且会造成安装件移位的地方。

如果必须要在上面的场所使用，则要为PLC制作合适的控制箱，并采用规范和必要的防护措施。如果需要在野外极低温度的环境中使用，可以用有加热功能的控制箱，各制造商会为客户提供相应的供应和设计。

使用控制箱时，PLC在控制箱内安装的位置要注意如下事项。

- 控制箱内空气流通是否顺畅（各装置间须保持适当的距离）。
- 变压器、电动机控制器、变频器等是否与PLC保持适当距离。
- 动力线与信号控制线是否分离配置。
- 组件装设的位置是否利于日后检修。
- 是否需预留空间，供日后系统扩充使用。

除了上述注意事项之外，还有其他注意事项要留意。比较重要的是静电的隔离。静电是无形的杀手，但往往因为不会对人造成生命危险而被忽视。在干燥的场所，人体身上的静电是造成电子组件损坏的因素。虽然人被静电打到，只是轻微的酥麻，但这对 PLC 和其他任何电子器件都足以致命。

避免静电冲击的方法：

- 进行维修或更换组件，先碰触接地的金属，去除静电。
- 不要碰触电路板上的接头或 IC 接脚。
- 对于不使用的电子组件，用有隔离静电的包装物进行包装。

安装基座时，在决定控制箱内各种控制组件及线槽位置后，要依照图纸所示尺寸标定孔位，钻孔后将固定螺钉旋紧到基座牢固为止。装上电源供电模块前，必须同时注意电源线上的接地端有无金属机壳连接，若未接，则须接上。如果接地不好，会导致一系列的问题，如静电、浪涌、外干扰等。由于不接地时 PLC 也能够工作，因此，经验不足的工程师往往以为接地不那么重要。

安装 I/O 模块时，须注意如下事项。

- I/O 模块插入机架上的槽位前，要先确认模块是否为自己所预先设计的模块。
- I/O 模块在插入机架上的导槽时，务必插到底，以确保各接触点紧密结合。
- 模块固定螺钉务必锁紧。
- 接线端子排插入后，其上下螺钉必须旋紧。

二、系统的调试

调试控制系统是硬件安装结束之后进行的工作，首先要保证的是 PLC 与外设之间能进行正常通信，这也是能够进行调试的前提。

1. 通信设定

现在的 PLC 大多数需要与人机界面进行连接，而下面也常常与变频器进行通信。在需要多个 CPU 模块的系统中，可能不同的 CPU 所接的 I/O 模块的参量有需要协同处理的地方；或者即使不需要协同控制，可能也要送到某一个中央控制室进行集中显示或保存数据。即使只有一个 CPU 模块，如果有远程单元，就会牵涉到本地 CPU 模块与远程单元模块的通信。此外，即使只有本地单元，CPU 模块也需要通过通信接口与编程器进行通信。因此，PLC 的通信是十分重要的。而且，由于不同厂家的产品通信方式不同，通信往往是令人头痛的问题。PLC 的通信有 RS-232、RS-485、以太网等几种方式。通信协议有 MODBUS、PROFI-BUS、LONWORKS、DEVICENET 等，通常 MODBUS 协议使用最为广泛，其他协议则与产品的品牌有关。今后，工业以太网协议应该会越来越普遍被应用。

PLC 与编程器或手提电脑的通信大部分采用 RS-232 协议的串口通信。用户在进行程序下载和诊断时都是这种方式，但是，绝不仅限于此。在大量的机械设备控制系统中，PLC 都是采用这种方式与人机界面进行通信的。人机界面通常也采用串口，协议已 MODBUS 为主，或者是专门的通信协议。而界面方面则由 HMI 的厂家提供软件来进行设计。现在的 PANEL PC 也有采用这种方式进行通信的，在 PANEL PC 上运行一些组态软件，通过串口来存取 OpenPLC 的数据，由于 PANEL PC 逐渐轻型化并且价格逐渐下降，这种方式也越来越多地被使用。

在需要对多台 PLC 进行联网时，如果是 PLC 的数量不很多（15 个接点以内）、数据传输量不大的系统，常采用的方式是通过 RS-485 所组成的一个简单串行通信接口连接的通信网络。由于这种通信方式编程简单，程序运行可靠，结构也比较合理，因此很受离散制造行业工厂工程师的欢迎。总的 I/O 点数不超过 10000 个，开关量 I/O 点占 80% 以上的系统，都可以采用这种通信方式稳定可靠地运行。

如果对通信速度要求较高，可以采用点到点的以太网通信方式。使用控制器的点到点通信指令，通过标准的以太网口，用户可以在控制器之间或者扩展器的存储器之间进行数据交换。这是 PLC 比较广泛使用的一种多 CPU 模块的通信方式。与串口的 RS-485 所构成的点对点网络相比，由于以太网的速度大大加快，加之同样具有连接简单、编程方式方便等优势，且与上位机可以直接通过以太网进行通信，因此很受用户的欢迎。甚至在一些单台 PLC 和一台 PANEL PC 构成的人机界面的系统中，由于 PANEL PC 中通常内置以太网口，也有用户采用这种通信方式。目前，PLC 对一些 SCADA 系统和连续流程行业的远程监控系统和控制系统，基本上都采用这样的方式。

还有一种分布式网络在大型 PLC 系统中是最为广泛考虑的方式。通过使用人机界面和 DDE 服务器，均可获得对象控制器的数据，同时可以通过 Internet 远程获得该控制器的数据。各个 CPU 独立运行，通过以太网结构采用 C/S 方式进行数据的存取。数据的采集和控制功能的实现都在 OpenPLC 的 CPU 模块中实现，而数据的保存则在上位机的服务器中完成。数据的显示和打印等则通过人机界面和组态软件来实现。

2. 软件测试

PLC 的内部固化了一套系统软件，使得开始便能够进行初始化工作。PLC 的启动设置、看门狗、中断设置、通信设置、I/O 模块地址识别都是在 PLC 的系统软件中进行的。

每种 PLC 都有各自的编程软件作为应用程序的编程工具，常用的编程语言是梯形图语言，也有 ST、IL 和其他语言。

用一种编程语言编出十分优化的程序，是工程师编程水平的体现。每一种 PLC 的编程语言都有自己的特色，指令的设计与编排思路都不一样。如果对 PLC 的指令十分熟悉就可以编出十分简洁、优美、流畅的程序。例如，对于同一款 PLC 的同一个程序的设计，如果编程工程师对指令不熟悉，编程技巧也差，可能需要 1000 条语句；但对于一个编程技巧高超的工程师，可能只需要 200 条语句就可以实现同样的功能。程序的简洁不仅可以节约内存，出错的概率也会小很多，程序的执行速度也快很多，而且也便于对程序进行修改和升级。所以，虽然说所有的 PLC 的梯形图逻辑都大同小异，一个工程师只要熟悉了一种 PLC 的编程，学习第二个品牌的 PLC 编程时就可以很快上手。但是，工程师在使用一个新的 PLC 时，还是应该仔细将编程手册认真看一遍，了解指令的特别之处，尤其是自己可能要用到的指令，并考虑如何利用这些特别的方式来优化自己的程序。

各个 PLC 的编程语言的指令设计、界面设计都不一样，不存在孰优孰劣的问题，主要是风格不同。我们不能武断地说三菱 PLC 的编程语言不如西门子的 STEP7，也不能说 STEP7 比 ROCKWELL 的 RSLOGX 要好，所谓的好与不好，大部分是工程师形成的编程习惯与编程语言的设计风格是否适用的问题。

工程现场需要对已经编好的程序进行修改。修改的原因可能是用户的需求变更，可能是发现了原来编程时的错误，还可能是 PLC 运行时发生了电源中断，导致有些状态数据丢失，如非保持的定时器会复位、输入映射区会刷新、输出映射区可能会清零，但状态文件的所有组态数据和偶然事件，如计数器的累计值会被保存。工程师在这个时候可能会需要对 PLC 进行编程，使某些内存可以恢复到默认状态。在程序不需要修改的时候，可以设计应用默认途径来重新启动，或者利用首次扫描位的功能。

所有的智能 I/O 模块，包括模拟量 I/O 模块，在进入编程模式后或者电源中断后都会丢失其组态数据，用户程序必须确认每次重新进入运行模式时，组态数据都能够被重新写入智能 I/O 模块。

在现场修改已经运行的程序时常被忽略的一个问题是未将 PLC 切换到编程模式，虽然这错误不难发现，但工程师在疏忽时，往往会误以为 PLC 发生了故障，因此可能耽误许多时间。另外，在 PLC 进行程序下载时，许多 PLC 是不允许进行电源中断的，因为这时旧的程序已经部分被改写，但新的程序又没有完全写完，如果电源中断，会造成 PLC 无法运行。这时，可能需要对 PLC 的底层软件进行重新装入，而许多厂家是不允许在现场进行这个操作的。大部分新的 PLC 已经将用户程序与 PLC 的系统程序分开了，可以避免这个问题。

第八章
三菱PLC与变频器的应用

第一节 认识变频器

变频器是应用变频技术与微电子技术，通过改变电动机工作电源频率方式来控制交流电动机的电力控制设备，简单来说就是通过改变频率来控制电动机速度。

变频器主要由整流（交流变直流）、滤波、逆变（直流变交流）、制动单元、驱动单元、检测单元、微处理单元等组成。变频器靠内部 IGBT 的开断来调整输出电源的电压和频率，根据电动机的实际需要来提供其所需的电源电压，进而达到节能、调速的目的，另外，变频器还有很多的保护功能，如过流、过压、过载保护等。

三菱变频器型号很多，目前在市场上用量最多的就是 A700 系列以及 E700 系列。A700 系列为通用型变频器，适合高启动转矩和高动态响应场合的使用。而 E700 系列则适合功能要求简单，对动态性能要求较低的场合使用，且价格较有优势。

三菱变频器都是大同小异，只要学会了一种，其他的就能够举一反三，以下简单介绍矢量重负载型变频器 FR-A740 系列。

三菱 FR-A740 变频器的外观和结构框图分别如图 8-1 和图 8-2 所示。操作面板如图 8-3 所示。主回路端子、输入信号端子、频率设定端子分别如表 8-1～表 8-3 所示。

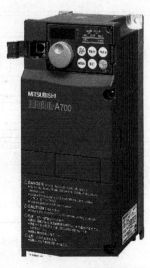

图8-1 FR-A740系列变频器外形图

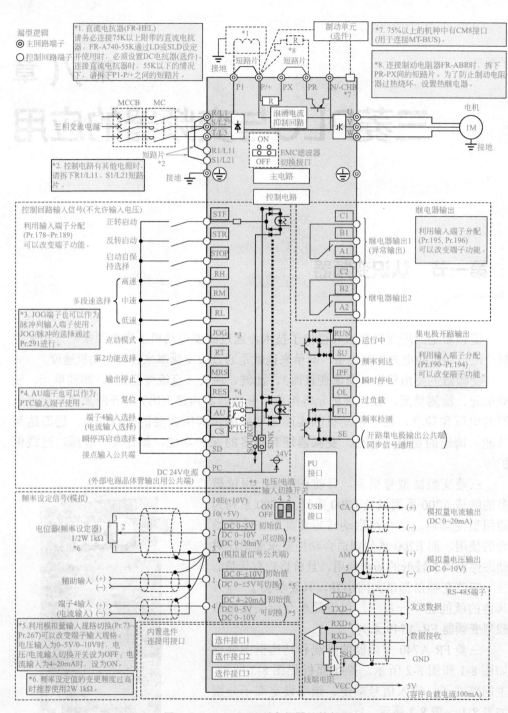

图8-2　FR-A740系列变频器结构框图

表8-1　主回路端子表

端子记号	端子名称	端子功能说明
R/L1 S/L2 T/L3	交流电源输入	连接工频电源 当使用高功率因数变流器（FR-HC，MT-HC）及共直流母线变流器（FR-CV）时不要连接任何东西
U，V，W	变频器输出	接三相鼠笼电机
R1/L11 S1/L21	控制回路用电源	与交流电源端子R/L1、S/L2相连。在保持异常显示或异常输出时，以及使用高功率因数变流器（FR-HC，MT-HC）、电源再生共通变流器（FR-CV）等时，请拆下端子R/L1-R1/L11、S/L2-S1/L21间的短路片，从外部对该端子输入电源。在主回路电源（R/L1，S/L2，T/L3）设为ON的状态下请勿将控制回路用电源（R1/L11，S1/L21）设为OFF，可能造成变频器损坏。控制回路用电源（R1/L11，S1/L21）为OFF的情况下，请在回路设计上保证主回路电源（R/L1，S/L2，T/L3）同时也为OFF <table><tr><td>变频器容量</td><td>15K以下</td><td>18.5K以上</td></tr><tr><td>电源容量</td><td>60V·A</td><td>80V·A</td></tr></table>
P/+，PR	制动电阻器连接 （22K以下）	拆下端子PR-PX间的短路片（7.5K以下），连接在端子P/+-PR间作为任选件的制动电阻器（FR-ABR） 22K以下的产品通过连接制动电阻，可以得到更大的再生制动力
P/+，N/−	连接制动单元	连接制动单元（FR-BU2，FR-BU，BU，MT-BU5）、共直流母线变流器（FR-CV）电源再生转换器（MT-RC）及高功率因素变流器（FR-HC，MT-HC）
P/+，P1	连接改善功率因数直流电抗器	对于55K以下的产品请拆下端子P/+-P1间的短路片，连接上DC电抗器［75K以上的产品已标准配备有DC电抗器，必须连接。FR-A740-55K通过LD或SLD设定并使用时，必须设置DC电抗器（选件）］
PR，PX	内置制动器回路连接	端子PX-PR间连接有短路片（初始状态）的状态下，内置的制动器回路为有效（7.5K以下的产品已配备）
⏚	接地	变频器外壳接地用。必须接大地

表8-2　输入信号端子表

端子记号	端子名称	端子功能说明		额定规格
STF	正转启动	STF信号处于ON便正转，处于OFF便停止	STF、STR信号同时ON时变成停止指令	输入电阻4.7kΩ，开路时电压DC 21～27V，短路时DC 4～6mA
STR	反转启动	SRT信号ON为逆转，OFF为停止		
STOP	启动自保持选择	使STOP信号处于ON，可以选择启动信号自保持		
RH，RM，RL	多段速度选择	用RH、RM和RL信号的组合可以选择多段速度		
JOG	点动模式选择	JOG信号ON时选择点动运行（初期设定），用启动信号（STF和STR）可以点动运行		
	脉冲列输入	JOG端子也可作为脉冲列输入端子使用。在作为脉冲列输入端子使用时，有必要变更Pr.291的设定值（最大输入脉冲数：100千脉冲/s）		输入电阻2kΩ，短路时DC 8～13mA
RT	第2功能选择	RT信号ON时，第2功能被选择 设定了第2转矩提升第2基准频率时也可以使RT信号处于ON选择这些功能		输入电阻4.7kΩ，开路时电压DC 21～27V，短路时DC 4～6mA
MRS	输出停止	MRS信号为ON（20ms以上）时，变频器输出停止。 用电磁制动停止电机时用于断开变频器的输出		

续表

端子记号	端子名称	端子功能说明	额定规格
RES	复位	复位用于解除保护回路动作的保持状态 使端子RES信号处于ON在0.1s以上，然后断开 工厂出厂时，通常设置为复位。根据Pr.75的设定，仅 在变频器报警发生时可能复位。复位解除后约1s恢复	输入电阻4.7kΩ， 开路时电压DC 21～27V，短路时 DC 4～6mA
AU	端子4输入选择	只有把AU信号置为ON时端子4才能用（频率设定信 号在DC 4～20mA之间可以操作）。AU信号置为ON时 端子2（电压输入）的功能将无效	
	PTC输入	AU端子也可以作为PTC输入端子使用（保护电机的 温度）。用作PTC输入端子时要把AU/PTC切换开关切 换到PTC侧	
CS	瞬停再启动选择	CS信号预先处于ON，瞬时停电再恢复时变频器便可 自动启动。但用这种运行必须设定有关参数，因为出厂 设定为不能再启动	
SD	接点输入公共端 （漏型）（初始设定）	接点输入端子（漏型逻辑）和端子FM的公共端子	—
	外部晶体管公共端 （源型）	在源型逻辑时连接可编程控制器等的晶体管输出（开 放式集电器输出）时，将晶体管输出用的外部电源公共 端连接到该端子上，可防止因漏电而造成的误动作	
	DC 24V电源公共端	DC 24V、0.1A电源（端子PC）的公共输出端子 端子5和端子SE绝缘	
PC	外部晶体管公共端 （漏型）（初始设定）	在漏型逻辑时连接可编程控制器等的晶体管输出（开 放式集电器输出）时，将晶体管输出用的外部电源公共 端连接到该端子上，可防止因漏电而造成的误动作	电源电压范围 DC 19.2～28.8V， 容许负载电流100mA
	接点输入公共端 （源型）	接点输入端子（源型逻辑）的公共端子	
	DV 24V电源	可以作为DC 24V、0.1A的电源使用	

表8-3 频率设定端子表

端子记号	端子名称	端子功能说明	额定规格
10E	频率设定用 电源	按出厂状态连接频率设定电位器时，与端子10连接 当连接到10E时，请改变端子2的输入规格	DC 10V容许负载电流10mA
10			DC 5V容许负载电流10mA
2	频率设定 （电压）	如果输入DC 0～5V（或0～10V，0～20mA），当输入5V （10V，20mA）时成最大输出频率，输出频率与输入成正 比。DC 0～5V（出厂值）与DC 0～10V，0～20mA的输入 切换用Pr.73进行控制。电流输入为0～20mA时，电流/电压 输入切换开关设为ON	电压输入的情况下，输入电 阻10kΩ±1kΩ 最大许可电压DC 20V 电流输入的情况下，输入电 阻245Ω±5Ω 最大许可电流30mA
4	频率设定 （电流）	如果输入DC 4～20mA（或0～5V，0～10V），当20mA 时成最大输出频率，输出频率与输入成正比。只有AU信号 置为ON时此输入信号才会有效（端子2的输入将无效）。 4～20mA（出厂值），DC 0～5V，DC 0～10V的输入切换 用Pr.267进行控制。电压输入为0～5V/0～10V时，电压/电 流输入切换开关设为OFF。端子功能的切换通过Pr.858进行 设定	电压/电流输入 切换开关 开关1 开关2

续表

端子记号	端子名称	端子功能说明	额定规格
1	辅助频率设定	输入DC 0～±5V或DC 0～±10V时，端子2或4的频率设定信号与这个信号相加，用参数单元Pr.73进行输入0～±5VDC或0～±10VDC（出厂设定）的切换 通过Pr.868进行端子功能的切换	输入电阻10kΩ±1kΩ，最大许可电压DC±20V
5	频率设定公共端	频率设定信号（端子2，1或4）和模拟输出端子CA、AM的公共端子，请不要接大地	—

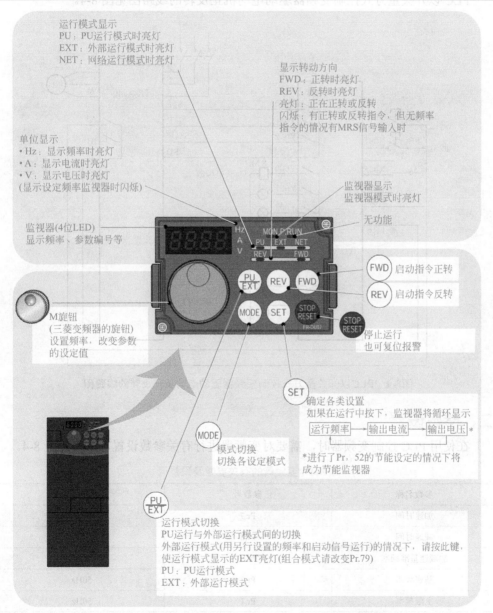

运行模式显示
PU：PU运行模式时亮灯
EXT：外部运行模式时亮灯
NET：网络运行模式时亮灯

显示转动方向
FWD：正转时亮灯
REV：反转时亮灯
亮灯：正在正转或反转
闪烁：有正转或反转指令，但无频率指令的情况有MRS信号输入时

单位显示
·Hz：显示频率时亮灯
·A：显示电流时亮灯
·V：显示电压时亮灯
（显示设定频率监视器时闪烁）

监视器显示
监视器模式时亮灯

监视器（4位LED）
显示频率、参数编号等

无功能

FWD 启动指令正转
REV 启动指令反转

M旋钮
（三菱变频器的旋钮）
设置频率，改变参数的设定值

STOP RESET
停止运行
也可复位报警

SET 确定各类设置
如果在运行中按下，监视器将循环显示
运行频率 → 输出电流 → 输出电压*
*进行了Pr.52的节能设定的情况下将成为节能监视器

MODE 模式切换
切换各设定模式

PU EXT 运行模式切换
PU运行与外部运行模式间的切换
外部运行模式（用另行设置的频率和启动信号运行）的情况下，请按此键，使运行模式显示的EXT亮灯（组合模式请改变Pr.79）
PU：PU运行模式
EXT：外部运行模式

图8-3　操作面板图

227

第二节　PLC以开关量方式控制变频器应用实例一

一、硬件接线图

PLC以开关量方式控制变频器驱动电动机正反转的线路图见图8-4。

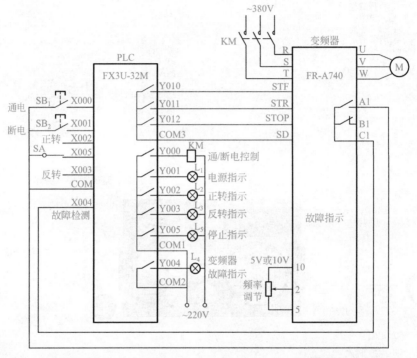

图8-4　PLC以开关量方式控制变频器驱动电动机正反转的线路图

二、参数设置

在使用PLC控制变频器时，需要对变频器进行有关参数设置，具体见表8-4。

表8-4　变频器的有关参数及设置值

参数名称	参数号	设置值
加速时间	Pr.7	5s
减速时间	Pr.8	3s
加减速基准频率	Pr.20	50Hz
基底频率	Pr.3	50Hz
上限频率	Pr.1	50Hz

续表

参数名称	参数号	设置值
下限频率	Pr.2	0Hz
运行模式	Pr.79	2

三、软件编程

变频器有关参数设置好后，还要用编程软件编写相应的 PLC 控制程序并下载给 PLC。PLC 控制变频器驱动电动机正反转及停止的 PLC 程序如图 8-5 所示。

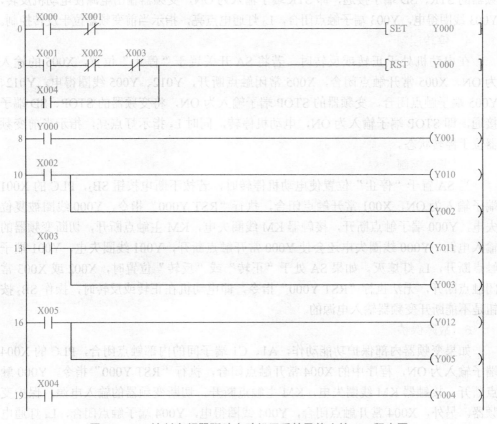

图8-5 PLC控制变频器驱动电动机正反转及停止的PLC程序图

我们来说明 PLC 以开关量方式变频器驱动电动机正反转的工作原理。

1. 通电控制

当按下通电按钮 SB₁ 时，PLC 的 X000 端子输入为 ON，X000 常开触点闭合，X001 输入为 OFF，X001 常闭触点闭合，Y000 线圈得电，Y000 端子触点闭合，接触器 KM 线圈得电，KM 主触点闭合，380V 的三相交流电被送到变频器的 R、S、T 端，Y000 线圈得电，Y000 常开触点闭合，Y001 线圈得电，Y001 端子触点闭合，L₁ 灯通电点亮，指示电源打开。

2. 正转控制

将三挡开关 SA 置于"正转"位置时，PLC 的 X002 端子输入为 ON，X002 常开触点闭合，Y010、Y002 线圈均得电，Y010 线圈得电，Y010 端子触点闭合，将变频器的 STF、SD 端子接通，即 STF 端子输入为 ON，变频器输出电源使电动机正转，Y002 线圈得电，Y002 端子触点闭合，L_2 灯通电点亮，指示当前变频器位于正转控制。

3. 反转控制

将三挡开关 SA 置于"反转"位置时，PLC 的 X003 端子输入为 ON，X003 常开触点闭合，Y011、Y003 线圈均得电，Y011 线圈得电，Y011 端子触点闭合，将变频器的 STR、SD 端子接通，即 STR 端子输入为 ON，变频器输出电源使电动机反转，Y003 线圈得电，Y003 端子触点闭合，L_3 灯通电点亮，指示当前变频器位于反转控制。

4. 停转控制

在电动机处于正转或反转时，若将 SA 开关置于"停止"位置，X005 的输入为 ON，X005 常开触点闭合，X005 常闭触点断开，Y012、Y005 线圈得电，Y012、Y005 端子触点闭合，变频器的 STOP 端子输入为 ON，将变频器的 STOP、SD 端子接通，即 STOP 端子输入为 ON，电动机停转，同时 L_5 指示灯点亮，指示当前变频器位于停转状态。

5. 断电控制

当 SA 置于"停止"位置使电动机停转时，若按下断电按钮 SB_2，PLC 的 X001 端子输入为 ON，X001 常开触点闭合，执行"RST Y000"指令，Y000 线圈被复位失电，Y000 端子触点断开，接触器 KM 线圈失电，KM 主触点断开，切断变频器的输入电源，Y000 线圈失电还会使 Y000 常开触点断开，Y001 线圈失电，Y001 端子触点断开，L_1 灯熄灭。如果 SA 处于"正转"或"反转"位置时，X002 或 X003 常闭触点断开，无法执行"RST Y000"指令，即电动机在正转或反转时，操作 SB_2 按钮是不能断开变频器输入电源的。

6. 故障保护

如果变频器内部保护功能动作，A1、C1 端子间的内部触点闭合，PLC 的 X004 端子输入为 ON，程序中的 X004 常开触点闭合，执行"RST Y000"指令，Y000 触点断开，接触器 KM 线圈失电，KM 主触点断开，切断变频器的输入电源，保护变频器。另外，X004 常开触点闭合，Y004 线圈得电，Y004 端子触点闭合，L_4 灯通电点亮，指示当前变频器位于故障状态。

第三节　PLC以开关量方式控制变频器应用实例二

变频器可以连续调速，也可以分挡调速，FR-740 变频器有 RH（高速）、RM（中速）和 RL（低速）三个控制端子，通过这三个端子的组合输入，可以实现 7 挡转速控制。如果将 PLC 的输出端子与变频器这些端子连接，就可以用 PLC 控制变频器来驱动电动机多挡转速运行。

一、硬件接线图

PLC 以开关量方式控制变频器驱动电动机多挡转速运行的线路图如图 8-6 所示。

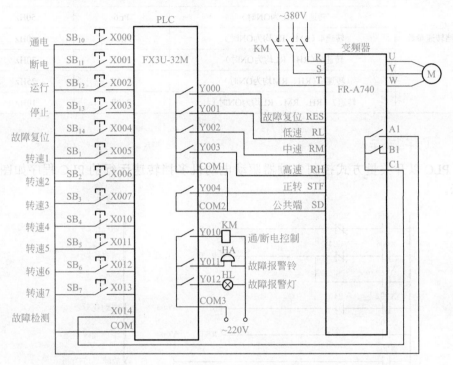

图8-6 PLC以开关量方式控制变频器驱动电动机多挡转速运行的线路图

二、参数设置

在用 PLC 对变频器进行多挡转速控制时，需要对变频器进行有关参数设置，参数可分为基本运行参数和多挡转速参数，具体见表 8-5。

表8-5 变频器的有关参数及设置值

分类	参数名称	参数号	设定值
基本运行参数	转矩提升	Pr.0	5%
	上限频率	Pr.1	50Hz
	下限频率	Pr.2	5Hz
	基底频率	Pr.3	50Hz
	加速时间	Pr.7	5s
	减速时间	Pr.8	4s

续表

分类	参数名称	参数号	设定值
基本运行参数	加减速基准频率	Pr.20	50Hz
	操作模式	Pr.79	2
多挡转速参数	转速1（RH为ON时）	Pr.4	15Hz
	转速2（RM为ON时）	Pr.5	20Hz
	转速3（RL为ON时）	Pr.6	50Hz
	转速4（RM、RL均为ON时）	Pr.24	40Hz
	转速5（RH、RL均为ON时）	Pr.25	30Hz
	转速6（RH、RM均为ON时）	Pr.26	25Hz
	转速7（RH、RM、RL均为ON时）	Pr.27	10Hz

三、软件编程

PLC 以开关量方式控制变频器驱动电动机多挡转速运行的 PLC 程序如图 8-7 所示。

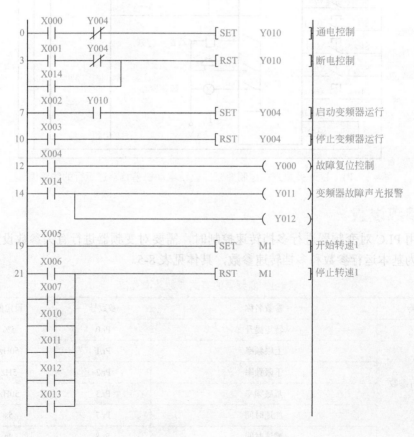

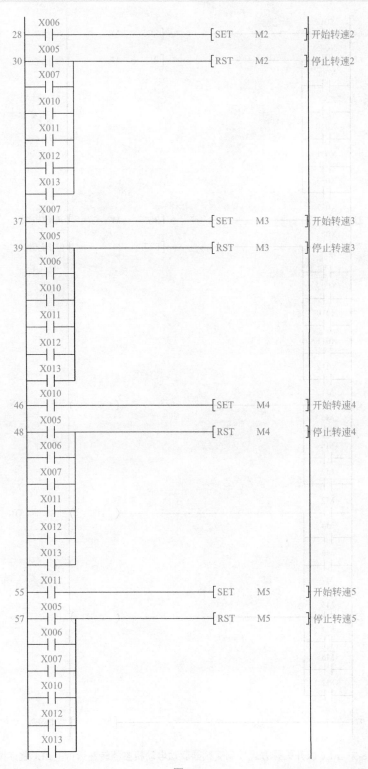

图8-7

```
       X012
64  ───┤├──────────────────────────────[SET    M6  ]│开始转速6
       X005
66  ───┤├──────────────────────────────[RST    M6  ]│停止转速6
       X006
    ───┤├───
       X007
    ───┤├───
       X010
    ───┤├───
       X011
    ───┤├───
       X013
    ───┤├───

       X013
73  ───┤├──────────────────────────────[SET    M7  ]│开始转速7
       X005
75  ───┤├──────────────────────────────[RST    M7  ]│停止转速7
       X006
    ───┤├───
       X007
    ───┤├───
       X010
    ───┤├───
       X011
    ───┤├───
       X012
    ───┤├───

       M1
82  ───┤├──────────────────────────────( Y003 )│让RH端为ON
       M5
    ───┤├───
       M6
    ───┤├───
       M7
    ───┤├───

       M2
87  ───┤├──────────────────────────────( Y002 )│让RM端为ON
       M4
    ───┤├───
       M6
    ───┤├───
       M7
    ───┤├───

       M3
92  ───┤├──────────────────────────────( Y001 )│让RL端为ON
       M4
    ───┤├───
       M6
    ───┤├───
       M7
    ───┤├───

97  ─────────────────────────────────────[ END ]│结束程序
```

图8-7　PLC以开关量方式控制变频器驱动电动机多挡转速运行的PLC程序图

下面来说明 PLC 以开关量方式控制变频器驱动电动机多挡转速运行的工作原理。

1. 通电控制

当按下通电按钮 SB_{10} 时，PLC 的 X000 端子输入为 ON，X000 常开触点闭合，"SET Y010"指令执行，线圈 Y010 被置 1，T010 端子触点闭合，接触器 KM 线圈得电，KM 主触点闭合，将 380V 的三相交流电送到变频器的 R、S、T 端。

2. 断电控制

当按下断电按钮 SB_{11} 时，PLC 的 X001 端子输入为 ON，X001 常开触点闭合，"RST Y010"指令执行，线圈 Y010 被复位失电，Y010 端子触点断开，接触器 KM 线圈失电，KM 主触点断开，切断变频器 R、S、T 的输入电源。

3. 启动变频器运行

当按下运行按钮 SB_{12} 时，PLC 的 X002 端子输入为 ON，X002 常开触点闭合，由于 Y010 线圈已得电，因此它使 Y010 常开触点处于闭合状态。"SET Y004"指令执行，Y004 线圈被置 1 而得电，Y004 端子触点闭合，将变频器 STF、SD 端子接通，即 STF 端子输入为 ON，变频器电源启动电动机正向运转。

4. 停止变频器运行

当按下停止按钮 SB_{13} 时，PLC 的 X003 端子输入为 ON，X003 常开触点闭合，"SRT Y004"指令执行，Y004 线圈被复位而失电，Y004 端子触点断开，将变频器的 STF、SD 端子断开，即 STF 端子输入为 OFF，变频器停止输出电源，电动机停转。

5. 故障报警及复位

如果变频器内部出现异常而导致保护电路动作时，A、C 端子间的内部触点闭合，PLC 的 X014 端子输入为 ON，程序中的 X014 常开触点闭合，Y011、Y012 线圈得电，Y011、Y012 端子触点闭合，报警铃和报警灯均得电而发出声光报警，同时 X014 常开触点闭合，"RST Y010"指令执行，线圈 Y010 被复位失电，Y010 端子触点断开，接触器 KM 线圈失电，KM 主触点断开，切断变频器 R、S、T 端的输入电源。变频器故障排除后，当按下故障按钮 SB_{14} 时，PLC 的 X004 端子输入为 ON，X004 常开触点闭合，Y000 线圈得电，变频器的 RES 端输入为 ON，解除保护电路的保护状态。

6. 转速 1 控制

变频器启动运行后，按下按钮 SB_1（转速 1），PLC 的 X005 端子输入为 ON，X005 常开触点闭合，"SET M1"指令执行，线圈 M1 被置 1，M1 常开触点闭合，Y003 线圈得电，Y003 端子触点闭合，变频器的 RH 端输入为 ON，让变频器输出转速 1 设定频率的电源驱动电动机运转。按下 $SB_2 \sim SB_7$ 中的某个按钮，会使 X006 ～ X013 中的某个常开触点闭合，"SRT M1"指令执行，线圈 M1 被复位失电，M1 常开触点断开，Y003 线圈失电，Y003 端子触点断开，变频器的 RH 端输入为 OFF，停止转速 1 运行。

7. 转速 4 控制

按下按钮 SB_4（转速 4），PLC 的 X010 端子输入为 ON，X010 常开触点闭合，

"SET M4" 指令执行,线圈 M4 设置 1,M4 常开触点闭合,Y002、Y001 线圈均得电,Y002、Y001 端子触点均闭合,变频器的 RM、RL 端输入均为 ON,让变频器输出转速 4 设定频率的电源驱动电动机运转。按下 SB1～SB3 或 SB5～SB7 中的某个按钮,会使 X005～X007 或 X011～X013 中的某个常开触点闭合,"RST M4" 指令执行,线圈 M4 被复位失电,M4 常开触点断开,Y002、Y001 线圈均失电,Y002、Y001 端子内部触点均断开,变频器的 RM、RL 端输入均为 OFF,停止转速 4 运行。

其他转速控制与上述转速控制过程类似,这里不再叙述。RH、RM、RL 端输入状态与对应的转速关系如图 8-8 所示。

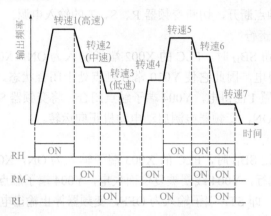

图8-8　变频器RH、RM、RL端输入状态与对应的电动机转速关系

第四节　PLC以模拟量方式控制变频器应用实例

变频器有一些电压和电流模拟量输入端子,改变这些端子的电压或电流输入值可以改变电动机的转速,如果将这些端子与 PLC 的模拟量输出端子连接,就可以利用 PLC 模拟量模块控制变频器来调节电动机的转速。模拟量是一种连续变化的量,利用模拟量控制功能可以使电动机的转速连续变化(无级变速)。

下面以中央空调冷却水流量控制介绍模拟量控制变频器。

1. 组成原理图

中央空调系统的组成如图 8-9 所示。

中央空调系统由三个循环系统组成,分别是制冷剂循环系统、冷却水循环系统和冷冻水循环系统。

（1）制冷剂循环系统工作原理　压缩机从进气口吸入制冷剂,在内部压缩后排出高温高压的气态制冷剂进入冷凝器。冷凝器浸在冷却水中,冷凝器中的制冷剂被冷却后，得到低温高压的液态制冷剂，然后经膨胀阀进入蒸发器。由于蒸发器管道空间大，液态制冷剂压力减小，马上汽化成气态制冷剂。制冷剂在由液态变成气态时会吸收大量的热量，蒸发器管道因被吸热而温度降低，由于蒸发器浸在水中，水的温度也因此而下降，蒸发器出来的低温低压的气态制冷剂被压缩机吸入，压缩成高温高压的气态制冷剂又进入冷凝器，开始下一次循环过程。

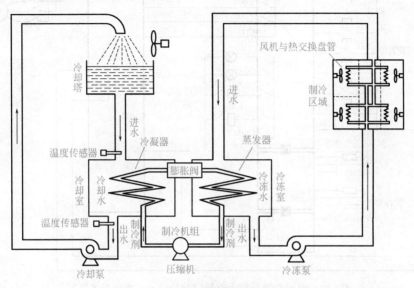

图8-9 中央空调系统的组成

（2）冷却水循环系统工作原理 冷却塔内的水流入制冷机组的冷却室，高温冷凝器往冷却水散热，使冷却水温度上升，升温的冷却水被冷却泵抽吸并排往冷却塔，水被冷却后流进冷却塔，然后又流入冷却室，开始下一次冷却水循环。冷却室的出水温度要高于进水温度，两者存在温差，出进水温差大小反映冷弹簧器产生的热量多少，冷凝器产生的热量越多，出水温度越高，出进水温差越大。为了能带走冷凝器更多的热量来提高制冷机组的制冷效率，当出进水温差较大时，应提高冷却泵电动机的转速，加快冷却室内水的流速来降低水温，使出进水温差减小，实际运行中，出进水温差应控制在 3～5℃范围内。

（3）冷冻水循环系统工作原理 制冷区域的热交换盘管中的水进入制冷机的冷冻室，经蒸发器冷却后水温降低，低温水被冷冻泵吸并排往制冷区域的各个热交换盘管，在风机作用下，空气通过低温透管时温度下降，使制冷区域的室内空气温度下降，热交换盘管内的水温则会升高，从盘管中流出的升温水汇集后不进入冷冻室，被低温蒸发器冷却后，再经冷冻泵后吸并排往制冷区域的各个热交换盘管，开始下一次冷冻水循环。

2. 硬件接线图

中央空调冷却水流量控制的 PLC 与变频器线路图如图 8-10 所示。

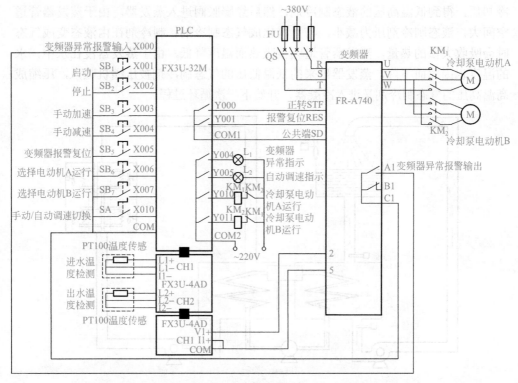

图8-10 中央空调冷却水流量控制的PLC与变频器线路图

3. 变频器参数的设置

为了满足控制和运行要求，需要对变频器一些参数进行设置。变频器需设置的参数及参数值见表8-6。

表8-6 变频器的有关参数及设置值

参数名称	参数号	设置值
加速时间	Pr.7	3s
减速时间	Pr.8	3s
基底频率	Pr.3	50Hz
上限频率	Pr.1	50Hz
下限频率	Pr.2	30Hz
运行模式	Pr.79	2（外部操作）
0～5V和0～10V调频电压选择	Pr.73	0（0～10V）

4. 软件编程

中央空调冷却水流量控制的 PLC 程序由 D/A 转换程序、温差检测与自动调速程序、手动调速程序、变频器启/停/报警及电动机选择程序组成。

（1）D/A 转换程序 D/A 转换程序的功能是将 PLC 指定存储单元中的数字量转

换成模拟量并输出到变频器的调速端子，FX3U-4DA 模块将 PLC 的 D100 单元中的数字量转换成 0 ~ 10V 电压传送变频器的 2、5 端子。

D/A 转换程序如图 8-11 所示。

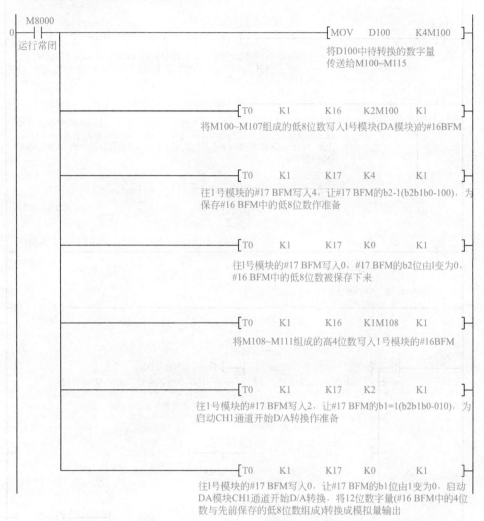

图8-11　D/A转换程序

（2）温差检测与自动调速程序　温差检测与自动调速程序如图 8-12 所示，温度检测模块（FX3U-4AD-PT-ADP）将出水和进水温度传感器检测到的温度值转换成数字量温度值，分别存入 D21 和 D20，两者相减后得到温差值存入 D25。在自动调速方式时，PLC 每隔 4s 检测一次温差，如果温差值＞5℃，自动将 D100 中的数字量提高 40，转换成模拟量去控制变频器，使之频率提升 0.5Hz，冷却泵电动机转速随之加快，如果温差值＜4.5℃，自动将 D100 中的数字量减小 40，使变频器的频率降低 0.5Hz，冷却泵电动机转速随之降低，如果 4.5℃≤温差值≤5℃，D100 中的数字量保持不变，变频器的频率不变，冷却泵电动机转速也不变。为了将变频器的频率限制在 30～50Hz，程序将 D100 的数字量限制在 2400～4000 范围内。

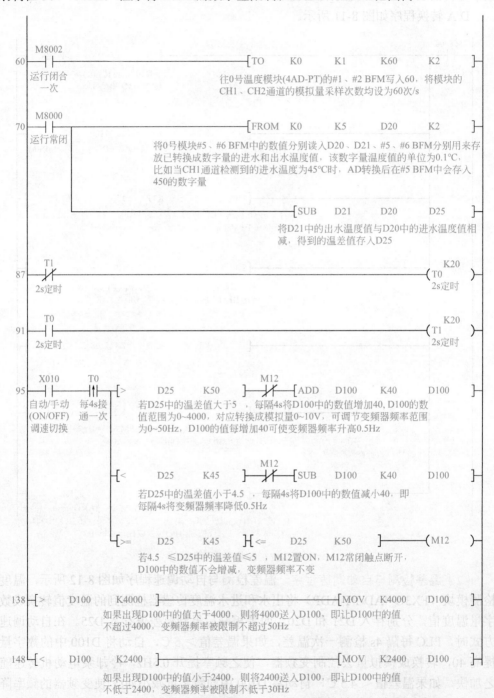

图8-12　温差检测与自动调速程序

（3）手动调速程序　手动调速程序如图 8-13 所示。在手动调速方式时，X003 触点每闭合一次，D100 中的数字量就增加 40，由 DA 模块转换成模拟量后使变频器频率提高 0.5Hz，X004 触点每闭合一次，D100 中的数字量就减小 40，由 DA 模块转换成模拟量后使变频器频率降低 0.5Hz，为了将变频器的频率限制在 30 ～ 50Hz，程序将 D100 的数字量限制在 2400 ～ 4000 范围内。

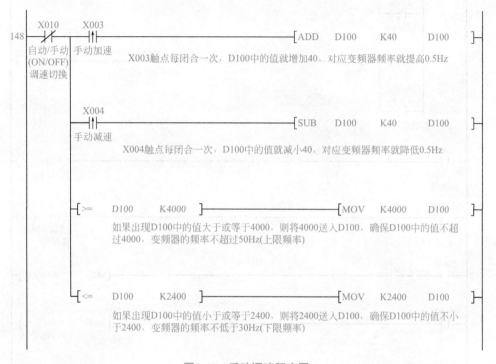

图8-13　手动调速程序图

（4）变频器启 / 停 / 报警及电动机选择程序　变频器启 / 停 / 报警及电动机选择程序如图 8-14 所示。下面来说明该程序工作原理。

① 变频器启动控制　按下启动按钮 SB₁，PLC 的 X000 端子输入为 ON，程序中的 X001 常开触点闭合，将 Y000 线圈置 1，Y000 常开触点闭合，为选择电动机作准备，Y001 常闭触点断开，停止对 D100 复位。另外，PLC 的 Y000 端子触点闭合，变频器 STF 端子输入为 ON，启动变频器从 U、V、W 端子输出正转电源，正转电源频率由 D100 中的数字量决定，Y001 常闭触点断开停止 D100 复位后，自动调速程序的指令马上往 D100 写入 2400，D100 中的 2400 随之由 DA 程序转换成 6V 电压，送到变频器的 2、5 端子，使变频器输出的正转电源频率为 30Hz。

② 冷却泵电动机选择　按下选择电动机 A 运行的按钮 SB₆，X006 常开触点闭合，Y010 线圈得电，Y010 自锁触点闭合，锁定 Y010 线圈得电，同时 Y010 硬触点也闭合，Y010 端子外部接触 KM₁ 线圈得电，KM₁ 主触点闭合，将冷却泵电动机 A 与变

241

频器的 U、V、W 端子接通，变频器输出电源驱动冷却泵电动机 A 运行，SB₇ 按钮
用于选择电动机 B 运行，其工作过程与电动机 A 相同。

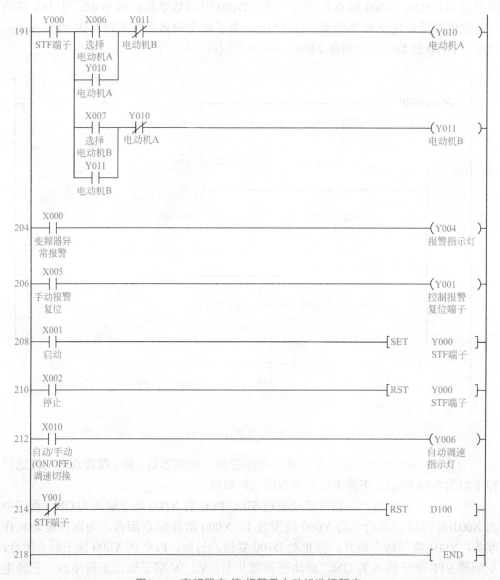

图8-14　变频器启/停/报警及电动机选择程序

③ 变频器停止控制　按下停止按钮 SB₂，PLC 的 X002 端子输入为 ON，程序中
的 X002 常开触点闭合，将 Y000 线圈复位，Y000 常开触点断开，Y010、Y011 线圈
均失电，KM₁、KM₂ 线圈失电，KM₁、KM₂ 主触点断开，将变频器与两个电动机 A
断开，Y001 常闭触点闭合，对 D100 复位；另外，PLC 的 Y000 端子触点断开，变
频器 STF 端子输入为 OFF，变频器停止 U、V、W 端子输出电压。

④ **自动调速控制** 将自动 / 手动调速切换开关闭合，选择自动调速方式，X010 常开触点闭合，Y006 线圈得电，Y006 硬触点闭合，Y006 端子外接指示灯通电点亮，指示当前为自动调速方式；X010 常开触点闭合，自动调速程序工作，系统根据检测到的出进水温差来自动改变用作调速的数字量，该数字量经 DA 模块转换成相应的模拟量电压，去调节变频器的输出电源频率，进而自动调节冷却泵电动机的转速；X010 常闭触点断开，手动调速程序不工作。

⑤ **手动调速控制** 将自动 / 手动调速切换开关断开，选择手动调速方式，X010 常开触点断开，Y006 线圈失电，Y006 硬触点断开，Y006 端子外接指示灯断电熄灭；X010 常开触点断开，自动调速程序不工作；X010 常闭触点闭合，手动调速程序工作。以手动加速控制为例，每按一次手动加速按钮 SB₃，X003 上升沿触点就接通一个扫描周期，ADD 指令就将 D100 中用作调速的数字量增加 40，经 DA 模块转换成模拟量电压，去控制变频器频率提高 0.5Hz。

⑥ **变频器报警及复位控制** 在运行时，如果变频器出现异常情况（如电动机出现短路导致变频器过流），其 A、C 端子内部的触点闭合，PLC 的 X000 端子输入为 ON，程序 X000 常开触点闭合，Y004 线圈得电，Y004 端子触点闭合，变频器异常报警指示灯 L₁ 通电点亮。排除异常情况后，按下变频器报警复位按钮 SB₅，PLC 的 X005 端子输入为 ON，程序 X005 常开触点闭合，Y001 端子触点闭合，变频器的 RES 端子（报警复位）输入为 ON，变频器内部报警复位，A、C 端子内部的触点断开，PLC 的 X000 端子输入为 OFF，最终使 Y004 端子外接报警指示灯 L₁ 断电熄灭。

第五节 三菱 PLC 与变频器通信应用实例（RS-485）

PLC 以开关量方式控制变频器时，需要占用较多的输出端子去连接变频器相应功能的输入端子，才能对变频器进行正转、反转和停止等控制，PLC 以模拟量方式控制变频器时，需要使用 DA 模块才能对变频器进行频率调速控制。如果 PLC 以 RS-485 通信方式控制变频器，只需一根 RS-485 通信电缆（内含 5 根芯线），直接将各种控制和调频命令送给变频器，变频器根据 PLC 通过 RS-485 通信电缆送来的指令就能执行相应的功能控制，十分方便。

RS-485 通信是目前工业控制广泛采用的一种通信方式，具有较强的抗干扰能力，其通信距离可达几十米至上千米。采用 RS-485 通信不但可以将两台设备连接起来进行通信，还可以将多台设备（最多可并联 32 台设备）连接起来构成分布式系统，进行相互通信。

一、变频器和PLC的RS-485通信口

1. 变频器的 RS-485 通信口

RS-485 端子排如图 8-15 所示。

- 遵守标准：EIA-485（RS-485）；
- 通信方式：多站点通信；
- 通信速度：最大 38400b/s；
- 最长距离：500m；
- 连接电缆：双绞线（4 对）。

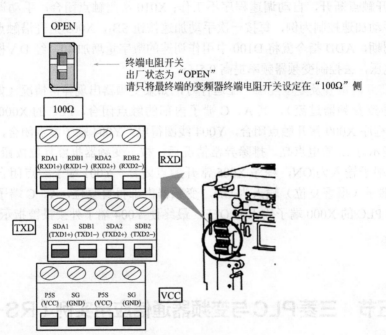

图8-15　变频器FR-A740的RS-485端子排

2. PLC 的 RS-485 通信口

PLC 的 RS-485 通信口如图 8-16 所示。

- 安装孔 2 ~ 4.0mm；
- 可编程控制器连接器；
- SD LED：发送时高速闪烁；
- RD LED：接收时高速闪烁；
- 连接 RS-485 单元的端子。

3. 单台变频器与 PLC 的 RS-485 通信连接

单台变频器与 PLC 的 RS-485 通信连接如图 8-17 所示。

多台变频器与 PLC 的 RS-485 通信连接如图 8-18 所示。

变频器在各类应用中都离不开最基本的设置：正转、停止、反转、调速。

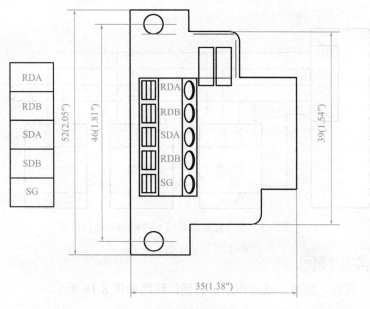

图8-16　PLC的RS-485通信口

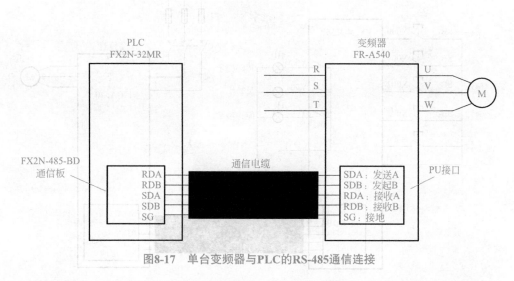

图8-17　单台变频器与PLC的RS-485通信连接

　　基本操作面板进行手动调速方法简单，对资源消耗少，但这种调速方法对于操作者来说比较麻烦，而且不容易实现自动控制，而 PLC 控制的多段调速和通信调速，就容易实现自动控制。通信调速既可实现无级调速，也可实现自动控制，应用灵活方便，FX 系列 PLC 与 FR-A740 变频器可采用 USB、Profibus、Devicenet、Modbus 等通信，以下介绍 FX 系列 PLC 与 FR-A740 变频器的 RS-485 通信。

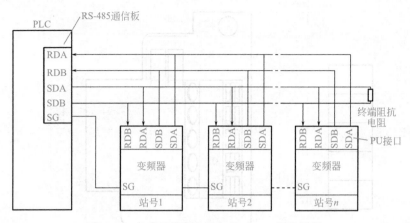

图8-18　多台变频器与PLC的RS-485通信连接

二、硬件接线图

正转、反转、加速、减速和停止的硬件线路如图 8-19 所示。

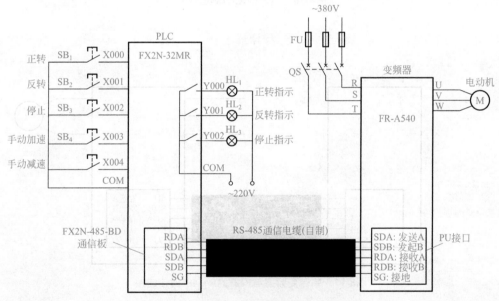

图8-19　PLC以RS-485通信方式控制变频器

三、通信协议

FX3U 与 FR-A740 变频器的通信采用无协议通信，无协议通信使用 RS 指令。
RS 指令格式如图 8-20 所示。

无协议通信中用到的软元件见表 8-7。

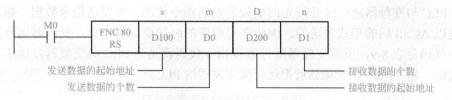

图8-20　RS指令格式

表8-7　无协议通信中用到的软元件

元件编号	名称	内容	属性
M8122	发送请求	置位后, 开始发送	读/写
M8123	接收结束标志	接收结束后置位, 此时不能再接收数据, 须人工复位	读/写
M8161	8位处理模式	在16位和8位数据之间切换接收和发送数据。ON时为8位模式, OFF时为16位模式	写

D8120 的通信格式见表 8-8。

表8-8　D8120 的通信格式

位编号	名称		内容	
			0 (位OFF)	1 (位ON)
b0	数据长度		7位	8位
b1、b2	奇偶校验		b2, b1 (0, 0): 无 (0, 1): 奇校验 (ODD) (1, 1): 偶校验 (EVEN)	
b3	停止位		1位	2位
b4~b7	波特率/(b/s)		b7, b6, b5, b4 (0, 0, 1, 1): 300 (0, 1, 0, 0): 600 (0, 1, 0, 1): 1200 (0, 1, 1, 0): 2400 (0, 1, 1, 1): 4800 (1, 0, 0, 0): 9600 (1, 0, 0, 1): 19200	
b8	报头		无	有
b9	报尾		无	有
b10~b12	控制线	无协议	b12, b11, b10 (0, 0, 0): 无 (RS-232C接口) (0, 0, 1): 普通模式 (RS-232C接口) (0, 1, 0): 相互链接模式 (RS-232C接口) (0, 1, 1): 调制解调器模式 (RS-232C接口) (1, 1, 1): RS-485通信 (RS-485/RS-422接口)	
		计算机链接		
b13	和校验		不附加	附加
b14	协议		无协议	专用协议
b15	控制顺序 (CR、LF)		不使用CR, LF (格式1)	使用CR, LF (格式4)

PLC 与变频器通信时必须先向变频器发送指令代码，再发送指令数据，指令代码是以 ACSII 码的形式发送的，因此在写程序的时候要特别注意。变频器运行监视指令代码见表 8-9，所谓变频器运行监视指令代码就是当 PLC 向变频器发送了对应的代码，如"H6F"，变频器就把运行频率发送给 PLC。

表8-9　变频器运行监视指令代码

序号	指令代码	读出内容	序号	指令代码	读出内容
1	H7B	运行模式	5	H7A	变频器状态监控
2	H6F	输出频率	6	H6E	读出设定频率EEPROM
3	H70	输出电流	7	H6D	读出设定频率RAM
4	H71	输出电压	8	H74	异常内容

变频器运行控制指令代码见表 8-10，所谓变频器运行控制指令代码就是当 PLC 向变频器发送了对应的代码，如"HFA"，PLC 就可以控制变频器的正转、反转和停止等。

表8-10　变频器运行控制指令代码

序号	指令代码	读出内容	序号	指令代码	读出内容
1	HFB	运行模式	5	HEE	写入设定频率EEPROM
2	HFC	清除全部参数	6	HED	写入设定频率RAM
3	HF9	运行指令（扩展）	7	HFD	复位
4	HFA	运行指令	8	HF3	特殊监控选择

变频器指令代码后续数据含义见表 8-11。

表8-11　变频器指令代码后续数据含义

项目	命令代码	位长	内容	举例说明
运行指令	HFA	8位	b0：AU（电流输入选择） b1：正转指令 b2：反转指令 b3：RL（低速指令） b4：RM（中速指令） b5：RH（高速指令） b6：RT（第2功能选择） b7：MRS（输出停止）	[例1]H02：正转 b7　　　　　　b0 0 0 0 0 0 0 1 0 [例2]H00：停止 b7　　　　　　b0 0 0 0 0 0 0 0 0
变频器状态监视器	H7A	8位	b0：RUN（变频器运行中） b1：正转中 b2：反转中 b3：SU（频率到达） b4：OL（过负载） b5：IPF（瞬时停电） b6：FU（频率检测） b7：ABC1（异常）	[例1]H02：正转运行中 b7　　　　　　b0 0 0 0 0 0 0 1 0 [例2]H80：因为发生异常而停止 b7　　　　　　b0 0 0 0 0 0 0 1 0

续表

项目	命令代码	位长	内容	举例说明
读取设定频率（RAM）	H6D	16位	在RAM或EEPROM中读取设定频率/旋转数 H0000～HFFFF：设定频率，单位0.01Hz	
读取设定频率（EEPROM）	H6E			
写入设定频率（RAM）	HED	16位	在RAM或EEPROM中写入设定频率/旋转数 H0000～H9C40（0～400.00Hz）：频率，单位0.01Hz（16进制） H0000～H270E（0～9998）：旋转数，单位r/min	
写入设定频率（EEPROM）	HEE			

PLC 到变频器通信的数据格式如图 8-21 所示，共 12 个字节，分别是控制代码占 1 个字节，站号占 2 个字节，命令代码占 2 个字节，等待时间占 1 个字节，数据位占 4 个字节，总校验和占 2 个字节。

PLC→变频器	ENQ	站号		命令代码		等待时间	数据				总和校验代码	
16进制		0	0	F	A	1	0	0	0	2	D	A
ASCII码	H05	H30	H30	H46	H41	H31	H30	H30	H30	H32	H44	H41

图8-21 PLC到变频器通信的数据格式

控制代码是通信数据的表头，其含义见表 8-12 所示。

表8-12 控制代码

信号名	ASCII码	内容
STX	H02	Start Of Text（数据开始）
ETX	H03	End Of Text（数据结束）
ENQ	H05	Enquiry（通信要求）
ACK	H06	Acknowledge（无数据错误）
LF	H0A	Line Feed（换行）
CR	H0D	Carriage Return（回车）
NAK	H15	Negative Acknowledge（有数据错误）

通过任意设定命令代码能够进行各种运行、监视。

显示对变频器的频率、参数等进行写入、读取的数据，对应命令代码设定数据的含义及范围。

等待时间是变频器从计算机接收数据后，到发送返回数据的等待时间。等待时间对应计算机的可能应答时间，在 0 ～ 150ms 的范围内以 10ms 为单位进行设定（例如，1 表示 10ms，2 表示 20ms）。

对象数据的 ASCII 代码变换后以代码、二进制码叠加后，其结果（求和）的后 1 字节（8 位）变换为 ASCII2 位（16 进制），称为求和校验码。

变频器到 PLC 通信的数据格式如图 8-22 所示，共 10 个字节，分别是控制代码占 1 个字节，站号占 2 个字节，数据位占 4 个字节，数据结束位占 1 个字节，总校验和占 2 个字节。

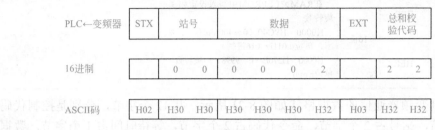

图8-22　变频器到PLC通信的数据格式

四、软件编程

程序梯形图如图 8-23 所示。

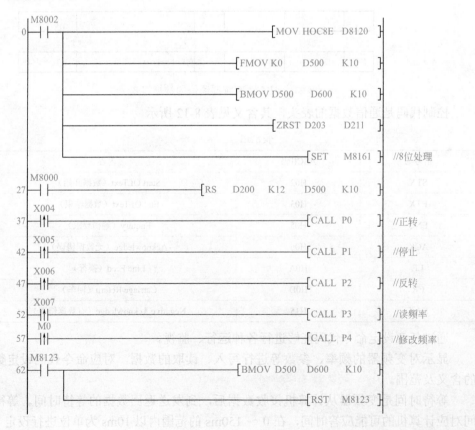

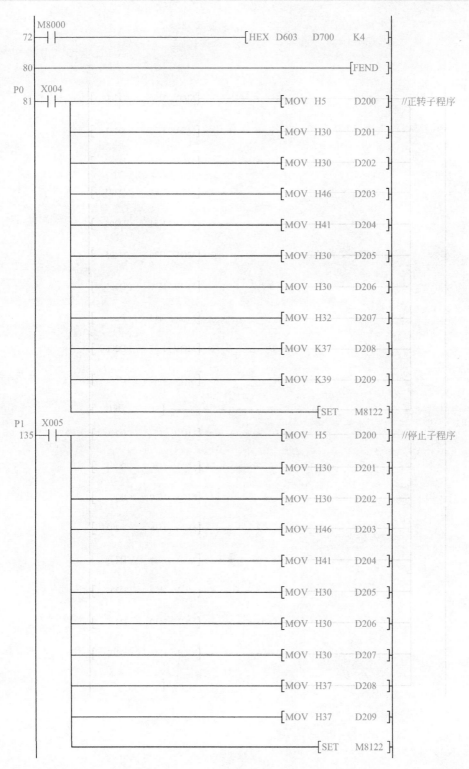

图8-23

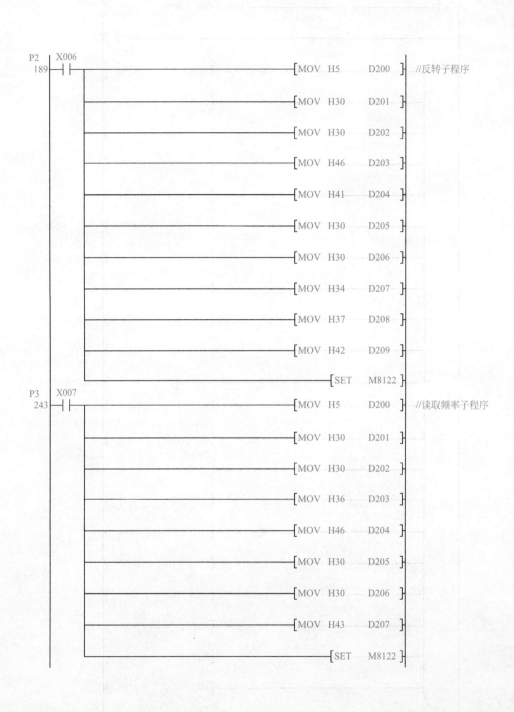

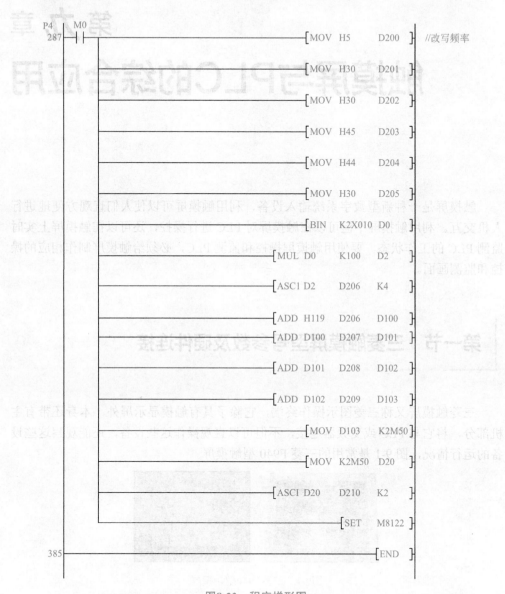

图8-23　程序梯形图

第九章
触摸屏与PLC的综合应用

触摸屏是一种新型数字系统输入设备，利用触摸屏可以使人们直观方便地进行人机交互。利用触摸屏不但可以在触摸屏对 PLC 进行操控，还可以在触摸屏上实时监测 PLC 的工作状态。要使用触摸屏操控和监测 PLC，必须给触摸屏制作相应的操控和监测画面。

第一节　三菱触摸屏型号参数及硬件连接

三菱触摸屏又称三菱图示操作终端，它除了具有触摸显示屏外，本身还带有主机部分，将它与 PLC 或变频器连接，不但可以直观操作这些设备，还能观察这些设备的运行情况，图 9-1 是常用的三菱 F940 型触摸屏。

图9-1　三菱F940型触摸屏

一、参数规格

三菱触摸屏型号众多，现在市场上主要使用的有 GT1150 系列、GT1155 系列、GT1175 系列、GT1575 系列、GT1585 系列、GT1595 系列、A970GOT 系列、A975GOT 系列、A985GOT 系列、F930GOT 系列、F940GOT 系列，表 9-1 为三菱F900GOT 系列触摸屏部分参数规格。

表9-1　三菱F900GOT系列触摸屏部分参数规格

项目		规格			
		F930GOT-BWD F943GOT-LWD	F940GOT-LWD F943GOT-LWD	F940GOT-SWD F943GOT-SWD	F940WGOT-TWD
显示元件	LCD类型	STN型全点阵LCD			TFT型全点阵LCD
	点距 （水平×垂直）	0.47mm×0.47mm	0.36mm×0.36mm		0.324mm×0.375mm
	显示颜色	单色（蓝/白）	单色（黑/白）	8色	256色
	屏幕	"240×80点"液晶有效显示尺寸：117mm×42mm（4in①型）	"320×240点"液晶有效显示尺寸：115mm×86mm（6in型）		"480×234点"液晶有效显示尺寸：155.5mm×87.8mm（7in型）
键	所有键数	每屏最大触摸键目为50			
	配置 （水平×垂直）	"15×4"矩阵配置	"20×12"矩阵配置		"30×12"矩阵配置（最后一列包括14点）
接口	RS-422	符合RS-422标准，单通道，用于PLC通信（F943GOT没有RS-422接头）			
	RS-232C	符合RS-232C标准，单通道，用于画面数据传送（F940GOT符合RS-232C标准，双通道，用于画面数据传送和PLC通道）			符合RS-232C标准，双通道，用于画面数据传送和PLC通信
画面数量		用户创建画面：最多500个画面（画面编号No.0～No.499） 系统画面：25个画面（画面编号No.1001～No.1030）			
用户存储器容量		256KB	512KB		1MB

① 1in=2.54cm。

二、型号含义

三菱F900触摸屏的型号含义如图9-2所示。

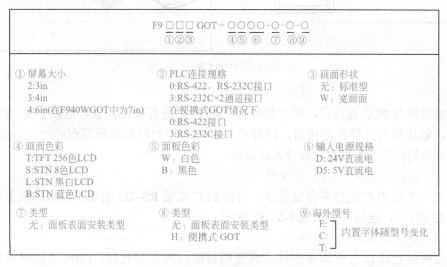

图9-2　三菱F900触摸屏的型号含义

三、触摸屏与PLC等硬件设备的连接

（1）单台触摸屏与PLC、计算机的连接

单台触摸屏与PLC、计算机等设备连接方法如图9-3（a）所示，F900GOT触摸屏有RS-422和RS-232C两种接口，RS-422接口可直接与PLC的RS-422接口连接，RS-232C接口可与计算机、打印机或条形码阅读器连接（只能选连一个设备）。

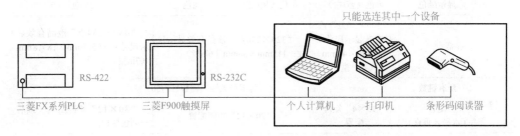

(a) 单台触摸屏与PLC、计算机等设备的连接

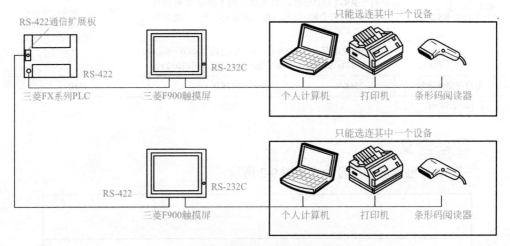

(b) 多台触摸屏与PLC等设备的连接

图9-3　触摸屏与硬件设备的连接

触摸屏与PLC连接后，可在触摸屏上对PLC进行操控，也可监视PLC内部的数据；触摸屏与计算机连接后，计算机可将编写好的触摸屏画面程序送入触摸屏，触摸屏中的程序和数据也可被读入计算机。

（2）多台触摸屏与PLC的连接

如果需要PLC连接多台触摸屏，可给PLC安装RS-422通信扩展板（板上带有RS-422接口），连接方法如图9-3（b）所示。

（3）触摸屏与变频器的连接

触摸屏也可以与变频器连接，对变频器进行操作和监控，F900触摸屏可通过

RS-422 接口直接与含有 PU 接口或安装了 FR-A5NR 选件的三菱变频器连接。一台触摸屏可与多台变频器连接，连接方法如图 9-4 所示。

0号站
1号站
9号站
…
三菱F900触摸屏
变频器
变频器
变频器
FREQROL系列变频器

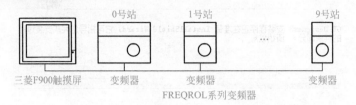

图9-4　一台触摸屏与多台变频器的连接

第二节　三菱 GT Designer 触摸屏软件的安装

① 打开 GT Designer3 软件安装文件夹，找到“setup.exe”文件，如图 9-5（a）所示，双击该文件即可开始安装 GT Designer3 软件。

SUPPORT 文件夹
data1.cab 1,659,171 1,629,446 WinRAR 压缩文件
data2.cab 324,901,9... 297,996,6... WinRAR 压缩文件
engine32.cab 553,805 553,805 WinRAR 压缩文件
data1.hdr 559,102 111,496 HDR 文件
layout.bin 1,043 346 BIN 文件
setup.exe 121,064 54,153 应用程序
setup.ibt 470,676 437,970 IBT 文件
setup.ini 506 402 配置设置
setup.inx 279,135 158,330 INX 文件
(a)
(b)

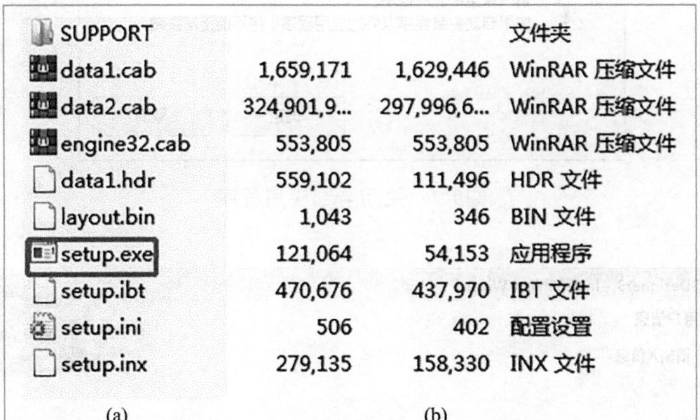

图9-5　软件的安装

② 安装文件打开后会显示如图 9-5（b）所示的界面，此时软件进行安装准备，稍等片刻会出现如图 9-6 所示的对话框。此时关闭其他应用程序后点击确定按钮，如图 9-7 所示。

③ GT Designer3 软件与其他软件安装基本相同，在安装过程中按提示输入姓名、公司名以及产品 ID，如图 9-8 所示。输入完成后点击下一步。

④ 此时用户选择安装目标，如图 9-9 所示。选择完成后点击下一步。

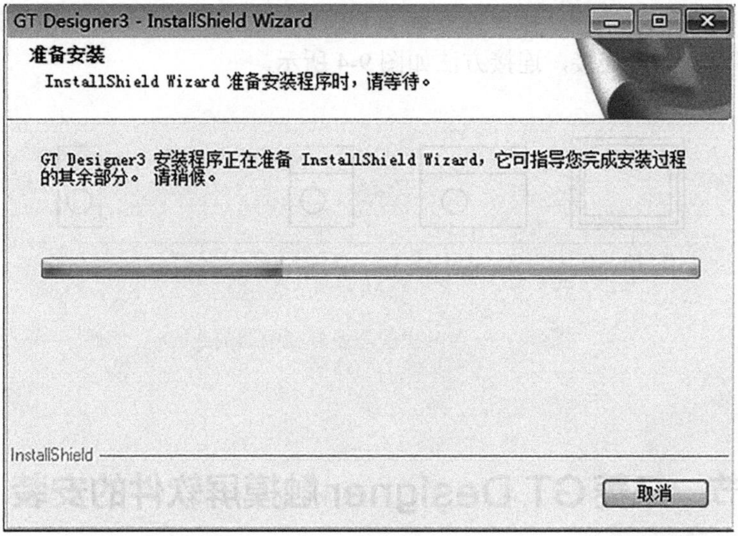

图9-6　安装文件对话框

图9-7　关闭全部应用程序

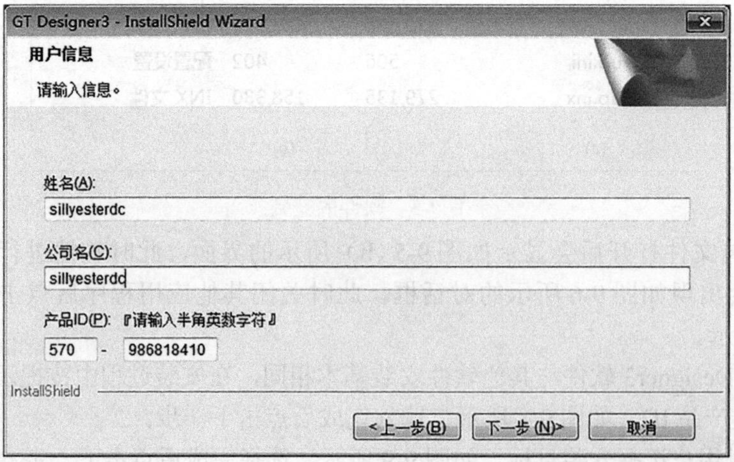

图9-8　输入用户信息

图9-9　选择安装目标

⑤ 选择是否在桌面上创建快捷方式（图 9-10）。

图9-10　选择是否创建桌面快捷方式

⑥ 结束安装前会弹出图 9-11 所示的对话框，根据用户需要决定是否单独下载 GX Simulator 以及 GX Works2 软件。

图9-11　决定是否下载GX Simulator及GX Works2

⑦ GT Designer3 软件安装完成，如图 9-12 所示。

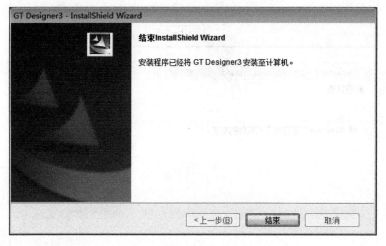

图9-12　软件安装完成对话框

⑧ 安装完成图标如图 9-13 所示。

图9-13　安装完成图标

第三节　触摸屏与PLC联机实例

一、硬件接线图

三菱触摸屏 GT1050-QBBD-C 通过 RS-422 与 PLC 连接，如图 9-14 所示。

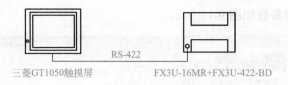

图9-14 触摸屏与PLC连接示意图

二、PLC软件编程

M0 控制 Y000 得电，M1 控制 Y001 得电，M2 控制 Y002 得电。FX3U-32M 软件程序如图 9-15 所示。

图9-15 程序梯形图

三、触摸屏编程

触摸屏开关的主要参数如图 9-16 所示。

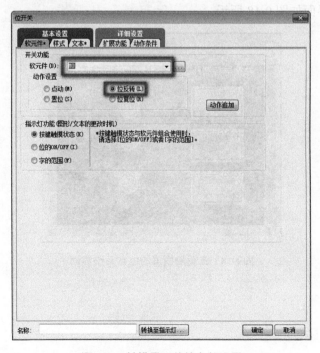

图9-16 触摸屏开关的参数设置

261

指示灯的主要参数如图 9-17 所示。

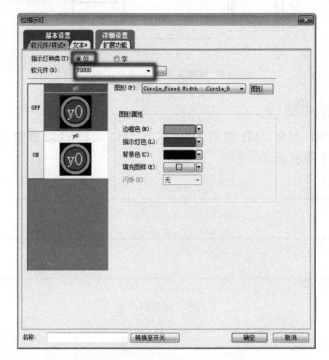

图9-17　指示灯的参数设置

编辑好的界面如图 9-18 所示。

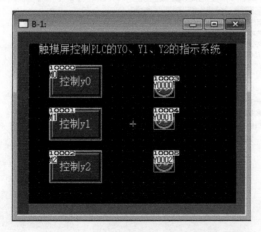

图9-18　三菱触摸屏的控制系统界面

第十章

三菱PLC应用实例

第一节　商场照明电路

商场照明
电路PLC应用

一、控制要求

PLC 已在高层建筑、办公大楼、大商场、体育馆及工厂等单位作为照明控制，使用 PLC 作为照明控制，不仅节省电力，还能确保照明的舒适感。

某大型商场照明总功率为 100kW，为了达到照明的目的，采用 PLC 进行控制，其全天的要求随时间变化如下：

①7：30—8：00，过渡暗光，照明功率为 20kW。

②8：00—9：30，客少减光，照明功率为 60kW。

③9：30—16：00，稍减光，照明功率为 80kW。

④16：00—20：30，客多全点灯，照明功率为 100kW。

⑤20：30—21：00，客少减光，照明功率为 60kW。

⑥21：00—21：30，过渡暗光，照明功率为 20kW。

⑦21：30—第二天 7：30，停止营业，灯全灭。

将商场负荷分为五组，每组 20kW，并设初始状态时为早上 7：30 按下启动按钮。

二、PLC接线与编程

1. I/O 口分配表

商场照明电路三菱 FX3U（C）系列 PLC 控制 I/O 口分配见表 10-1。

表10-1　商场照明电路三菱FX3U（C）系列PLC控制I/O口分配表

输入信号			输出信号		
名称	代码	输入点编号	名称	代号	输出点编号
启动按钮	SB1	X000	第一组接触器	KM_1	Y000
			第二组接触器	KM_2	Y001
			第三组接触器	KM_3	Y002
			第四组接触器	KM_4	Y003
			第五组接触器	KM_5	Y004

2. 接线图

商场照明电路PLC接线图见图10-1。

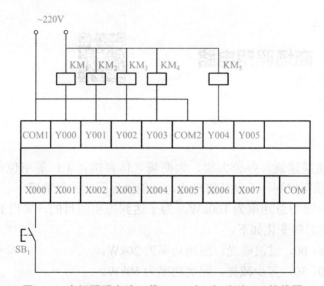

图10-1　商场照明电路三菱FX3U（C）系列PLC接线图

3. 梯形图

商场照明电路三菱FX3U（C）系列PLC控制梯形图如图10-2所示。

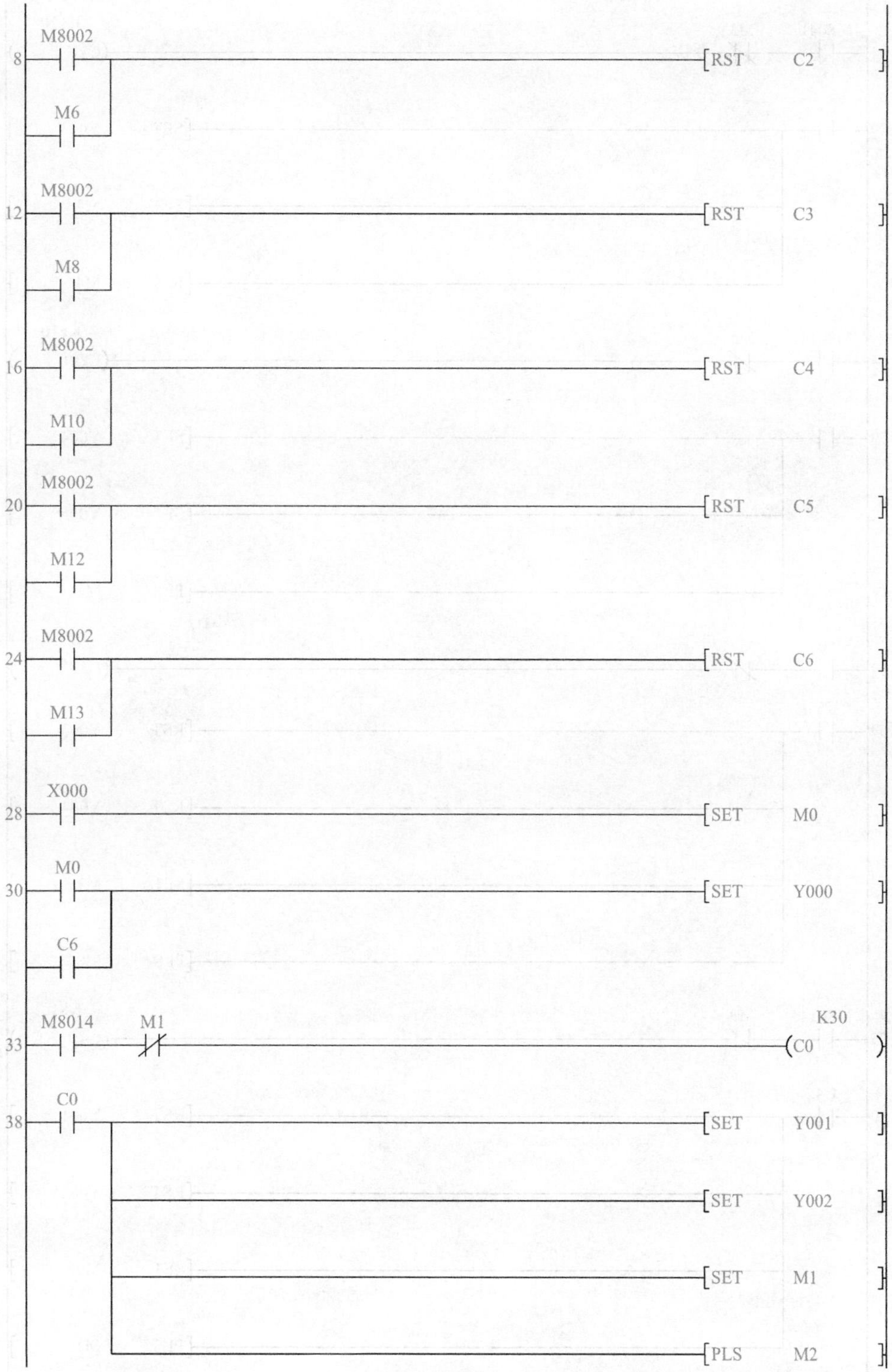

图10-2

```
        M8041   M3                                                      K120
44 ─┤├──────┤/├────────────────────────────────────────────────────────(C1  )

        C1
49 ─┤├──┬──────────────────────────────────────────────────[SET    Y003  ]
        │
        ├──────────────────────────────────────────────────[SET    M3    ]
        │
        └──────────────────────────────────────────────────[PLS    M4    ]

        M8014   M5                                                      K510
54 ─┤├──────┤/├────────────────────────────────────────────────────────(C2  )

        C2
59 ─┤├──┬──────────────────────────────────────────────────[SET    Y004  ]
        │
        ├──────────────────────────────────────────────────[SET    Y005  ]
        │
        └──────────────────────────────────────────────────[PLS    M6    ]

        M8014   M7                                                      K780
64 ─┤├──────┤/├────────────────────────────────────────────────────────(C3  )

        C3
69 ─┤├──┬──────────────────────────────────────────────────[RST    Y003  ]
        │
        ├──────────────────────────────────────────────────[RST    Y004  ]
        │
        ├──────────────────────────────────────────────────[SET    M7    ]
        │
        └──────────────────────────────────────────────────[PLS    M8    ]

        M8014   M9                                                      K810
75 ─┤├──────┤/├────────────────────────────────────────────────────────(C4  )

        C4
80 ─┤├──┬──────────────────────────────────────────────────[RST    Y001  ]
        │
        ├──────────────────────────────────────────────────[RST    Y002  ]
        │
        ├──────────────────────────────────────────────────[SET    M9    ]
        │
        └──────────────────────────────────────────────────[PLS    M10   ]
```

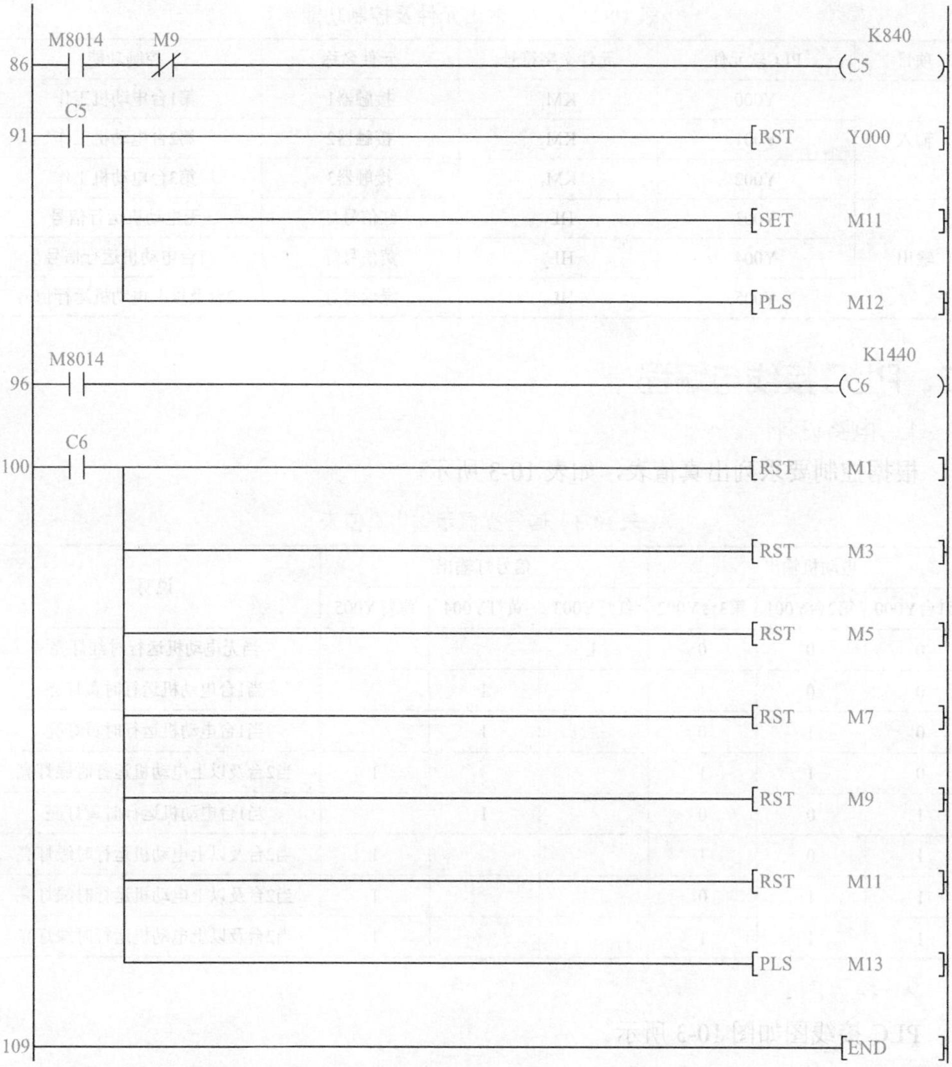

图10-2　商场照明电路三菱FX3U（C）系列PLC控制梯形图

第二节　电动机的信号灯指示电路

一、控制要求

表 10-2 介绍了输入 / 输出元件及控制功能。

表10-2　输入/输出元件及控制功能

项目	PLC软元件	元件文字符号	元件名称	控制功能
输入	Y000	KM$_1$	接触器1	第1台电动机工作
	Y001	KM$_2$	接触器2	第2台电动机工作
	Y002	KM$_3$	接触器3	第3台电动机工作
输出	Y003	HL$_1$	红信号灯	无电动机运行信号
	Y004	HL$_2$	黄信号灯	1台电动机运行信号
	Y005	HL$_3$	绿信号灯	2台及以上电动机运行信号

二、PLC接线与编程

1. 电路设计

根据控制要求列出真值表，如表 10-3 所示。

表10-3　信号类显示输出真值表

电动机输出			信号灯输出			说明
第1台Y000	第2台Y001	第3台Y002	红灯Y003	黄灯Y004	绿灯Y005	
0	0	0	1			当无电动机运行时红灯亮
0	0	1		1		当1台电动机运行时黄灯亮
0	1	0		1		当1台电动机运行时黄灯亮
0	1	1			1	当2台及以上电动机运行时绿灯亮
1	0	0		1		当1台电动机运行时黄灯亮
1	0	1			1	当2台及以上电动机运行时绿灯亮
1	1	0			1	当2台及以上电动机运行时绿灯亮
1	1	1			1	当2台及以上电动机运行时绿灯亮

2. 接线图

PLC 接线图如图 10-3 所示。

PLC接线与
编程

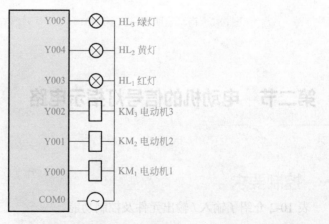

图10-3　信号类显示PLC接线图

3. 梯形图

梯形图如图 10-4 所示。

```
     Y000   Y001   Y002
0 ───┤/├────┤/├────┤/├──────────────────────────────(Y003)
     Y003   Y005
4 ───┤/├────┤/├────────────────────────────────────(Y004)
     Y001   Y000
7 ───┤/├────┤├──┬───────────────────────────────────(Y005)
     Y002      │
  ───┤/├───────┤
     Y001   Y002
  ───┤├──────┤├─┘
```

图10-4 信号类显示梯形图

第三节 艺术灯控制电路

一、控制要求

图 10-5 所示为艺术灯的造型示意图。

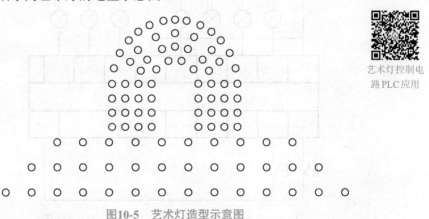

艺术灯控制电路PLC应用

图10-5 艺术灯造型示意图

上方 4 道灯饰呈拱形门，下部灯饰呈阶梯形式，4 道拱形门灯饰由 Y000～Y003 控制，由内向外每隔 1s 轮流点亮，当 Y003 控制的灯饰点亮后停止 3s。然后由外向内每隔 1s 轮流点亮，当 Y000 点亮后停 3s，重复以上过程。

下面三层阶梯状灯饰由 Y004 ～ Y006 控制，从下至上每隔 1s 轮流点亮 1s 后熄灭，当 Y006 控制的灯饰点亮 1s 熄灭后，重复以上过程。

二、PLC接线与编程

1. I/O 口分配表

艺术灯三菱 FX3U（C）系列 PLC 控制 I/O 口分配表见表 10-4。

表 10-4　艺术灯三菱 FX3U（C）系列 PLC 控制 I/O 口分配表

输入信号			输出信号		
名称	代号	输入点编号	名称	代号	输出点编号
启动按钮	SB$_1$	X000	内一层灯饰	EL$_1$	Y000
停止按钮	SB$_2$	X001	内二层灯饰	EL$_2$	Y001
			外二层灯饰	EL$_3$	Y002
			外一层灯饰	EL$_4$	Y003
			下一层灯饰	EL$_5$	Y004
			下二层灯饰	EL$_6$	Y005
			上一层灯饰	EL$_7$	Y006

2. 接线图

艺术灯三菱 FX3U（C）系列 PLC 控制接线图如图 10-6 所示。

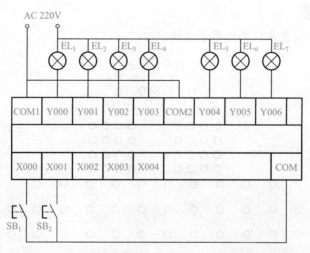

图10-6　艺术灯三菱FX3U（C）系列PLC控制接线图

3. 梯形图

艺术灯三菱 FX3U（C）系列 PLC 控制梯形图如图 10-7 所示。

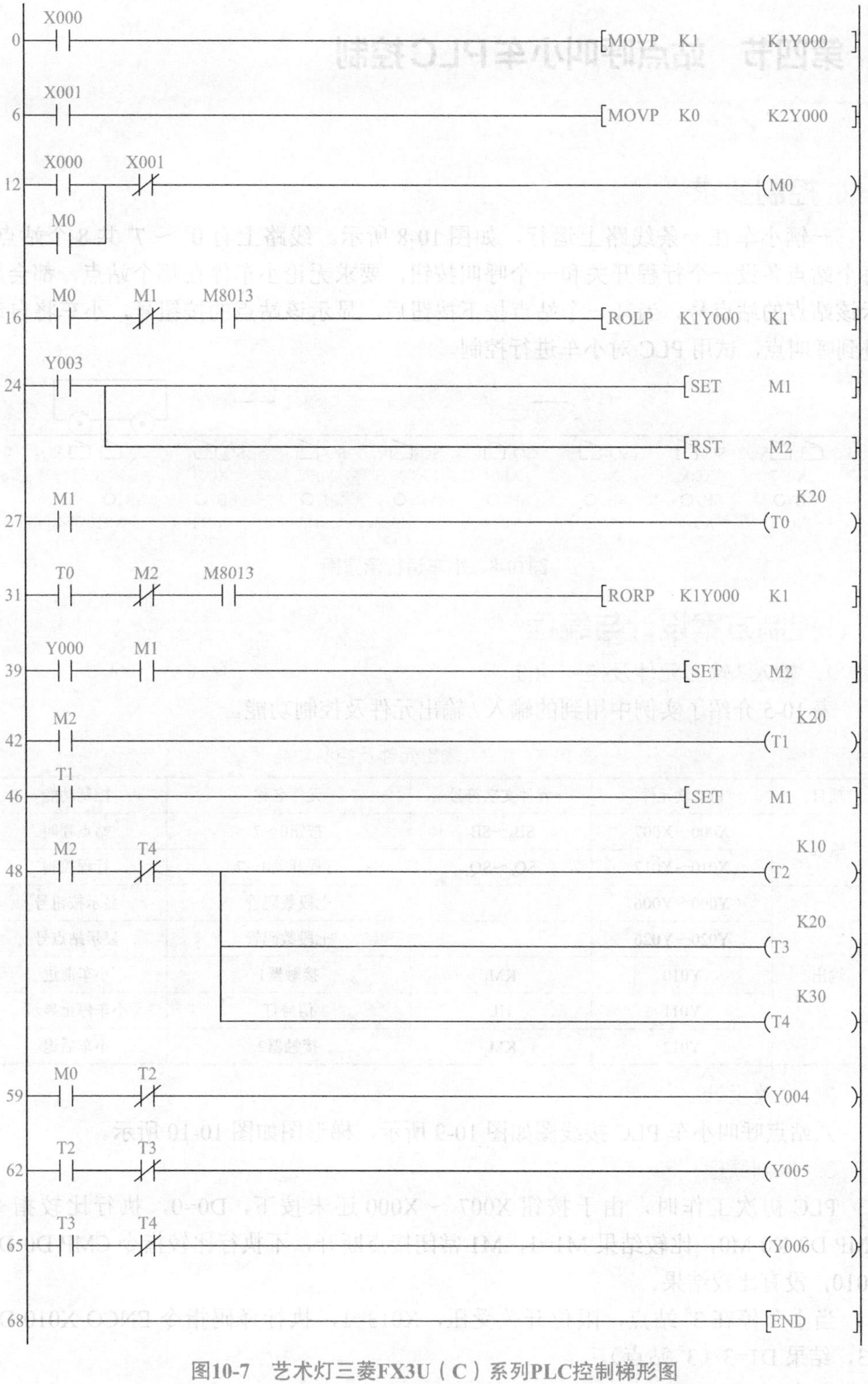

```
0    X000
     ─┤├─────────────────────────────────────────────────[MOVP  K1      K1Y000 ]

6    X001
     ─┤├─────────────────────────────────────────────────[MOVP  K0      K2Y000 ]

12   X000    X001
     ─┤├──────┤/├──────────────────────────────────────────────────────( M0   )
     ─┤├─
      M0

16   M0      M1     M8013
     ─┤├──────┤/├─────┤├───────────────────────────────────[ROLP  K1Y000  K1    ]

24   Y003
     ─┤├────────────────────────────────────────────────────────[SET    M1    ]
            └──────────────────────────────────────────────────[RST    M2    ]

27   M1                                                                  K20
     ─┤├──────────────────────────────────────────────────────────────( T0   )

31   T0      M2     M8013
     ─┤├──────┤/├─────┤├───────────────────────────────────[RORP  K1Y000  K1    ]

39   Y000    M1
     ─┤├──────┤├────────────────────────────────────────────────[SET    M2    ]

42   M2                                                                  K20
     ─┤├──────────────────────────────────────────────────────────────( T1   )

46   T1
     ─┤├────────────────────────────────────────────────────────[SET    M1    ]

48   M2      T4                                                          K10
     ─┤├──────┤/├──────────────────────────────────────────────────────( T2   )
                                                                        K20
            └─────────────────────────────────────────────────────────( T3   )
                                                                        K30
            └─────────────────────────────────────────────────────────( T4   )

59   M0      T2
     ─┤├──────┤/├──────────────────────────────────────────────────────( Y004 )

62   T2      T3
     ─┤├──────┤/├──────────────────────────────────────────────────────( Y005 )

65   T3      T4
     ─┤├──────┤/├──────────────────────────────────────────────────────( Y006 )

68   ─────────────────────────────────────────────────────────────────[END    ]
```

图10-7　艺术灯三菱**FX3U（C）**系列**PLC**控制梯形图

271

第四节　站点呼叫小车 PLC 控制

一、控制要求

一辆小车在一条线路上运行，如图 10-8 所示。线路上有 $0^{\#}\sim 7^{\#}$ 共 8 个站点，每个站点各设一个行程开关和一个呼叫按钮，要求无论小车停在哪个站点，都会显示该站点的站点号。当某一个站点按下按钮后，显示该站点的按钮号，小车将自动进到呼叫点，试用 PLC 对小车进行控制。

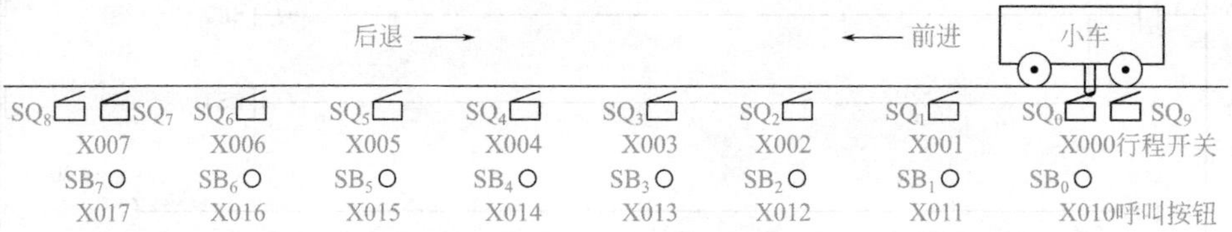

图10-8　小车运行示意图

二、控制方案设计与编程

1. 输入 / 输出元件及控制功能

表 10-5 介绍了实例中用到的输入 / 输出元件及控制功能。

表 10-5　输入 / 输出元件及控制功能

项目	PLC 软元件	元件文字符号	元件名称	控制功能
输入	X000～X007	$SB_0\sim SB_7$	按钮 0～7	站点呼叫
	X010～X017	$SQ_0\sim SQ_7$	行程开关 0～7	行程控制
输出	Y000～Y006		七段数码管	显示按钮号
	Y020～Y026		七段数码管	显示站点号
	Y010	KM_1	接触器 1	小车前进
	Y011	HL	信号灯	小车停止显示
	Y012	KM_2	接触器 2	小车后退

2. 电路设计

八站点呼叫小车 PLC 接线图如图 10-9 所示，梯形图如图 10-10 所示。

3. 控制原理

PLC 初次工作时，由于按钮 X007～X000 还未按下，D0=0，执行比较指令 CMP D0 K0 M0，比较结果 M1=1，M1 常闭接点断开，不执行比较指令 CMP D0 D1 Y010，没有比较结果。

当小车停在 $3^{\#}$ 站点，限位开关受压，X013=1，执行译码指令 ENCO X010 D1 K3，结果 D1=3（$3^{\#}$ 站点）。

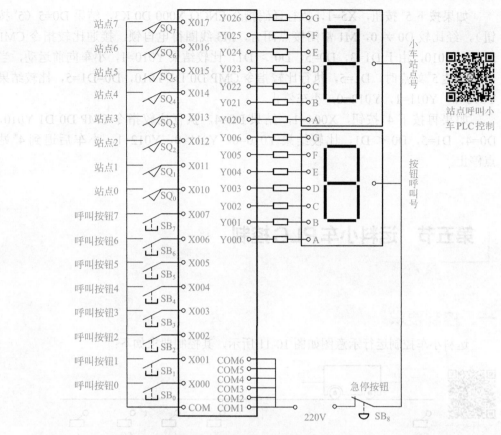

图10-9　八站点呼叫小车PLC接线图

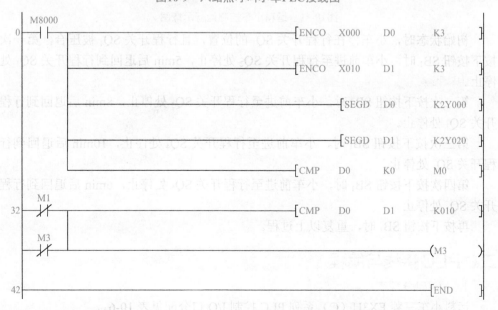

图10-10　八站点呼叫小车梯形图

如果按下 5# 按钮，X5=1，执行译码指令 ENCO X000 D0 K3，结果 D0=5（5# 按钮），经比较 D0 ≠ 0，M1 常闭接点闭合，M3 线圈得电自锁，接通比较指令 CMP D0 D1 Y010，由于 D1=3，D0=5，D0 ＞ D1，比较结果 Y010=1，小车向前运动，当小车到达 5# 站点时，D1=5，执行比较指令 CMP D0 D1 Y010，D0=D1=5，比较结果 Y010=0，Y011=1，Y012=0，小车停止。

如果再按下 4# 按钮，X004=1，结果 D0=4，执行比较指令 CMP D0 D1 Y010，D0=4，D1=5，D0 ＜ D1，比较结果 Y010=0，Y011=0，Y012=1，小车后退到 4# 站点停止。

第五节　运料小车 PLC 控制

一、控制要求

运料小车控制运行示意图如图 10-11 所示，其控制要求如下：

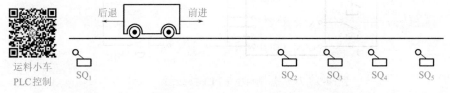

运料小车
PLC控制

图10-11　运料小车控制运行示意图

初始状态时，小车停在行程开关 SQ_1 的位置，且行程开关 SQ_1 被压合，第一次按下按钮 SB_1 时，小车前进至行程开关 SQ_2 处停止，5min 后退回到行程开关 SQ_1 处停止。

第二次按下按钮 SB_1 时，小车前进至行程开关 SQ_3 处停止，8min 后退回到行程开关 SQ_1 处停止。

第三次按下按钮 SB_1 时，小车前进至行程开关 SQ_4 处停止，10min 后退回到行程开关 SQ_1 处停止。

第四次按下按钮 SB_1 时，小车前进至行程开关 SQ_5 处停止，6min 后退回到行程开关 SQ_1 处停止。

再按下按钮 SB_1 时，重复以上过程。

二、PLC 接线与编程

1. I/O 口分配表

运料小车三菱 FX3U（C）系列 PLC 控制 I/O 口分配见表 10-6。

表10-6　运料小车三菱FX3U（C）系列PLC控制I/O口分配表

输入信号			输出信号		
名称	代号	输入点编号	名称	代号	输出点编号
启动按钮	SB$_1$	X001	电动机前进接触器	KM$_1$	Y001
停止按钮	SB$_1$	X002	电动机后进接触器	KM$_2$	Y002
行程开关	SQ$_1$	X003			
行程开关	SQ$_2$	X004			
行程开关	SQ$_3$	X005			
行程开关	SQ$_4$	X006			
行程开关	SQ$_5$	X007			

2. 接线图

运料小车三菱 FX3U（C）系列 PLC 接线图如图 10-12 所示。

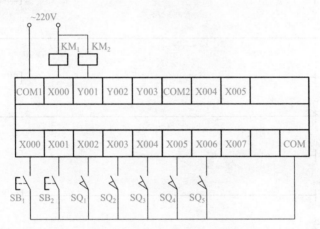

图10-12　运料小车三菱FX3U（C）系列PLC接线图

3. 梯形图

运料小车三菱 FX3U（C）系列 PLC 梯形图如图 10-13 所示。

图10-13

```
         S21                                                    K3000
15 ──┤├───┬──────────────────────────────────────────────────(T0      )
         │
         │  T0
         └──┤├──────────────────────────────────────────[SET    S22   ]

         S22    S23
22 ──┤├───┬──┤/├─────────────────────────────────────────────(Y002    )
         │
         │  X003
         └──┤├──────────────────────────────────────────[SET    S23   ]

         S23    X002
30 ──┤├─────┤├────────────────────────────────────────────[SET    S24   ]

         S24    S25
34 ──┤├───┬──┤/├─────────────────────────────────────────────(Y001    )
         │
         │  X005
         └──┤├──────────────────────────────────────────[SET    S25   ]

         S25                                                    K4800
42 ──┤├───┬──────────────────────────────────────────────────(T1      )
         │
         │  T1
         └──┤├──────────────────────────────────────────[SET    S26   ]

         S26    S27
49 ──┤├───┬──┤/├─────────────────────────────────────────────(Y002    )
         │
         │  X003
         └──┤├──────────────────────────────────────────[SET    S27   ]

         S27    X002
57 ──┤├─────┤├────────────────────────────────────────────[SET    S28   ]

         S28    S29
61 ──┤├───┬──┤/├─────────────────────────────────────────────(Y001    )
         │
         │  X006
         └──┤├──────────────────────────────────────────[SET    S29   ]

         S29                                                    K6000
69 ──┤├───┬──────────────────────────────────────────────────(T2      )
         │
         │  T2
         └──┤├──────────────────────────────────────────[SET    S30   ]

         S30    S31
76 ──┤├───┬──┤/├─────────────────────────────────────────────(Y002    )
         │
         │  X003
         └──┤├──────────────────────────────────────────[SET    S31   ]

         S31    X002
84 ──┤├─────┤├────────────────────────────────────────────[SET    S32   ]
```

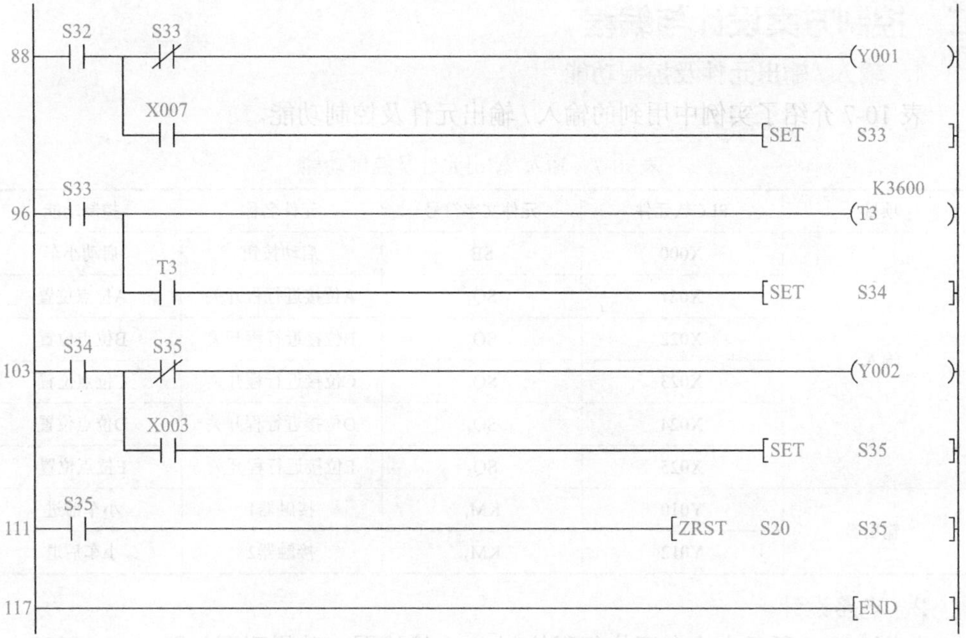

图10-13 运料小车三菱FX3U（C）系列PLC控制梯形图

第六节 小车往返运行 PLC 控制

一、控制要求

用三相异步电动机拖动一辆小车在 A～E 五点之间自动循环往返运行，小车五位行程控制的示意图如图 10-14 所示，小车初始在 A 点，按下启动按钮，小车依次前进到 B～E 点，并分别停止 2s 返回到 A 点停止。

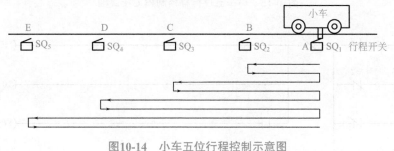

图10-14 小车五位行程控制示意图

277

二、控制方案设计与编程

1. 输入/输出元件及控制功能

表 10-7 介绍了实例中用到的输入/输出元件及控制功能。

表10-7 输入/输出元件及控制功能

项目	PLC软元件	元件文字符号	元件名称	控制功能
输入	X000	SB	启动按钮	启动小车
	X021	SQ_1	A位接近行程开关	A位点位置
	X022	SQ_2	B位接近行程开关	B位点位置
	X023	SQ_3	C位接近行程开关	C位点位置
	X024	SQ_4	D位接近行程开关	D位点位置
	X025	SQ_5	E位接近行程开关	E位点位置
输出	Y010	KM_1	接触器1	小车前进
	Y012	KM_2	接触器2	小车后退

2. 电路设计

如图 10-15 所示为小车五位行程控制 PLC 接线图，其梯形图如图 10-16 所示。

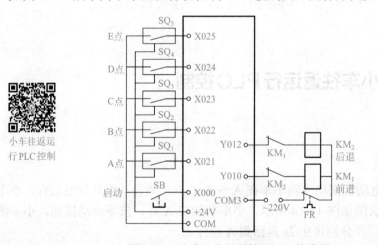

小车往返运
行PLC控制

图10-15 小车五位行程控制PLC接线图

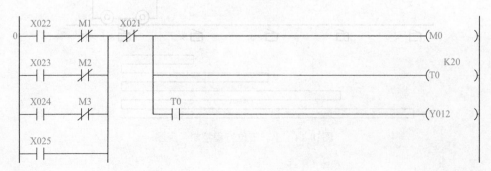

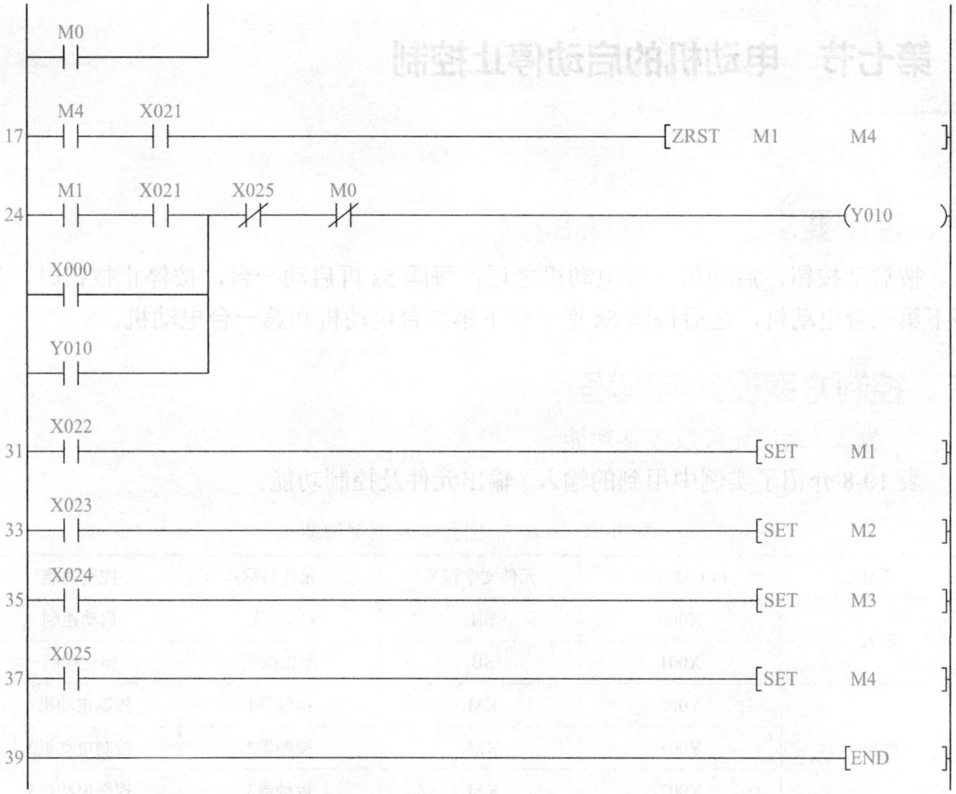

```
        ┌─M0─┐
        ├─┤├─┘
   17   ├─M4───X021─────────────────────────────────[ZRST   M1      M4   ]
        ├─┤├────┤├──

   24   ├─M1───X021───X025───M0────────────────────────────────────(Y010  )
        ├─┤├────┤├────┤/├────┤/├
        │
        ├─X000─┐
        ├─┤├───┤
        │
        ├─Y010─┘
        ├─┤├

   31   ├─X022─────────────────────────────────────────────[SET    M1   ]
        ├─┤├

   33   ├─X023─────────────────────────────────────────────[SET    M2   ]
        ├─┤├

   35   ├─X024─────────────────────────────────────────────[SET    M3   ]
        ├─┤├

   37   ├─X025─────────────────────────────────────────────[SET    M4   ]
        ├─┤├

   39   ├───────────────────────────────────────────────────────[END  ]
```

图10-16　小车五位行程控制梯形图

3. 控制原理

启动时按启动按钮 X000，Y010 得电自锁，小车前进。到达 B 点时，接近开关 X022 动作，M0 线圈经 X022 常开接点和 M1 常闭接点闭合并自锁，M0 常闭接点断开 Y010 线圈，小车停止，M1 置位，对 B 点记忆，定时器 T0 延时 2s，T0 常开接点闭合，Y12 线圈得电，小车后退。

小车后退到 A 点时，X021 常闭接点断开，M0 和 Y012 线圈失电，小车停止后退，Y010 线圈得电，小车前进。到达 B 点时，接近开关 X022 动作，但是 M1 常闭接点断开，M0 线圈不能得电，小车继续前进。到达 C 点时，接近开关 X023 动作，M0 线圈经 X023 常开接点和 M2 常闭接点闭合并自锁，M0 常闭接点断开 Y10 线圈，小车停止。M2 置位，对 C 点记忆，定时器 T0 延时 2s，T0 常开接点闭合，Y012 线圈得电，小车后退。

小车后退到 A 点时，之后的动作过程与上类似。

小车最后到达 E 点时，M1 ～ M4 均已置位，小车从 E 点后退到 A 点时，X021 常开接点闭合，先对 M1 ～ M4 复位，由于 M1 常开接点断开，X021 常开接点闭合不会使 Y000 线圈得电，小车停止。

第七节　电动机的启动停止控制

一、控制要求

　　按启动按钮，启动第一台电动机之后，每隔 5s 再启动一台，按停止按钮时，先停下第三台电动机，之后每隔 5s 逆序停下第二台电动机和第一台电动机。

二、控制方案设计与编程

1. 输入 / 输出元件及控制功能

表 10-8 介绍了实例中用到的输入 / 输出元件及控制功能。

表 10-8　输入 / 输出元件及控制功能

项目	PLC软元件	元件文字符号	元件名称	控制功能
输入	X000	SB_1	启动按钮	启动控制
	X001	SB_2	停止按钮	停止控制
输出	Y000	KM_1	接触器1	控制电动机1
	Y001	KM_2	接触器2	控制电动机2
	Y002	KM_3	接触器3	控制电动机3

2. 电路设计

　　三台电动机顺序启动、逆序停止 PLC 接线图如图 10-17 所示，梯形图如图 10-18 所示。

电动机的启停控制

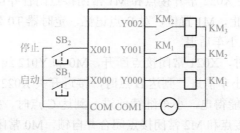

图10-17　三台电动机顺序启动、逆序停止PLC接线图

```
        T0    Y000   X001                                              K50
0   ┤├───┤/├───┤/├───────────────────────────────────────────(T0   )

        X000
6   ┤├──────────────────────────────────────────────────[SET    Y000 ]

        T0    Y001   Y002
8   ┤├───┤├───┤/├─────────────────────────────────────────[SET    Y002 ]
```

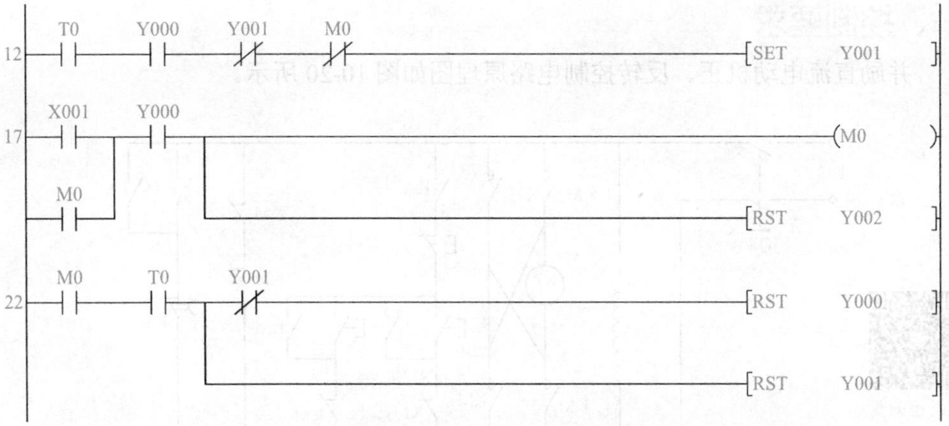

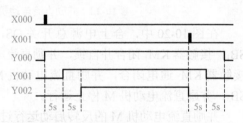

图10-18 三台电动机顺序启动、逆序停止梯形图

时序图如图 10-19 所示。

3. 控制原理

按下启动按钮 X000，则 Y000 置位，第一台电动机启动，定时器 T0 得电延时，5s 后 T0 接点首先使 Y001 置位，第二台电动机启动（Y002 线圈由于 Y001 接点未闭合而不能置位得电），Y001 得电后（下一个扫描周期欲接通 Y002 线圈但 T0 接点已断开，所以 Y002 线圈不得

图10-19 三台电动机顺序启动、逆序停止时序图

电），同时 Y001 常闭接点断开 Y001 线圈，防止在停止过程再次置位，再过 5s，T0 接点又闭合一个扫描周期，使 Y002 线圈经 Y000、Y001 接点置位，第三台电动机启动，启动过程结束。

按下停止按钮 X001，M0 得电自锁，并先使 Y002 复位，停下第三台电动机，M0 接点闭合，为复位 Y001、Y000 做好准备，5s 后，Y001 复位，停下第二台电动机，Y001 常闭接点闭合，为 Y000 复位做好准备，再过 5s，Y000 复位，停下第一台电动机，同时 M0 失电，断开 Y000 ～ Y002 复位回路，T0 失电，断开 Y001、Y000 的置位回路，停止过程结束。

第八节 电动机的正反转控制

并励直流电动机是一款励磁绕组与转子绕组并联的电动机，励磁电流大小与转子绕组电压及励磁电路的电阻有关。

一、控制要求

并励直流电动机正、反转控制电路原理图如图 10-20 所示。

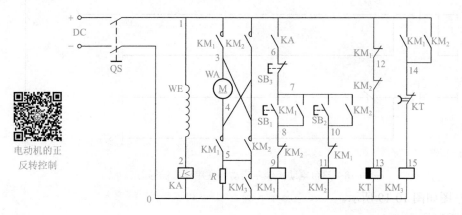

电动机的正反转控制

图10-20 并励直流电动机正、反转控制电路原理图

在图 10-20 中，合上电源总开关 QS，电流继电器 KA 通电闭合；当按下按钮 SB₁，接触器 KM₁ 闭合并自锁，并励直流电动机 M 串电阻正向启动，经过一定时间，接触器 KM₃ 通电闭合，并励直流电动机 M 短接电阻 R 全速正向运行；当按下按钮 SB₃，并励直流电动机 M 停止运行。

并励直流电动机 M 的反转启动运行过程与正转启动运行过程相同。

二、PLC接线与编程

1. I/O 口分配表

并励直流电动机正、反转电路三菱 FX3U（C）系列 PLC 控制 I/O 口分配见表 10-9。

表10-9 并励直流电动机正、反转电路三菱 FX3U（C）系列 PLC 控制 I/O 口分配表

输入信号			输出信号		
名称	代号	输入点编号	名称	代号	输出点编号
电流继电器欠流保护动合触点	KA	X000	正转接触器	KM₁	Y001
停止按钮	SB₃	X001	反转接触器	KM₂	Y002
正转启动按钮	SB₁	X002	串电阻 R 切除接触器	KM₃	Y003
反转启动按钮	SB₂	X003			

2. 接线图

并励直流电动机正、反转电路三菱 FX3U（C）系列 PLC 接线图如图 10-21 所示。

3. 梯形图

并励直流电动机正、反转电路三菱 FX3U（C）系列 PLC 梯形图如图 10-22 所示。

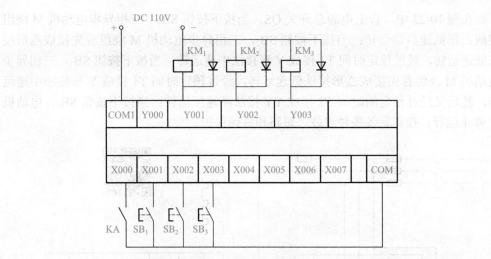

图10-21 并励直流电动机正、反转电路三菱FX3U（C）系列PLC接线图

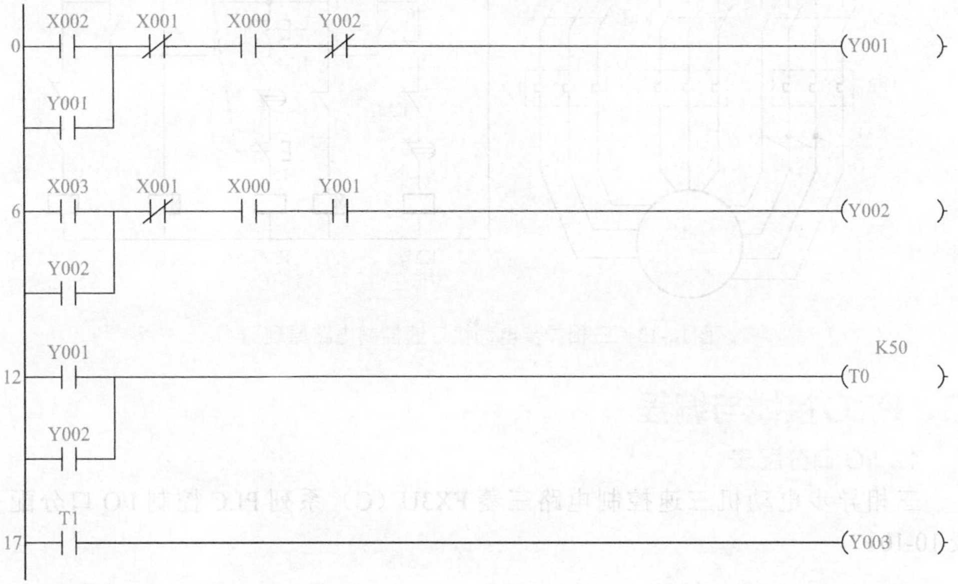

图10-22 并励直流电动机正、反转电路三菱FX3U（C）系列PLC梯形图

第九节 三相异步电动机三速控制电路

一、控制要求

三相异步电动机三速控制电路原理如图 10-23 所示。

在图 10-23 中，合上电源总开关 QS，当按下按钮 SB_1，三相异步电动机 M 绕组接成△形低速启动运转；当按下按钮 SB_2，三相异步电动机 M 绕组首先接成△形接法低速运转，经过预定时间 T1 接成 Y 形接法中速运转；当按下按钮 SB_3，三相异步电动机 M 绕组首先接成△形接法低速运转，经过预定时间 T1 接成 Y 形接法中速运转，然后又经过预定的时间 T2 接成 YY 接法高速度运转；当按下按钮 SB_4，电动机 M 停止运行。控制具备各种过载、短路和联锁保护。

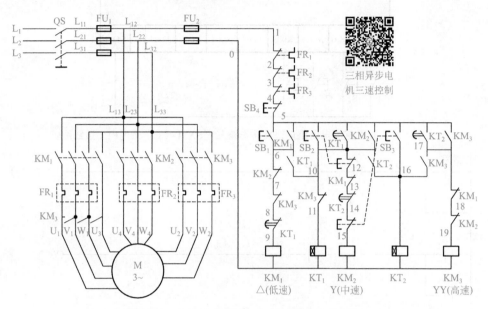

图10-23　三相异步电动机三速控制电路原理图

二、PLC接线与编程

1. I/O 口分配表

三相异步电动机三速控制电路三菱 FX3U（C）系列 PLC 控制 I/O 口分配见表 10-10。

表10-10　三相异步电动机三速控制电路三菱FX3U（C）系列PLC控制I/O口分配表

输入信号			输出信号		
名称	代号	输入点编号	名称	代号	输出点编号
低速启动按钮	SB_1	X001	低速运行接触器	KM_1	Y000
中速启动按钮	SB_2	X002	中速运行接触器	KM_2	Y001
高速启动按钮	SB_3	X003	高速运行接触器	KM_3	Y002
停止按钮	SB_4	X004			

2. 接线图

三相异步电动机三速控制电路三菱 FX3U（C）系列 PLC 接线图如图 10-24 所示。

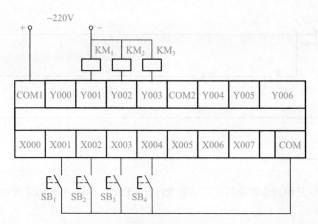

图10-24　三相异步电动机三速控制电路三菱FX3U（C）系列PLC接线图

3. 梯形图

三相异步电动机三速控制电路三菱 FX3U（C）系列 PLC 梯形图如图 10-25 所示。

图10-25

285

```
      M2      X004
27   ┤├──────┤/├──────────────────────────────────────(M4    )

      M4              T0                                         K50
     ┤├──────────────┤├──────────────────────────────(T1    )

      T1
35   ┤├──────────────────────────────────────────────(Y002  )

37   ───────────────────────────────────────────────[END   ]
```

图10-25　三相异步电动机三速控制电路三菱FX3U（C）系列PLC控制梯形图

第十节　报警灯控制电路

一、控制要求

当开关（或行程开关）闭合时，报警扬声器发出警报声，同时报警灯连续闪烁60次，每次亮0.5s，熄灭1s，然后停止声光报警。

二、PLC接线与编程

1. I/O口分配表

报警灯闪烁三菱FX3U（C）系列PLC控制I/O口分配表见表10-11。

表10-11　报警灯闪烁三菱FX3U（C）系列PLC控制I/O口分配表

输入信号			输出信号		
名称	代号	输入点编号	名称	代号	输出点编号
开关（或行程开关）	SA（ST）	X000	扬声器	B	Y000
			报警灯	HL	Y001

2. 接线图

报警灯闪烁三菱FX3U（C）系列PLC控制接线图如图10-26所示。

报警灯控制

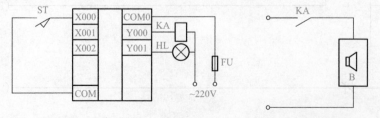

图10-26　报警灯闪烁三菱FX3U（C）系列PLC控制接线图

3. 梯形图

报警灯闪烁三菱 FX3U（C）系列 PLC 控制梯形图如图 10-27 所示。

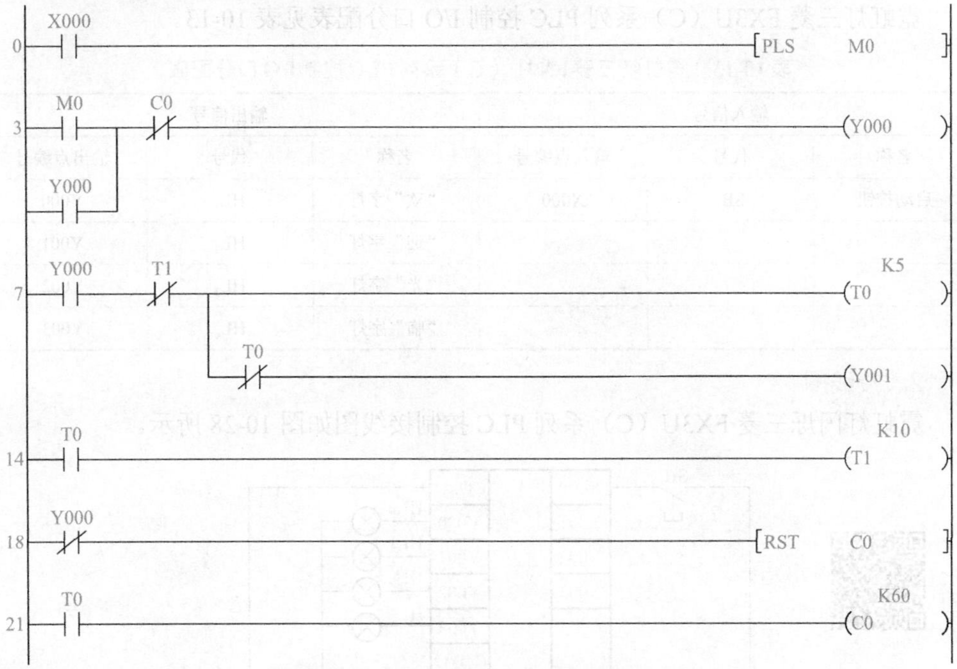

图10-27　报警灯闪烁三菱FX3U（C）系列PLC控制梯形图

第十一节　霓虹灯控制电路

一、控制要求

用 HL$_1$ ～ HL$_4$ 四个霓虹灯分别做成"欢迎光临"四个字，其闪烁要求见表 10-12，其时间间隙为 1s，反复循环进行。

表10-12　"欢迎光临"闪烁流程表

灯号	步序				
	1	2	3	4	5
HL$_1$	亮				亮
HL$_2$		亮			亮
HL$_3$			亮		亮
HL$_4$				亮	亮

二、PLC接线与编程

1. I/O 口分配表

霓虹灯三菱 FX3U（C）系列 PLC 控制 I/O 口分配表见表 10-13。

表 10-13　霓虹灯三菱 FX3U（C）系列 PLC 控制 I/O 口分配表

输入信号			输出信号		
名称	代号	输入点编号	名称	代号	输出点编号
启动按钮	SB_1	X000	"欢"字灯	HL_1	Y000
			"迎"字灯	HL_2	Y001
			"光"字灯	HL_3	Y002
			"临"字灯	HL_4	Y003

2. 接线图

霓虹灯闪烁三菱 FX3U（C）系列 PLC 控制接线图如图 10-28 所示。

霓虹灯控制

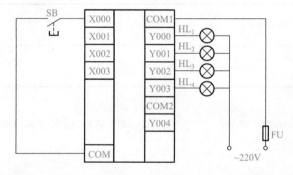

图10-28　霓虹灯闪烁三菱FX3U（C）系列PLC控制接线图

3. 梯形图

霓虹灯闪烁三菱 FX3U（C）系列 PLC 控制梯形图如图 10-29 所示。

```
0 ──┤X001├─────────────────────────────────[SET  S20 ]

      S20
3 ──┤  ├──────────────────────────────────────(Y000 )
    │                                      K10
    └─────────────────────────────────────────(T0   )

      T0
8 ──┤  ├───────────────────────────────────[SET  S21 ]
    │
    └──────────────────────────────────────[RST  S20 ]
```

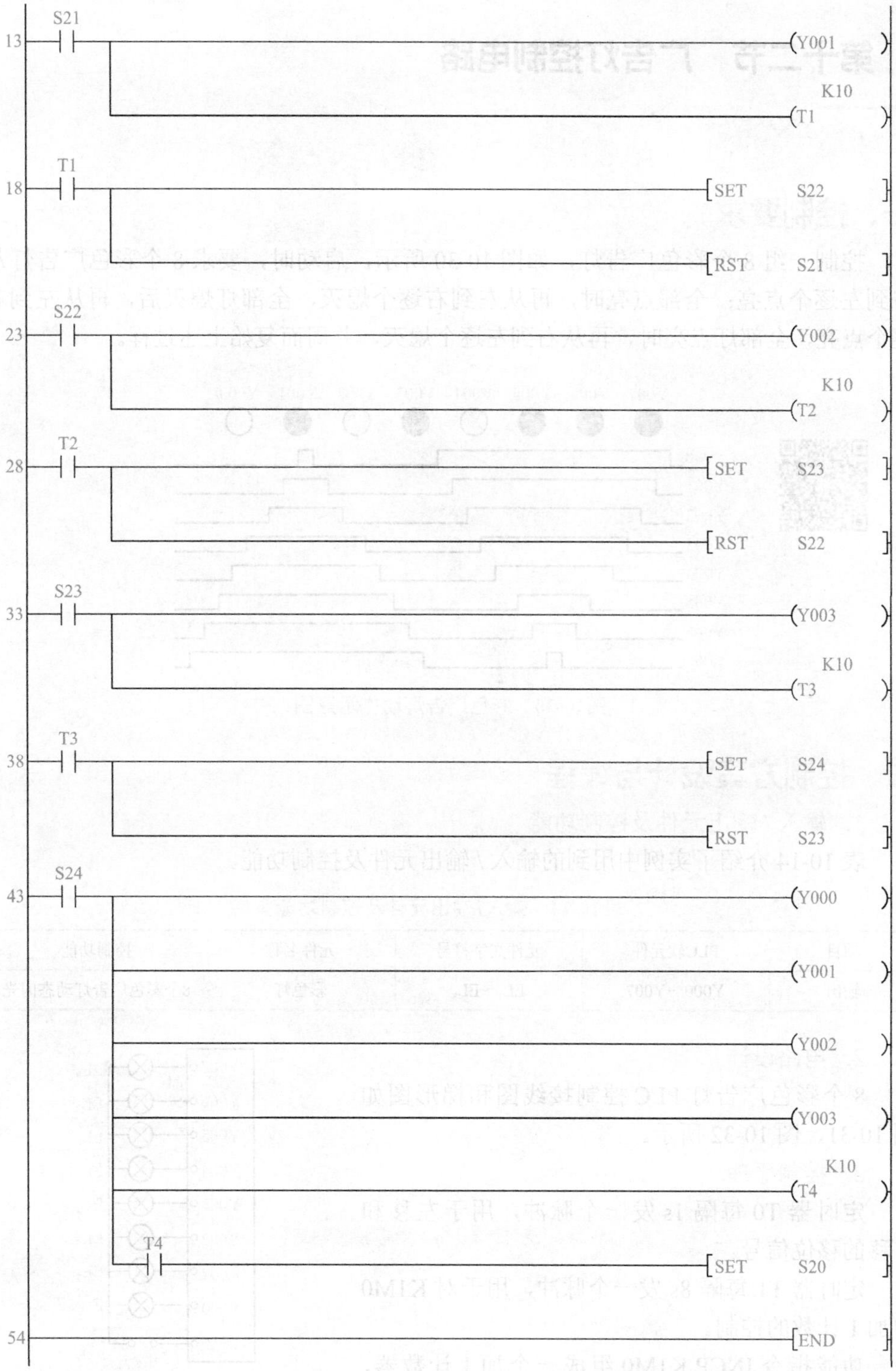

图10-29　霓虹灯闪烁三菱FX3U（C）系列PLC控制梯形图

第十二节　广告灯控制电路

一、控制要求

控制一组 8 个彩色广告灯，如图 10-30 所示，启动时，要求 8 个彩色广告灯从右到左逐个点亮；全部点亮时，再从左到右逐个熄灭，全部灯熄灭后，再从左到右逐个点亮，全部灯点亮时，再从右到左逐个熄灭，并周而复始上述过程。

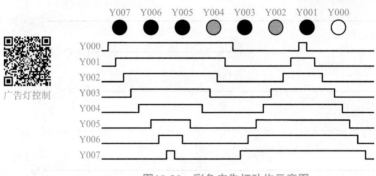

图10-30　彩色广告灯动作示意图

二、控制方案设计与编程

1. 输入 / 输出元件及控制功能

表 10-14 介绍了实例中用到的输入 / 输出元件及控制功能。

表10-14　输入/输出元件及控制功能

项目	PLC软元件	元件文字符号	元件名称	控制功能
输出	Y000~Y007	EL_1~EL_8	彩色灯	8个彩色广告灯动态闪光

2. 电路设计

8 个彩色广告灯 PLC 控制接线图和梯形图如图 10-31、图 10-32 所示。

3. 控制原理

定时器 T0 每隔 1s 发一个脉冲，用于左移和右移的移位信号。

定时器 T1 每隔 8s 发一个脉冲，用于对 K1M0 的加 1 计数的控制。

功能指令 INCP K1M0 组成一个加 1 计数器，计数值用 K1M0 表示，M1、M0 的计数值用于左

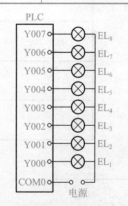

图10-31　彩色广告灯PLC控制接线图

290

右移位的控制，其结果如表 10-15 所示。

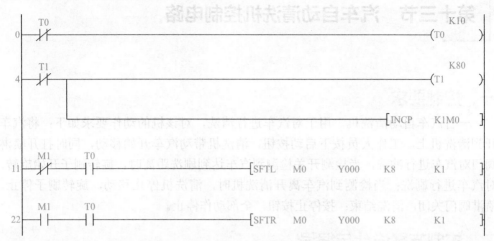

图10-32　梯形图

表10-15　计数值和控制结果的对应关系

T1脉冲	M1	M0	控制结果
0	0	1	左移，逐渐点亮
1	1	0	右移，逐渐熄灭
2	1	1	右移，逐渐点亮
3	0	0	左移，逐渐熄灭

　　PLC 开始运行时，T1 常闭接点闭合，执行一次 INCP K0M0 指令，K1M0=0001，M1=0，M0=1，M1 常闭接点闭合，执行左移指令 SFTL；T0 每隔 1s 发一个脉冲，将 M0 的 1 依次左移到 Y000 ～ Y007 中，EL_1 ～ EL_8 依次点亮。

　　T1 隔 8s 发一个脉冲，执行一次 INCP K1M0 指令，K1M0=0010，M1=1，M0=0，M1 常开接点闭合，执行右移指令 SFTR；T0 每隔 1s 发一个脉冲，将 M0 的 0 依次右移到 Y007 ～ Y000 中，EL_8 ～ EL_1 依次熄灭。

　　T1 再隔 8s 发一个脉冲，执行一次 INCP K1M0 指令，K1M0=0011，M1=1，M0=1，M1 常开接点闭合，执行右移指令 SFTR；T0 每隔 1s 发一个脉冲，将 M0 的 0 依次右移到 Y007 ～ Y000 中，EL_8 ～ EL_1 依次点亮。

　　T1 再隔 8s 发一个脉冲，执行一次 INCP K1M0 指令，K1M0=0100，M1=0，M0=0，M1 常开接点闭合，执行左移指令 SFTL；T0 每隔 1s 发一个脉冲，将 M0 的 0 依次左移到 Y000 ～ Y007 中，EL_1 ～ EL_8 依次熄灭。

　　T1 每隔 8s 发一个脉冲，不断重复上述过程。

第十三节　汽车自动清洗机控制电路

一、控制要求

一台汽车自动清洗机，用于对汽车进行清洗，对该机的动作要求如下：将汽车开到清洗机上，工作人员按下启动按钮，清洗机带动汽车开始移动，同时打开喷淋阀门对汽车进行冲洗，当检测开关检测到汽车达到刷洗距离时，旋转刷子开始旋转，对汽车进行刷洗；当检测到汽车离开清洗机时，清洗机停止移动，旋转刷子停止，喷淋阀门关闭，清洗结束；按停止按钮，全部动作停止。

二、控制方案设计与编程

1. 输入/输出元件及控制功能

表 10-16 介绍了实例中用到的输入/输出元件及控制功能。

表 10-16　输入/输出元件及控制功能

项目	PLC软元件	元件文字符号	元件名称	控制功能
输入	X000	SB₁	启动按钮	启动清洗机
	X001	SB₂	停止按钮	停止清洗机
	X002	SQ	检测开关	检测汽车达到刷洗距离
输出	Y000	YV	电阻测线圈	控制喷淋阀门
	Y001	KM₁	接触器1	控制清洗机移动
	Y002	KM₂	接触器2	控制旋转刷子旋转

2. 电路设计

汽车自动清洗机 PLC 接线图和梯形图如图 10-33、图 10-34 所示。

汽车自动清洗机控制

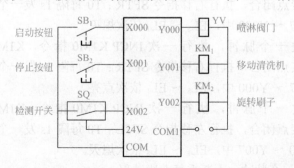

图10-33　汽车自动清洗机PLC接线图

3. 控制原理

按下启动按钮 X000 时，输出继电器 Y000、Y001 同时得电自锁（实际上可以用一个输出继电器 Y000 在输出电路同时控制清洗机喷淋阀门），清洗机移动并打开清洗机喷淋阀门，当清洗机上的汽车移动到检测开关 X002 时，X002 接点动作接通 Y002，旋转刷子开始旋转，对汽车进行刷洗，当汽车离开检测开关 X002 时，X002 接点断开，M0 产生一个下降沿脉冲，其 M0 常闭接点断开自锁回路，全部输出断开，清洗过程结束。

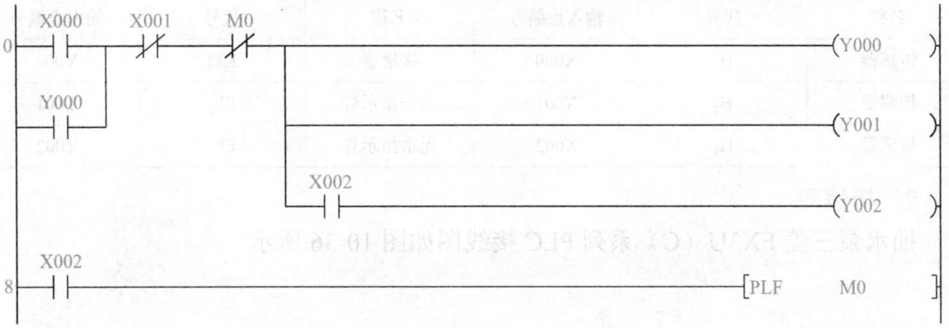

图10-34　汽车自动清洗机PLC梯形图

第十四节　抽水泵控制电路

一、控制要求

抽水泵自动控制示意图如图 10-35 所示，其 H_1 为池中有无水检测传感器，H_2 为池中水位检测传感器，H_3 为池中高水位检测传感器，所有传感器在检测到有水时动作（即动合触点闭合，动断触点断开），无水时复位。

① 当液位传感器 H_1 检测到储水池有水，并且传感器 H_2 检测到水塔处于低水位时，抽水泵电动机运行，抽水到水塔。

② 当 H_1 检测到储水池无水，电动机停止运行，同时池干指示灯亮。

③ 若传感器 H_3 检测到水塔水满（高于上限），电动机停止运行。

④ 若传感器 H_2 检测到水塔内水位低于下限，水塔无水指示灯亮。

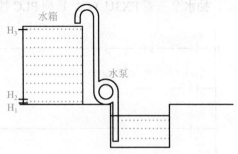

图10-35　抽水泵自动控制示意图

二、PLC接线与编程

1. I/O口分配表

抽水泵三菱 FX3U（C）系列 PLC 控制 I/O 口分配见表 10-17。

表 10-17　抽水泵三菱 FX3U（C）系列 PLC 控制 I/O 口分配表

输入信号			输出信号		
名称	代号	输入点编号	名称	代号	输出点编号
传感器	H_1	X000	接触器	KM	Y000
传感器	H_2	X001	池干指示灯	EL_1	Y001
传感器	H_3	X002	无水指示灯	EL_2	Y002

2. 接线图

抽水泵三菱 FX3U（C）系列 PLC 接线图如图 10-36 所示。

抽水泵控制

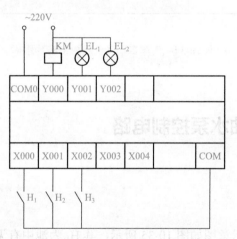

图10-36　抽水泵三菱FX3U（C）系列PLC接线图

3. 梯形图

抽水泵三菱 FX3U（C）系列 PLC 控制梯形图如图 10-37 所示。

图10-37　抽水泵三菱FX3U（C）系列PLC控制梯形图

第十五节　搅拌机控制电路

一、控制要求

控制一台搅拌机，当按下启动按钮时，电动机正转 10s，停 5s，反转 10s，停 5s，反复循环，工作 15min 停止。

二、控制方案设计与编程

1. 输入 / 输出元件及控制功能

表 10-18 介绍了实例中用到的输入 / 输出元件及控制功能。

表 10-18　输入/输出元件及控制功能

项目	PLC软元件	元件文字符号	元件名称	控制功能
输入	X000	SB_1	启动按钮	电动机启动
	X001	SB_2	停止按钮	电动机停止
输出	Y000	KM_1	正转接触器	控制电动机正转
	Y001	KM_2	反转接触器	控制电动机反转

2. 电路设计

搅拌机控制 PLC 接线图、梯形图和时序图如图 10-38 ～图 10-40 所示。

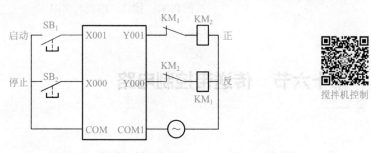

图10-38　搅拌机控制接线图

搅拌机控制

3. 控制原理

按下启动按钮 X000，M0 得电自锁，定时器 T0 得电，延时 15min（900s）断开电路，停止工作。

启动后 M0=1，梯形图中定时器 T1、T2 组成一个 10s 断、5s 通的振荡电路，每振荡一次 M1 由 0 到 1 交替翻转一次，如图 10-40 所示，根据控制要求，电动机正转 10s，停 5s；反转 10s，停 5s。

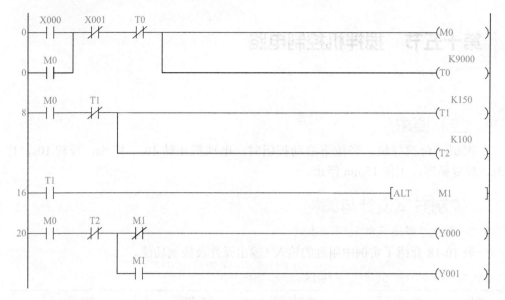

图10-39 搅拌机控制梯形图

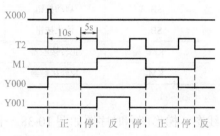

图10-40 搅拌机控制时序图

第十六节 传送带控制电路

一、控制要求

由三条传送带组成的零件传送带如图10-41所示，从传送带左侧滑槽上，每30s向传送带1提供一个零件。

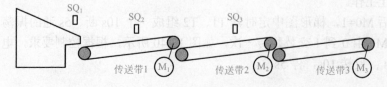

图10-41 传送带示意图

按下启动按钮，系统开始进入准备状态，当有零件经过接近开关 SQ₁ 时，启动传送带 1，零件过 SQ₂ 时，启动传送带 2，当零件经过 SQ₃ 时，启动传送带 3，如果 SQ₁ ～ SQ₃ 在皮带上 60s 未检测到零件视为故障，需要闪烁报警。如果 SQ₁ 在 100s 内未检测到零件则停止全部传送带。按下停止按钮，全部传送带停止。

二、控制方案设计与编程

1. 输入/输出元件及控制功能

表 10-19 介绍了实例中用到的输入/输出元件及控制功能。

表 10-19　输入/输出元件及控制功能

项目	PLC软元件	元件文字符号	元件名称	控制功能
输入	X000	SB₁	启动按钮	启动
	X001	SB₂	停止按钮	停止
	X002	SQ₁	限位开关1	零件检测
	X003	SQ₂	限位开关2	零件检测
	X004	SQ₃	限位开关3	零件检测
输出	Y000	KM₁	接触器1	传送带1
	Y001	KM₂	接触器2	传送带2
	Y002	KM₃	接触器3	传送带3
	Y003	HL₂	报警灯	故障报警

2. 电路设计

传送带 PLC 接线图如图 10-42 所示，梯形图如图 10-43 所示。

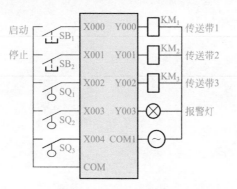

传送带控制

图10-42　传送带接线图

3. 控制原理

按下启动按钮 X000，主控线圈 M0 得电自锁，MC ～ MCR 之间的电路被接通。当有零件通过限位开关 X002 时，X002 常开接点闭合，Y000 线圈得电自锁，第一条传送带启动。当零件通过限位开关 X003 时，X003 常开接点闭合，Y001 线圈得电自锁，第二条传送带启动。当零件通过限位开关 X004 时，X004 常开接点闭合，Y002

线圈得电自锁，第三条传送带启动。

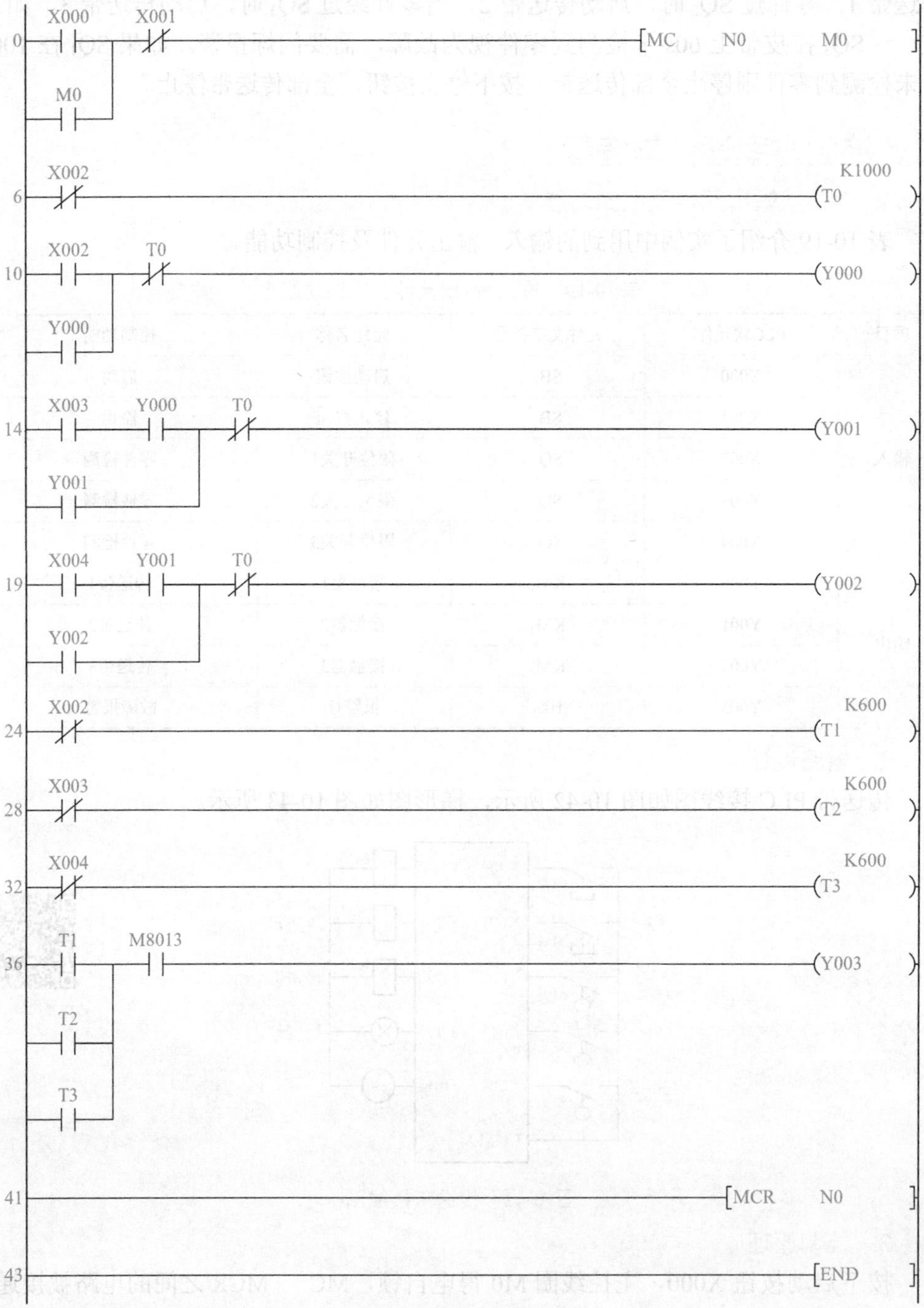

图10-43　传送带梯形图

当限位开关 X002 ～ X004 在 60s 内没有零件通过，X002 ～ X004 的常闭接点闭合使定时器 T1 ～ T3 动作，接通报警灯 Y003 闪动报警。当限位开关 X002 在 100s 内没有零件通过，X002 的常闭接点闭合使定时器 T0 动作，断开 Y001 ～ Y003，传送带全部停止。

第十七节 传送带产品检测PLC控制

一、控制要求

一条传送带传送产品，从前道工序过来的产品按等间距排列，如图 10-44 所示。传送带入口处，每进来一个产品，光电计数器发出一个脉冲，同时，质量检测传感器对该产品进行检测，如果该产品合格，输出逻辑信号"0"，如果产品不合格，输出逻辑信号"1"，将不合格产品位置记忆下来，当不合格产品到电磁推杆位置（第 6 个产品间距）时，电磁推杆动作，将不合格产品推出，当产品推出到位时，推杆限位开关动作，使电磁铁断电，推杆返回到原位。

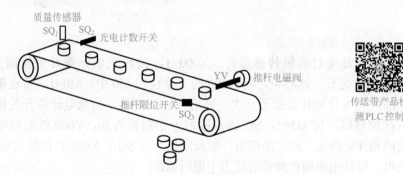

图10-44 传送带检测示意图

二、控制方案设计与编程

1. 输入 / 输出元件及控制功能

表 10-20 介绍了实例中用到的输入 / 输出元件及控制功能。

表10-20 输入/输出元件及控制功能

项目	PLC软元件	元件文字符号	元件名称	控制功能
输入	X000	SQ_1	质量传感器	次品检测
	X001	SQ_2	光电开关	产品计数
	X002	SQ_3	限位开关	使推杆复位
输出	Y000	YV	推杆电磁阀	将次品推出

2. 电路设计

传送带产品检测 PLC 接线图和梯形图如图 10-45、图 10-46 所示。

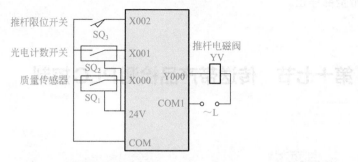

图10-45 传送带产品检测PLC控制接线图

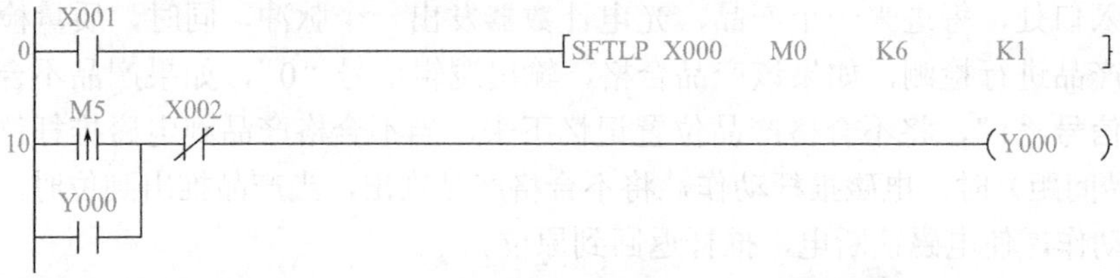

```
      X001
0  ───┤├──────────────────────[SFTLP X000    M0    K6    K1 ]
      M5    X002
10 ───┤├────┤/├───────────────────────────────────( Y000 )
      Y000
   ───┤├──
```

图10-46 梯形图

3. 控制原理

当次品通过质量传感器时，X000=1，同时光电计数开关检测到有产品通过，X001=1，进行一次移位，将 X000 的 1 移位到 M0 中，M0=1，传送带每次传送一个产品，光电计数开关接通一次，并进行一次移位，当光电计数开关接通六次并进行六次位移时，使 M5=1，M5 接点接通一个扫描周期，Y000 线圈得电并自锁，推杆电磁阀 YV 得电，将次品推出，触及限位开关 SQ₃，X002 常闭接点断开，Y000 线圈失电，推杆电磁阀在弹簧的反力下退回原位。

第十八节 步进电机控制电路

一、控制要求

四相八拍步进电机接线原理如图 10-47 所示，其中接线端 A～D 为脉冲电源输入端，E、F 为公共端，其控制要求为：

① 按下正向启动按钮，步进电机按以下时序正向转动：

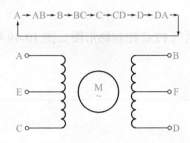

步进电机
控制

图10-47 四相八拍步进电机接线原理图

② 按下反向启动按钮，步进电机按以下时序反向转动：

$$DA \rightarrow D \rightarrow CD \rightarrow C \rightarrow BC \rightarrow B \rightarrow AB \rightarrow A$$

③ 当选择慢速时为 1 步 /s ；当选择快速时为 1 步 /0.1s。

二、PLC 接线与编程

1. I/O 口分配表

步进电机 FX2N 系列 PLC 控制 I/O 口分配表见表 10-21。

表 10-21 步进电机 FX2N 系列 PLC 控制 I/O 口分配表

输入信号			输出信号		
名称	代号	输入点编号	名称	代号	输出点编号
正向启动按钮	SB_1	X000	A相输入端	KA_1	Y000
反向启动按钮	SB_2	X001	B相输入端	KA_2	Y001
停止按钮	SB_3	X002	C相输入端	KA_3	Y002
速度控制按钮	SA	X003	D相输入端	KA_4	Y003

2. 接线图

步进电机三菱 FX2N 系列 PLC 控制接线图如图 10-48 所示。

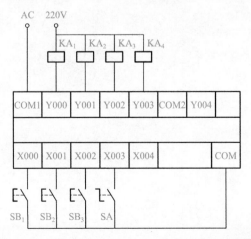

图10-48 步进电机三菱FX2N系列PLC控制接线图

3. 梯形图

步进电机三菱 FX2N 系列 PLC 控制梯形图如图 10-49 所示。

```
       X000    X002    M21
  0 ├──┤├──┬──┤/├──────┤/├─────────────────────────────────────(M20  )
       M20   │
     ├──┤├───┘

       X001    X002    X020
  5 ├──┤├──┬──┤/├──────┤/├─────────────────────────────────────(M21  )
       X021  │
     ├──┤├───┘

       M1     M2     M3     M4     M5     M6     M7     M20
 10 ├──┤/├───┤/├────┤/├────┤/├────┤/├────┤/├────┤/├────┤├──────(M0   )

       M11    M12    M13    M14    M15    M16    M17    M21
 19 ├──┤/├───┤/├────┤/├────┤/├────┤/├────┤/├────┤/├────┤├──────(M18  )

       M8013   X003
 28 ├──┤├──────┤├───┬───────────────────[SFTL   M0    M1    K8    K1  ]
       M8012   X003 │
     ├──┤├──────┤/├─┘───────────────────[SFTR   M18   M17   K8    K1  ]

       M8
 51 ├──┤├───────────────────────────────────────[ZRST   M1    M8   ]

       M10
 57 ├──┤├───────────────────────────────────────[ZRST   M11   M18  ]

       M0
 63 ├──┤├──┬──────────────────────────────────────────────────(Y000 )
       M1   │
     ├──┤├──┤
       M7   │
     ├──┤├──┤
       M10  │
     ├──┤├──┤
       M12  │
     ├──┤├──┤
       M13  │
     ├──┤├──┘
```

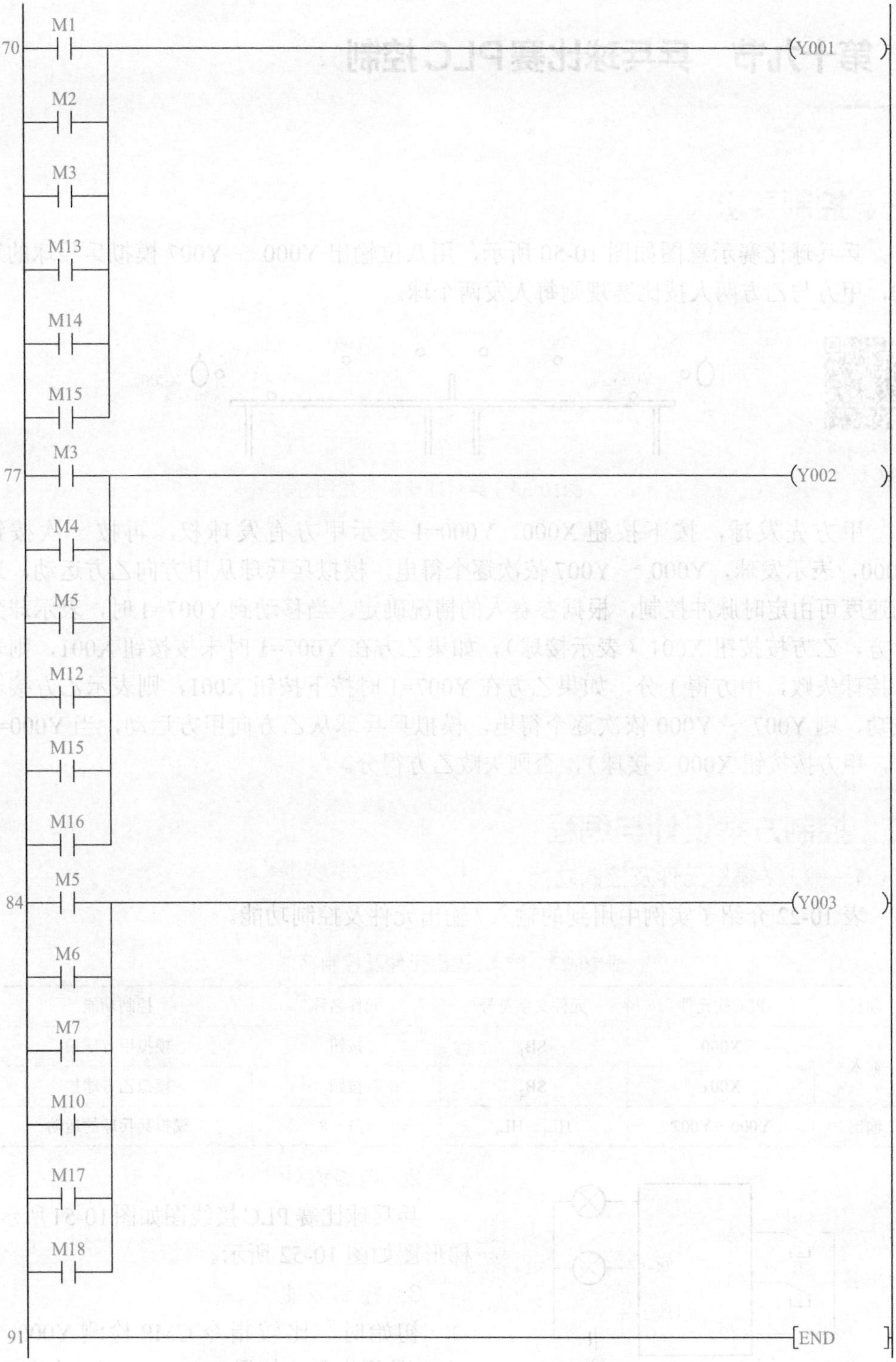

```
        M1
70  ├──┤ ├──────────────────────────────────────────────────(Y001)
        M2
    ├──┤ ├──
        M3
    ├──┤ ├──
        M13
    ├──┤ ├──
        M14
    ├──┤ ├──
        M15
    ├──┤ ├──

        M3
77  ├──┤ ├──────────────────────────────────────────────────(Y002)
        M4
    ├──┤ ├──
        M5
    ├──┤ ├──
        M12
    ├──┤ ├──
        M15
    ├──┤ ├──
        M16
    ├──┤ ├──

        M5
84  ├──┤ ├──────────────────────────────────────────────────(Y003)
        M6
    ├──┤ ├──
        M7
    ├──┤ ├──
        M10
    ├──┤ ├──
        M17
    ├──┤ ├──
        M18
    ├──┤ ├──

91  ──────────────────────────────────────────────────────[END]
```

图10-49 步进电机三菱FX2N系列PLC控制梯形图

303

第十九节　乒乓球比赛PLC控制

一、控制要求

乒乓球比赛示意图如图10-50所示，用八位输出Y000～Y007模拟乒乓球的运动，甲方与乙方两人按比赛规则每人发两个球。

乒乓球比赛
PLC控制

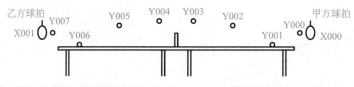

图10-50　乒乓球比赛示意图

甲方先发球，按下按钮X000，Y000=1表示甲方有发球权，再按一次按钮X000，表示发球，Y000～Y007依次逐个得电，模拟乒乓球从甲方向乙方运动，运动速度可由定时脉冲控制，根据参赛人的情况确定，当移动到Y007=1时，表示球到对方，乙方按按钮X001（表示接球），如果乙方在Y007=1时未按按钮X001，则表示接球失败，甲方得1分，如果乙方在Y007=1时按下按钮X001，则表示乙方接球成功，则Y007～Y000依次逐个得电，模拟乒乓球从乙方向甲方运动，当Y000=1时，甲方按按钮X000（接球），否则失败乙方得分。

二、控制方案设计与编程

1. 输入/输出元件及控制功能

表10-22介绍了实例中用到的输入/输出元件及控制功能。

表10-22　输入/输出元件及控制功能

项目	PLC软元件	元件文字符号	元件名称	控制功能
输入	X000	SB$_1$	按钮	模拟甲方球拍
	X001	SB$_2$	按钮	模拟乙方球拍
输出	Y000～Y007	HL$_1$～HL$_8$	灯1～8	模拟乒乓球的运动

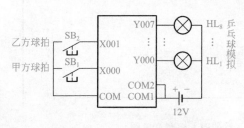

图10-51　乒乓球比赛接线图

2. 电路设计

乒乓球比赛PLC接线图如图10-51所示，梯形图如图10-52所示。

3. 控制原理

初始时，比较指令CMP检测Y000～Y007是否为零，如果Y000～Y007均为零，则M11=1，表示比赛还没有开始，M11常

304

开接点闭合。

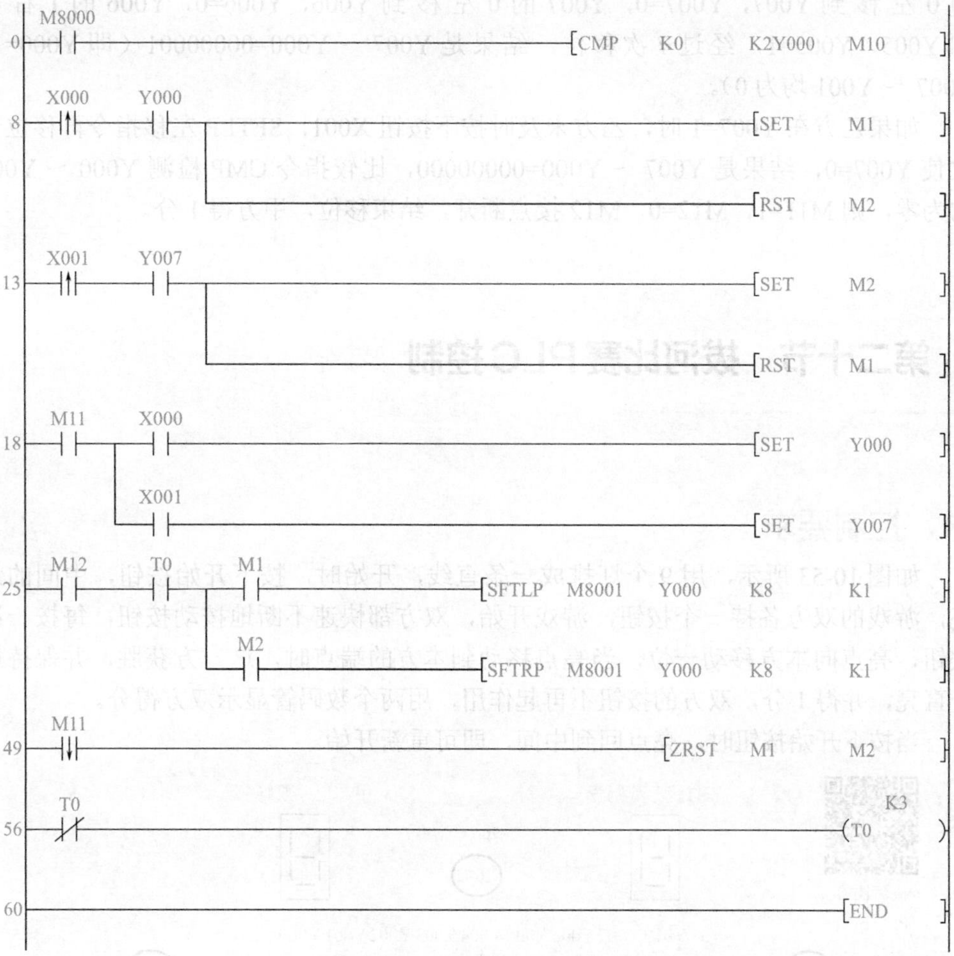

图10-52 乒乓球比赛梯形图

甲方先发球，按下按钮 X000，Y000 置位，Y000=1，表示甲方具有发球权，这时，利用比较指令 CMP 检测 Y000～Y007，结果大于零（因为 Y000=1），则 M11=0，M12=1，Y000 常开接点闭合，再按一下按钮 X000，X000 上升沿接点使 M1 置位，M1 常开接点闭合，接通 SFTLP 左移指令，定时器 T0 每隔 0.3s 发出一个脉冲，SFTLP 左移指令每隔 0.3s 左移一次。由于 M8001=0，Y000=1，第一次移位结果是：M8001 的 0 左移到 Y000，Y000=0，Y000 的 1 左移到 Y001，Y001=1。第二次移位结果是：M8001 的 0 左移到 Y000，Y000=0，Y000 的 0 左移到 Y001，Y001=0，Y001 的 1 左移到 Y002，Y002=1。经过 7 次移位，结果是 Y007～Y000=10000000（即 Y007=1，Y006～Y000 均为 0）。

在 Y007=1 时，乙方及时按下按钮 X001，表示接球，使 M2 置位，M1 复位，结果 SFTLP 左移断开，SFTRP 右移指令接通，第一次移位结果是：M8001 的 0 右移到 Y007，Y007=0，Y007 的 1 右移到 Y006，Y006=1。第二次右移结果是：M8001 的 0 左移到 Y007，Y007=0，Y007 的 0 左移到 Y006，Y006=0，Y006 的 1 右移到 Y005，Y005=1，经过 7 次移位，结果是 Y007～Y000=00000001（即 Y000=1，Y007～Y001 均为 0）。

如果乙方在 Y007=1 时，乙方未及时按下按钮 X001，SFTLP 左移指令再移位一次使 Y007=0，结果是 Y007～Y000=00000000，比较指令 CMP 检测 Y000～Y007 均为零，则 M11=1，M12=0，M12 接点断开，结束移位，甲方得 1 分。

第二十节　拔河比赛 PLC 控制

一、控制要求

如图 10-53 所示，用 9 个灯排成一条直线，开始时，按下开始按钮，中间的灯亮，游戏的双方各持一个按钮，游戏开始，双方都快速不断地按动按钮，每按一次按钮，亮点向本方移动一位，当亮点移动到本方的端点时，这一方获胜，并保持灯一直亮，并得 1 分，双方的按钮不再起作用，用两个数码管显示双方得分。

当按下开始按钮时，亮点回到中间，即可重新开始。

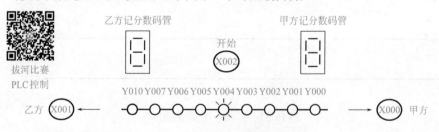

图10-53　拔河比赛示意图

二、控制方案设计与编程

1. 输入/输出元件及控制功能

表 10-23 介绍了实例中用到的输入/输出元件及控制功能。

表10-23　输入/输出元件及控制功能

项目	PLC软元件	元件文字符号	元件名称	控制功能
	X000	SB$_1$	按钮	模拟甲方拔河
输入	X001	SB$_2$	按钮	模拟乙方拔河
	X002	SB$_3$	按钮	拔河开始

续表

项目	PLC软元件	元件文字符号	元件名称	控制功能
输出	Y000~Y010	HL$_1$~HL$_9$	灯1~9	模拟绳子的运动
	Y011~Y017		七段数码管	显示甲方得分
	Y020~Y026		七段数码管	显示乙方得分

2. 电路设计

拔河比赛 PLC 接线图和梯形图如图 10-54、图 10-55 所示。

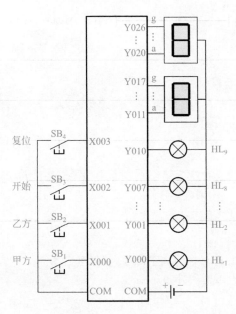

图10-54 接线图

首先裁判员按下开始按钮 X002，Y000 ～ Y010 全部复位后，再将 Y004 置位，中间一个灯表示拔河绳子的中点。游戏开始，甲方按按钮 X000，每按一次，亮点向甲方右移一位；乙方按按钮 X001，每按一次，亮点向乙方左移一位。双方都快速不断地按动按钮，每按一次按钮，亮点向本方移动一位。假如甲方移动快，当亮点移动到甲方的端点，Y000=1，Y000 常闭接点断开，不执行移位指令，双方的按钮不再起作用。Y000 常开接点闭合，执行加 1 指令，并得 1 分，并保持 Y000 灯一直亮，经 SEGD 译码，数码管显示得分。

同理，假如乙方移动快，当亮点移动到乙方的端点，Y010=0，Y010 常闭接点断开，不执行移位指令，双方的按钮不再起作用，Y010 常开接点闭合，执行加 1 指令，并得 1 分，并保持 Y010 灯一直亮，经 SEGD 译码，数码管显示得分。

再按下开始按钮 X002 时，亮点回到中间，即可重新开始。比赛结束时，再按下复位按钮 X003 时，比分复位。

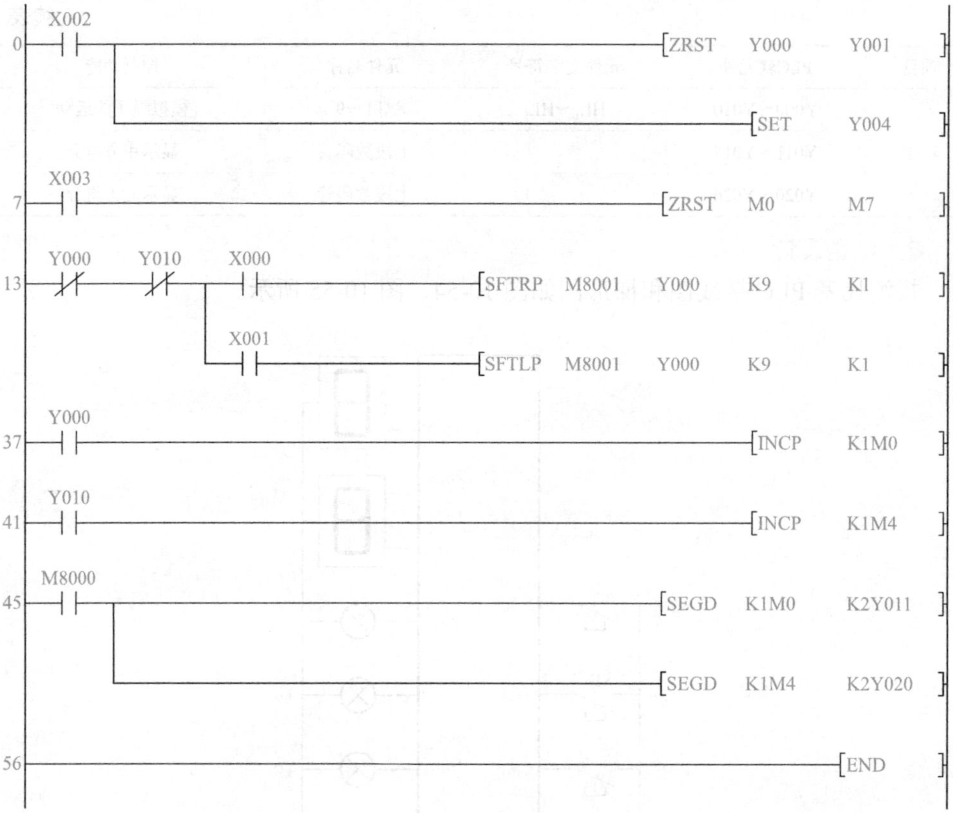

图10-55　梯形图

第二十一节　知识竞赛抢答PLC控制

一、控制要求

　　① 可供 4 个竞赛组进行竞赛，当某一组按下抢答按钮时，同时锁住其他组的抢答器，即其他组抢答无效。

　　② 抢答器设有复位开关，复位后可重新抢答。

　　③ 由数码显示器显示抢答的组号码，即当第 1 组抢答时数码管显示数字"1"，当第 2 组抢答时数码管显示数字"2"……以此类推。

二、PLC接线与编程

　　1. I/O 口分配表

　　知识竞赛抢答器 FX2N 系列 PLC 控制 I/O 口分配表见表 10-24。

表 10-24 知识竞赛抢答器 FX2N 系列 PLC 控制 I/O 口分配表

输入信号			输出信号		
名称	代号	输入点编号	名称	代号	输出点编号
复位按钮	SB_0	X000	A段显示管	A	Y000
第1组抢答按钮	SB_1	X001	B段显示管	B	Y001
第2组抢答按钮	SB_2	X002	C段显示管	C	Y002
第3组抢答按钮	SB_3	X003	D段显示管	D	Y003
第4组抢答按钮	SB_4	X004	E段显示管	E	Y004
			F段显示管	F	Y005
			G段显示管	G	Y006
			铃声输出	BY	Y007

2. 接线图

知识竞赛抢答器三菱 FX2N 系列 PLC 控制接线图如图 10-56 所示。

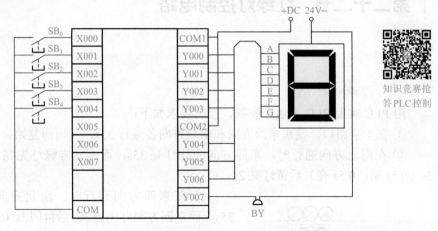

知识竞赛抢答 PLC 控制

图10-56 知识竞赛抢答器三菱FX2N系列PLC控制接线图

3. 梯形图

知识竞赛抢答器三菱 FX2N 系列 PLC 控制梯形图如图 10-57 所示。

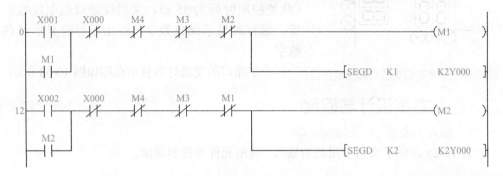

图10-57

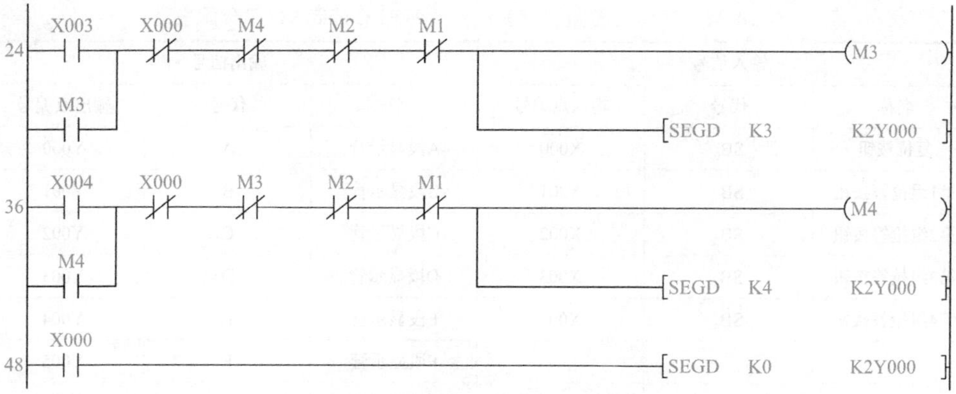

24
X003
X000
M4
M2
M1
M3
M3
SEGD K3 K2Y000
36
X004
X000
M3
M2
M1
M4
M4
SEGD K4 K2Y000
48
X000
SEGD K0 K2Y000

图10-57 知识竞赛抢答器三菱FX2N系列PLC控制梯形图

第二十二节 红绿灯控制电路

一、控制要求

用 PLC 实现 PLC 交通灯控制，控制要求如下：

① 在十字路口，要求东西方向和南北方向各通行 35s，并周而复始。

② 在南北方向通行时，东西方向的红灯亮 35s，而南北方绿灯先亮 30s 后再闪 3s（0.5s 暗，0.5s 亮）后黄灯亮 2s。

红 黄 绿
北
绿
黄
红
西
东
红
黄
绿
南
绿 黄 红

图10-58 十字路口交通灯布置示意图

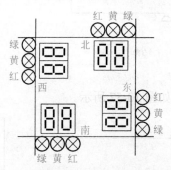

③ 在东西方向通行时，南北方向的红灯亮 35s，而东西方绿灯先亮30s后再闪3s(0.5s暗，0.5s 亮）后黄灯亮 2s。

④ 在东西方向和南北方向各设一组通行时间显示器，按倒计时的方式显示通行和停止时间（此处控制时间为 35 s），采用红绿双色七段数码管，通行时显示绿色数字，停止通行时显示红色数字。

十字路口的交通灯布置示意图如图 10-58 所示。

二、控制方案设计与编程

1. 输入 / 输出元件及控制功能

表 10-25 介绍了实例中用到的输入 / 输出元件及控制功能。

表10-25　输入/输出元件及控制功能

项目	PLC软元件	元件文字符号	元件名称	控制功能
输出	Y000			数码管显示绿色
	Y001			数码管显示红色
	Y004	HL_1	交通信号灯	显示东西方向绿灯
	Y005	HL_2	交通信号灯	显示东西方向黄灯
	Y006	HL_3	交通信号灯	显示南北方向绿灯
	Y007	HL_4	交通信号灯	显示南北方向黄灯
	Y017	HL_5	交通信号灯	显示南北方向红灯
	Y027	HL_6	交通信号灯	显示东西方向红灯
	Y010～Y016		七段数码管	显示十位数
	Y020～Y026		七段数码管	显示个位数

2. 电路设计

十字路口交通灯的接线图如图 10-59 所示，梯形图如图 10-60 所示。

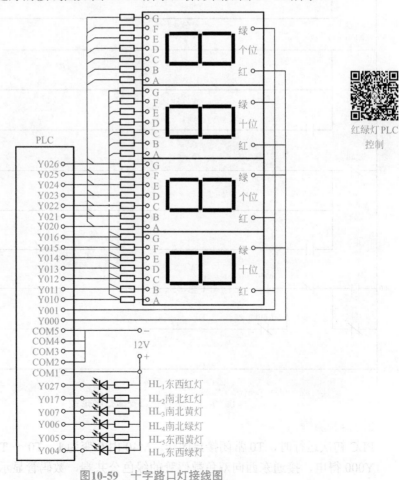

红绿灯 PLC
控制

图10-59　十字路口灯接线图

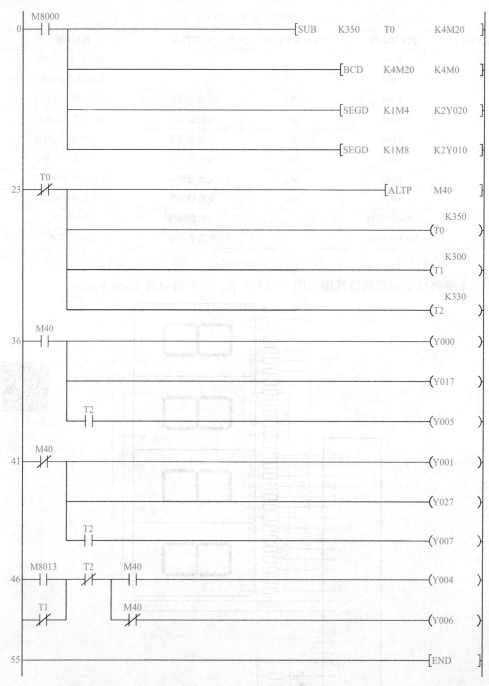

图10-60 十字路口交通灯梯形图

3. 控制原理

PLC 初次运行时，T0 常闭接点闭合，M40 由 0 变为 1，T0 ～ T2 同时得电。
Y000 得电，接通东西向双色数码管的绿色公共端，数码管显示绿色；接通南北向双色数码管的红色公共端，数码管显示红色。

Y17 得电，南北红灯亮；Y004 得电，东西绿灯亮。

T1 延时 30s，T1 常闭接点断开，Y004 经 M8013 得电，东西绿灯闪亮。

T2 延时 33s，T2 常闭接点断开，Y004 失电，T2 常开接点闭合，Y005 得电，东西黄灯亮。

T0 延时 35s，T0 常闭接点断开，T0 ～ T2 失电一个扫描周期又重得电，M40 由 1 变 0，M40 常闭接点闭合。

Y001 得电接通东西向双色数码管的红色公共端，数码管显示红色，接通南北向双色数码管的绿色公共端，数码管显示绿色。

Y027 得电，东西红灯亮；Y006 得电，南北绿灯亮。

T1 延时 30s，T1 常闭接点断开，Y006 经 M8013 得电，南北绿灯闪亮。

T2 延时 33s，T2 常闭接点断开，Y006 失电，T2 常开接点闭合，Y007 得电，东西黄灯亮。

T0 延时 35s，T0 常闭接点断开，T0 ～ T2 失电一低频扫描周期又重新得电，M40 由 0 变为 1，完成一个周期并周而复始。

M40、T0 ～ T2 的时序图如图 10-61 所示。

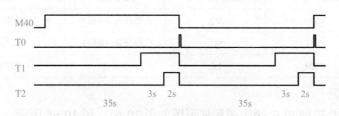

图10-61 M40、T0 ~ T2的时序图

梯形图中功能指令用于倒计时显示通行和停止时间。SUB 指令用于将 T0 的加计数值转换为倒计时值，并存放到 K4M20 中；BCD 指令用于将 K4M20 中二进制数转化成 BCD 码并存放到 K4M0 中，如图 10-62 所示；M7 ～ M4 中存放秒的个位数；M11 ～ M8 中存放秒的十位数，SEGD K1M4 K2M20 指令将秒的个位数进行译码，通过输出继电器 K2Y020 控制数码管显示秒的个位数；SEGD K1M8 K2Y010 指令是将秒的十位数进行译码，通过输出继电器 K2Y010 控制数码管显示秒的十位数。

在 SEGD 指令中，K2Y010 和 K2Y020 中的 Y017 和 Y027 被置零，未被用到，为了将 Y017 和 Y027 使用起来，可将 Y017 和 Y027 的线圈放到 SEGD 指令的后面，此例中 Y017 和 Y027 被分别用于南北方向的红灯和东西方向的红灯，参见图10-62。

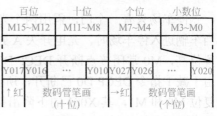

图10-62 SEGD指令工作原理图

第二十三节　停车场剩余车位控制电路

一、控制要求

某停车场有 50 个车位，用 PLC 对进出车辆进行计数。当车辆进入停车场时，计数值加 1，当车辆离开停车场时，计数值减 1，当计数值为 50 时车位已满，信号灯亮。如图 10-63 所示为小车进出示意图。

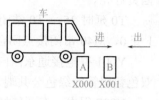

图10-63　小车进出示意图

二、控制方案设计与编程

1. 输入 / 输出元件及控制功能

表 10-26 介绍了实例中用到的输入 / 输出元件及控制功能。

表 10-26　输入 / 输出元件及控制功能

项目	PLC软元件	元件文字符号	元件名称	控制功能
输入	X000	SQ$_1$	光电开关（A相）	检测小车进出
	X001	SQ$_2$	光电开关（B相）	检测小车进出
输出	Y000	HL	信号灯	车辆已满信号

2. 电路设计

停车场计数控制 PLC 接线图和梯形图如图 10-64、图 10-65 所示。

停车场停车位控制电路

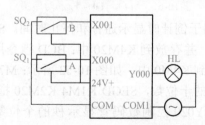

图10-64　停车场计数接线图

3. 控制原理

停车场只有一个门，需用两个光电开关检测车辆进出的方向，如图 10-65 所示。当车辆进入停车场时，光电开关 A 先动作，X000=1，数据寄存器 D0 加 1，同时 M0 置位高，M0 常闭接点断开 DECP D0 指令，接着当光电开关 B 再动作时，X001=1，由于减 1 指令 DECP D0 已断开，所以不能减数。当车辆进入后，X001=0，X001=0，复位 M0 和 M1，其 X001 的下降沿接点断开 M0 的自锁回路，为下一辆进入车辆计数做好准备。

图10-65　停车场计数控制梯形图

当车辆离开停车场时，光电开关 B 先动作，D0 中的数减 1，其动作原理与车辆进入时相似。

第二十四节　密码锁控制电路

一、控制要求

密码锁设有 6 个按键，具体控制如下：

① SB$_1$ 为千位按钮，SB$_2$ 为百位按钮，SB$_3$ 为十位按钮，SB$_4$ 为个位按钮。

② 开锁密码为 2345，即按顺序按下 SB$_1$ 两次，SB$_2$ 三次，SB$_3$ 四次，SB$_4$ 五次，再按下确认键 SB$_5$ 后电磁阀动作，密码锁被打开。

③ 按钮 SB$_6$ 为撤销键，如有操作错误可按此键撤销后重新操作。

④ 当输入错误密码三次时，按下确认键后报警灯 HL 点亮，蜂鸣器 HA 发出报警声响，同时七段数码管闪烁显示"0"和"8"。

⑤ 输入密码时，七段数码管显示当前输入值。

⑥ 系统待机时，七段数码管显示为"0"，等待开锁。

二、PLC接线与编程

1. I/O 口分配表

密码锁三菱 FX2N 系列 PLC 控制 I/O 口分配表见表 10-27。

表 10-27　密码锁三菱 FX2N 系列 PLC 控制 I/O 口分配表

输入信号			输出信号		
名称	代号	输入点编号	名称	代号	输出点编号
千位键按钮	SB$_1$	X000	七段显示 "a" 段	UA	Y000
百位键按钮	SB$_2$	X001	七段显示 "b" 段	UB	Y001
十位键按钮	SB$_3$	X002	七段显示 "c" 段	UC	Y002
个位键按钮	SB$_4$	X003	七段显示 "d" 段	UD	Y003
确认键按钮	SB$_5$	X004	七段显示 "e" 段	UE	Y004
撤销键按钮	SB$_6$	X005	七段显示 "f" 段	UF	Y005
			七段显示 "g" 段	UG	Y006
			报警灯	HL	Y010
			蜂鸣器	HA	Y011
			开锁电磁阀	YV	Y012

2. 接线图

密码锁三菱 FX2N 系列 PLC 控制接线图如图 10-66 所示。

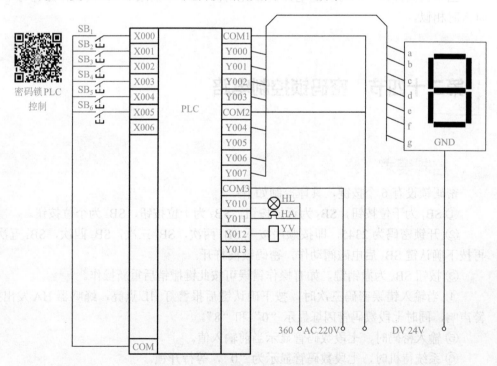

图10-66　密码锁三菱FX2N系列PLC控制接线图

3. 梯形图

密码锁三菱 FX2N 系列 PLC 控制梯形图如图 10-67 所示。

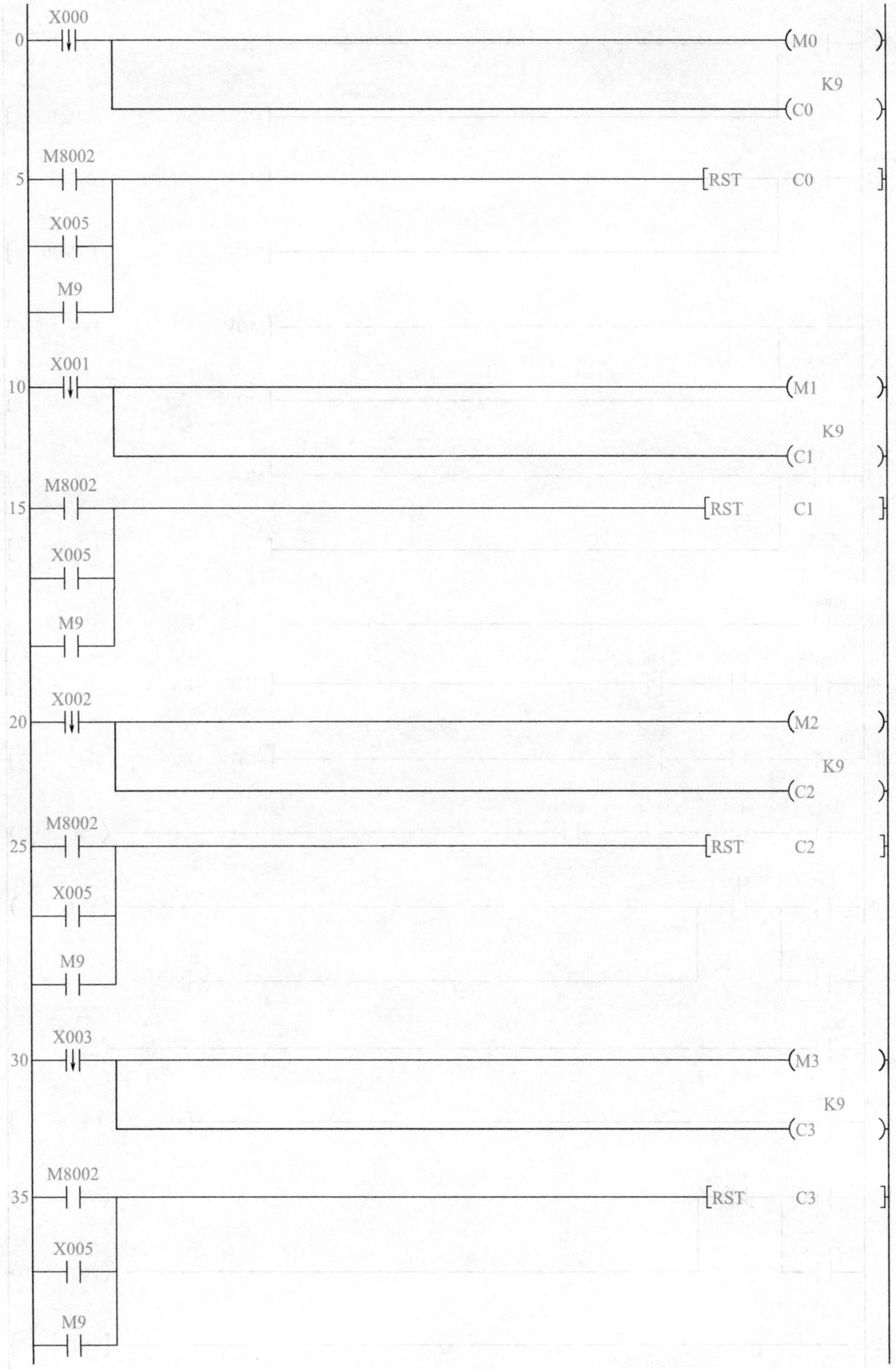

```
        X000
  0 ─────┤↓├──┬──────────────────────────────────────(M0 )
              │                                           K9
              └──────────────────────────────────────(C0 )

        M8002
  5 ─────┤├──┬──────────────────────────────[RST    C0 ]
        X005  │
       ──┤├──┤
        M9    │
       ──┤├──┘

        X001
 10 ─────┤↓├──┬──────────────────────────────────────(M1 )
              │                                           K9
              └──────────────────────────────────────(C1 )

        M8002
 15 ─────┤├──┬──────────────────────────────[RST    C1 ]
        X005  │
       ──┤├──┤
        M9    │
       ──┤├──┘

        X002
 20 ─────┤↓├──┬──────────────────────────────────────(M2 )
              │                                           K9
              └──────────────────────────────────────(C2 )

        M8002
 25 ─────┤├──┬──────────────────────────────[RST    C2 ]
        X005  │
       ──┤├──┤
        M9    │
       ──┤├──┘

        X003
 30 ─────┤↓├──┬──────────────────────────────────────(M3 )
              │                                           K9
              └──────────────────────────────────────(C3 )

        M8002
 35 ─────┤├──┬──────────────────────────────[RST    C3 ]
        X005  │
       ──┤├──┤
        M9    │
       ──┤├──┘
```

图10-67

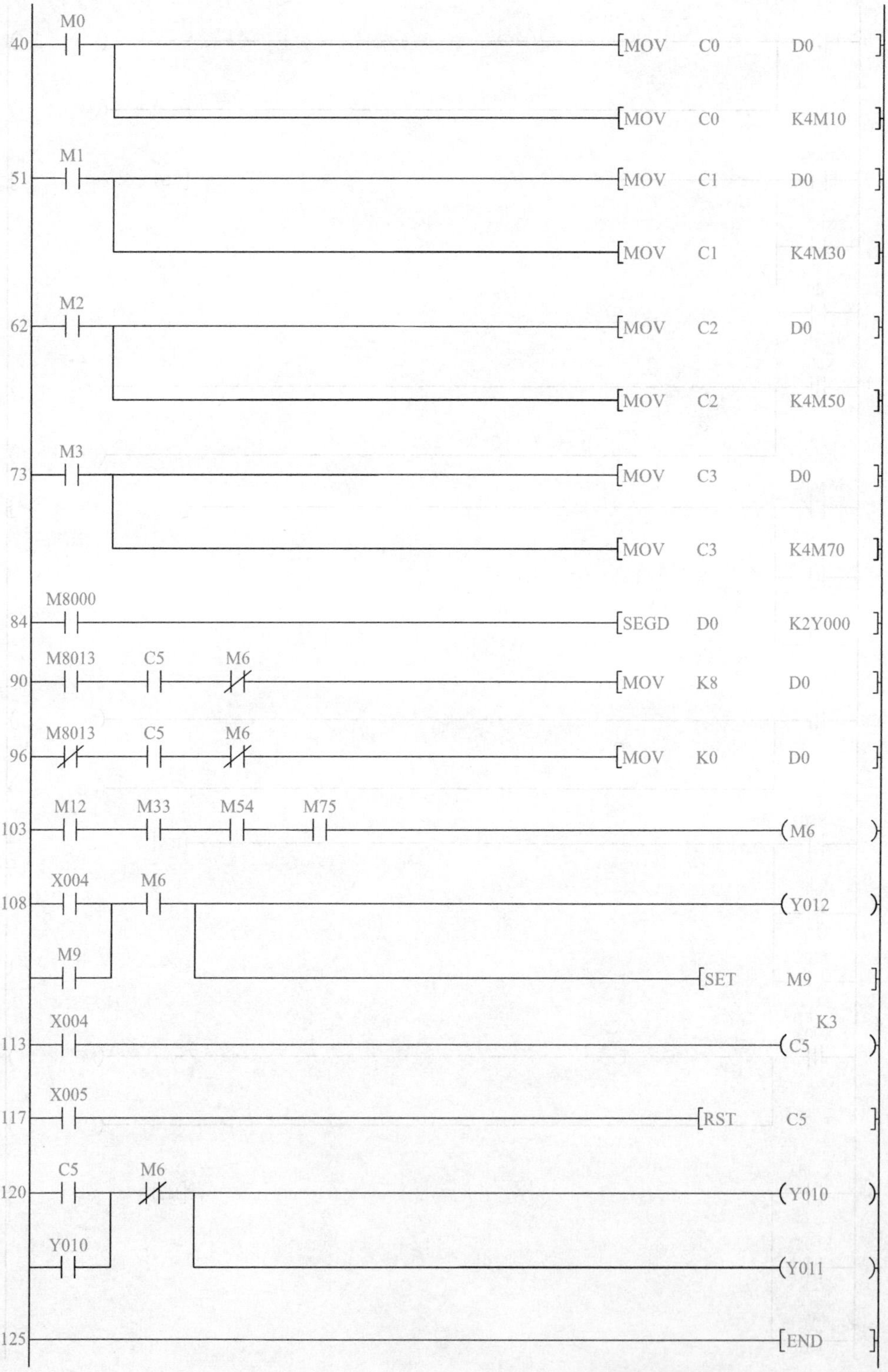

```
        M0
40  ├─┤├──────────────────────────────────────────┤MOV    C0     D0    ├

                                                    ┤MOV    C0     K4M10 ├

        M1
51  ├─┤├──────────────────────────────────────────┤MOV    C1     D0    ├

                                                    ┤MOV    C1     K4M30 ├

        M2
62  ├─┤├──────────────────────────────────────────┤MOV    C2     D0    ├

                                                    ┤MOV    C2     K4M50 ├

        M3
73  ├─┤├──────────────────────────────────────────┤MOV    C3     D0    ├

                                                    ┤MOV    C3     K4M70 ├

        M8000
84  ├─┤├──────────────────────────────────────────┤SEGD   D0     K2Y000├

        M8013   C5     M6
90  ├─┤├────┤├────┤/├────────────────────────────┤MOV    K8     D0    ├

        M8013   C5     M6
96  ├─┤/├────┤├────┤/├────────────────────────────┤MOV    K0     D0    ├

        M12    M33    M54    M75
103 ├─┤├────┤├────┤├────┤├────────────────────────────────────────(M6   )

        X004    M6
108 ├─┤├────┤├───────────────────────────────────────────────────(Y012 )
        M9
    ├─┤├──┘                                          ┤SET    M9    ├

        X004                                                 K3
113 ├─┤├──────────────────────────────────────────────────────(C5   )

        X005
117 ├─┤├────────────────────────────────────────────┤RST    C5    ├

        C5     M6
120 ├─┤├────┤/├───────────────────────────────────────────────(Y010 )
        Y010
    ├─┤├──┘───────────────────────────────────────────────────(Y011 )

125 ├────────────────────────────────────────────────────────┤END   ├
```

图10-67　密码锁三菱FX2N系列PLC控制梯形图

第二十五节 饮料自动售货控制电路

饮料自动售货 PLC 控制

一、控制要求

一台饮料自动出售机用于出售汽水和咖啡两种饮料，汽水 12 元一杯，咖啡 15 元一杯，顾客可以投入 1 元、5 元和 10 元三种硬币，当投入的硬币钱数大于或等于 12 元时，汽水灯亮，当投入的硬币钱数大于或等于 15 元时，咖啡灯亮，按下出汽水按钮，自动出汽水一杯，并找出多余零钱，按咖啡按钮，自动出咖啡一杯，并找出多余零钱。

二、控制方案设计与编程

1. 输入 / 输出元件及控制功能

表 10-28 介绍了实例中用到的输入 / 输出元件及控制功能。

表 10-28 输入 / 输出元件及控制功能

项目	PLC软元件	元件文字符号	元件名称	控制功能
输入	X000	SQ_1	检测元件	1元检测
	X001	SQ_2	检测元件	5元检测
	X002	SQ_3	检测元件	10元检测
	X003	SB_1	按钮1	出汽水
	X004	SB_2	按钮2	出咖啡
输出	Y000	YV_1	电磁阀1	出汽水
	Y001	YV_2	电磁阀2	出咖啡
	Y002	HL_1	信号灯1	≥12元
	Y003	HL_2	信号灯2	≥15元
	Y004	YV_3	电磁阀3	找零钱

2. 电路设计

饮料自动出售机 PLC 接线图如图 10-68 所示，梯形图如图 10-69 所示。

3. 控制原理

当投入 1 元硬币时，X000=1，D0 中的数据加 1，当投入 5 元硬币时，X001=1，D0 中的数据加 5，当投入 10 元硬币时，X002=1，D0 中的数据加 10，执行区间比较指令 ZCP，当 D0 < 12 时，M0=1；当 12 ≤ D0 ≤ 14 时，M1=1；当 D0 > 14 时，M2=1。

当 D0 ≥ 12 时 M1=1，Y003 得电，当 D0 ≥ 15 时 M2=1，Y003 也得电，汽水灯亮。

当 D0 ≥ 15 时 M2=1，Y002 得电，咖啡灯亮。

当 Y002 得电，汽水灯亮时，按下出汽水按钮 X003，Y000 得电自锁，出汽水，定时器 T0 得电，延时 7s 关断 Y000。

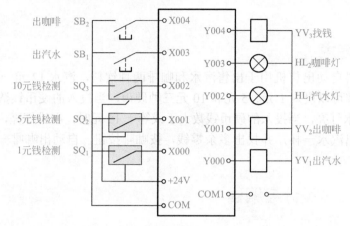

图10-68　饮料自动出售机PLC接线图

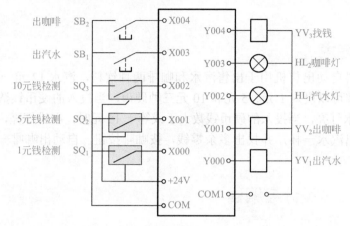

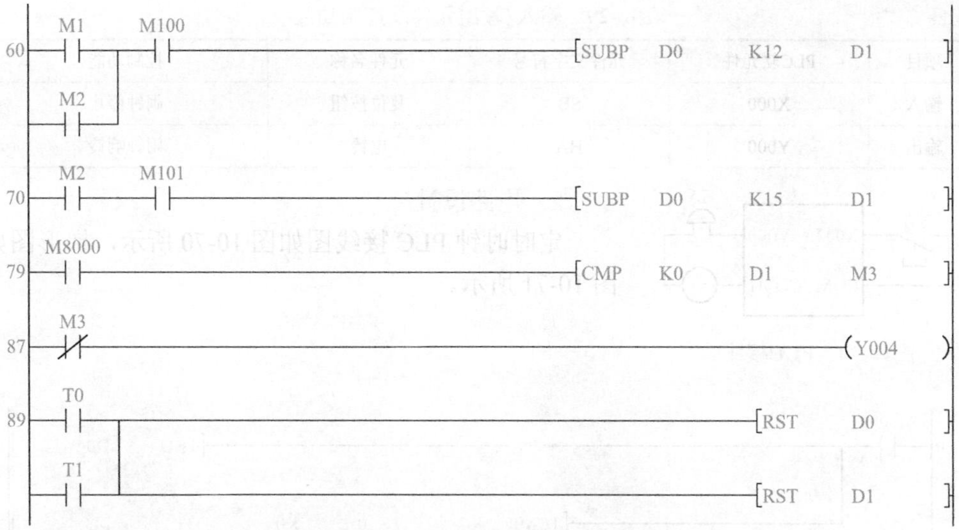

图10-69 饮料自动出售机梯形图

当 Y003 得电，咖啡灯亮时，按下出咖啡按钮 X004，Y001 得电自锁，出咖啡，定时器 T1 得电，延时 7s 关断 Y001。

在 M1=1 或 M2=1 时，按下出汽水按钮 X003，执行 SUBP 指令找钱，D0 中钱数减去 12，余数存放到 D1 中。

在 M2=1 时，按下出咖啡按钮 X004，执行 SUBP 指令找钱，D0 中钱数减去 15，余数存放到 D1 中。

执行 CMP K0 D1 M3 比较指令，如果 D1=0，则 M3=1，M4 常闭接点断开，Y004=0，不找钱；如果 D1＞0，则 M3=0，M3 常闭接点闭合，Y004=1，找钱。

第二十六节　闹钟控制电路

闹钟控制电路 PLC 应用

一、控制要求

用 PLC 控制一个电铃，要求除了星期六、星期日以外，每天早上 7：10 电铃响 10s，按复位按钮，电铃停止。如果不按下复位按钮，每隔 1min 再响 10s 进行提醒，共响 3 次结束。

二、控制方案设计与编程

1. 输入 / 输出元件及控制功能

表 10-29 介绍了实例中用到的输入 / 输出元件及控制功能。

表 10-29　输入/输出元件及控制功能

项目	PLC软元件	元件文字符号	元件名称	控制功能
输入	X000	SB	复位按钮	闹钟停止
输出	Y000	HA	电铃	闹钟响铃

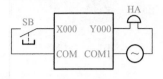

2. 电路设计

定时时钟 PLC 接线图如图 10-70 所示，梯形图如图 10-71 所示。

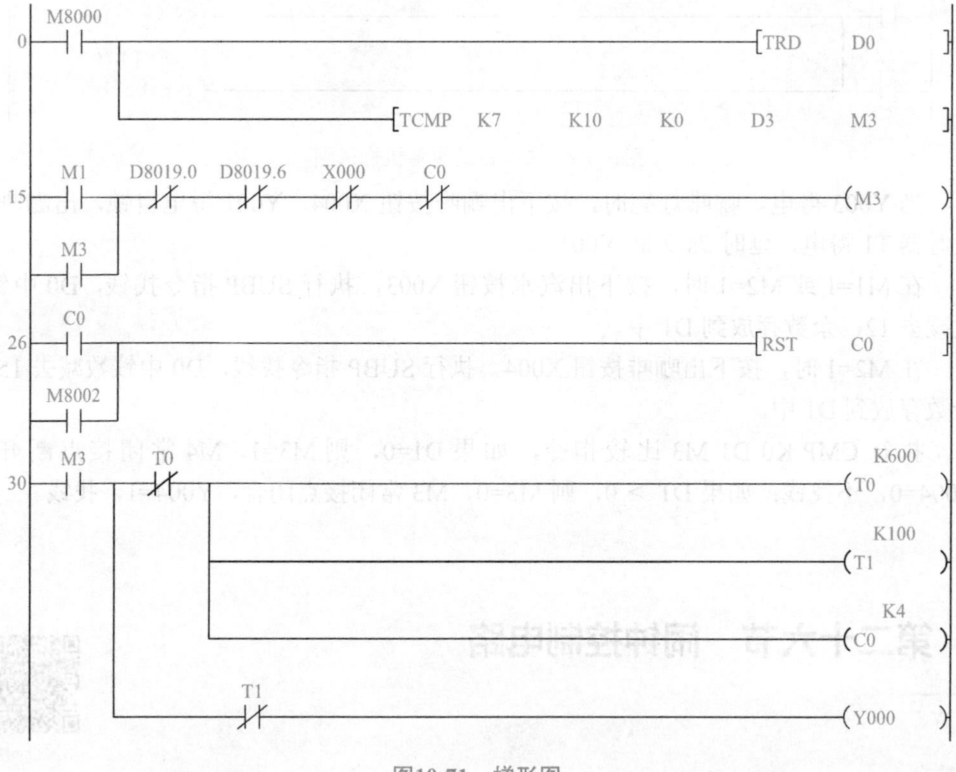

图10-70　PLC接线图

图10-71　梯形图

3. 控制原理

执行功能指令 TRD D0，将 PLC 中 D8013～D8019（实时时钟）的时间传送到 D0～D6 中，如表 10-30 所示。

表 10-30　时钟读出

D8018	D8017	D8016	D8015	D8014	D8013	D8019
D0	D1	D2	D3	D4	D5	D6
年	月	日	时	分	秒	星期

执行 TCMP 指令进行时钟比较，如果当前时间 D3 ～ D5 中的时、分、秒等于 7 时 10 分 0 秒，则 M1=1。M1 常开接点闭合，M3 线圈得电自锁，但是当 D8019=0（星期日），或 D8019=6（星期六）时，M3 线圈不得电。

M3 常开接点闭合，定时器 T0、T1 得电计时，计数器 C0 计一次数，Y000 得电，电铃响，响 10s 后 T1 常闭接点断开，Y0 失电，60s 后 T0 常闭接点断开，T0、T1、C0 失电，Y000 得电，电铃响，第二个扫描周期 T0 常闭接点闭合，T0、T1 得电重新计时，C0 再计一次数，当 C0 计数值为 4 时，M3 失电，C0 复位，T0、T1、C0、Y000 均失电。

按下复位按钮，电铃停止。

第二十七节 洗衣机控制电路

洗衣机控制电路 PLC 应用

一、控制要求

接通电源，系统进入初始状态，准备启动。按下启动按钮，开始进水，水位到达高水位时停止进水，并开始正转洗涤。正转洗涤 3s 后，停止 2s 开始反转洗涤 3s，然后又停止 2s。若正、反转洗涤没满 10 次，则返回正转洗涤；若正、反转洗涤满 10 次，则开始排水，水位下降到零水位时，开始脱水并继续排水，脱水 20s，即完成一次大循环，大循环没满 6 次，则返回到进水，进行下一次大循环，若完成 6 次大循环，则进行洗完报警，报警 15s 后，结束全部过程，自动停机。

在洗涤过程中，也可以按下停止按钮终止洗涤。

二、PLC 接线与编程

1. I/O 口分配表

全自动洗衣机三菱 FX2N 系列 PLC 控制 I/O 口分配表见表 10-31。

表 10-31 全自动洗衣机三菱 FX2N 系列 PLC 控制 I/O 口分配表

输入信号			输出信号		
名称	代号	输入点编号	名称	代号	输出点编号
停止按钮	SB$_1$	X000	进水电磁阀	YA$_1$	Y000
启动按钮	SB$_2$	X001	正向洗涤接触器	KM$_1$	Y001
零水位传感器	SL	X002	反向洗涤接触器	KM$_2$	Y002
高水位传感器	SH	X003	排水电磁阀	YA$_2$	Y003
			洗涤结束报警	HY	Y004
			脱水电磁阀	YA$_3$	Y005

2. 接线图

全自动洗衣机三菱 FX2N 系列 PLC 控制接线图如图 10-72 所示。

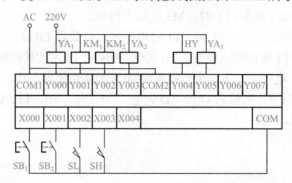

图10-72　全自动洗衣机三菱FX2N系列PLC控制接线图

3. 梯形图

全自动洗衣机三菱 FX2N 系列 PLC 控制梯形图如图 10-73 所示。

图10-73

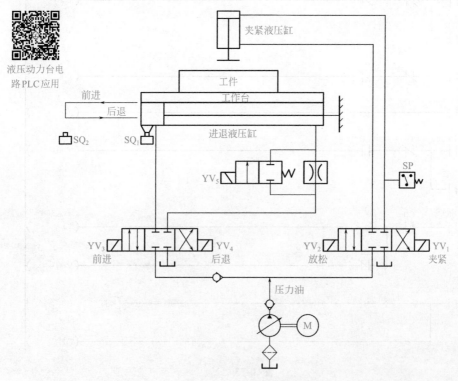

图10-73　全自动洗衣机三菱FX2N系列PLC控制梯形图

第二十八节　液压动力台控制电路

一、控制要求

　　液压动力台如图 10-74 所示，其动力加工动作过程如下：工人将待加工工件放到工作台上，按下启动按钮，电磁阀 YV_1 得电，夹紧液压缸活塞下行；将工件夹紧

液压动力台电
路PLC应用

图10-74　液压动力台示意图

时压力继电器SP动作，YV₁失电，YV₃得电，工作台前进，进行工件加工，当工作台前进到位，碰到限位开关SQ₂时YV₃失电，停留2s，YV₄和YV₅同时得电，工作台快速退回到原位碰到限位开关SQ₁，YV₄和YV₅失电，工作台停止，YV₂得电，夹紧液压缸活塞上行，工作台松开时压力继电器SP接点复位，工人将已加工工件取出，完成一个工作循环。

二、控制方案设计与编程

1. 输入 / 输出元件及控制功能

表 10-32 介绍了实例中用到的输入 / 输出元件及控制功能。

表 10-32　输入/输出元件及控制功能

项目	PLC 软元件	元件文字符号	元件名称	控制功能
输入	X000	SB	启动按钮	启动控制
	X001	SQ₁	限位开关	工作台后限位
	X002	SQ₂	限位开关	工作台前限位
	X003	SP	压力继电器	工件夹紧
输出	Y000	YV₁	电磁阀	工件夹紧
	Y001	YV₂	电磁阀	工件放松
	Y002	YV₃	电磁阀	工作台前进
	Y003	YV₄	电磁阀	工作台后退
		YV₅	电磁阀	工作台快速后退

2. 电路设计

液压动力台 PLC 接线图和梯形图如图 10-75、图 10-76 所示。

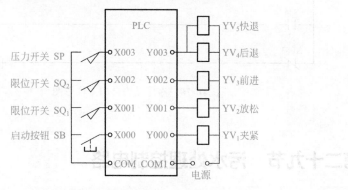

图10-75　液压动力台PLC接线图

3. 控制原理

如图 10-76 所示，初始状态，PLC 运行时，初始化脉冲 M8002 使初始状态步 S0 置位，工人将待加工工件放到工作台上，按下启动按钮 X000，S20 置位，Y000=1，电磁阀 YV₁ 得电，夹紧液压缸活塞上行，将工件夹紧时压力开关 X003 动作，S21 置位，Y002=1，YV₃ 得电，工作台前进，进行工件加工，当工作台前进到位，碰到限位开关 X002 时 S22 置位，定时器 T0 得电停留 2s，S23 置位，Y003=1，YV₄ 和 YV₅ 同时得电，工作台快速退回到原位碰到后限位开关 X001，S24 置位，Y001=1，工作台停止，YV₂ 得电，夹紧液压缸活塞上行，工件松开时压力继电器 X003 复位，常闭接点闭合，转移到初始状态步 S0。工人将已加工工件取出，完成一个工作循环。

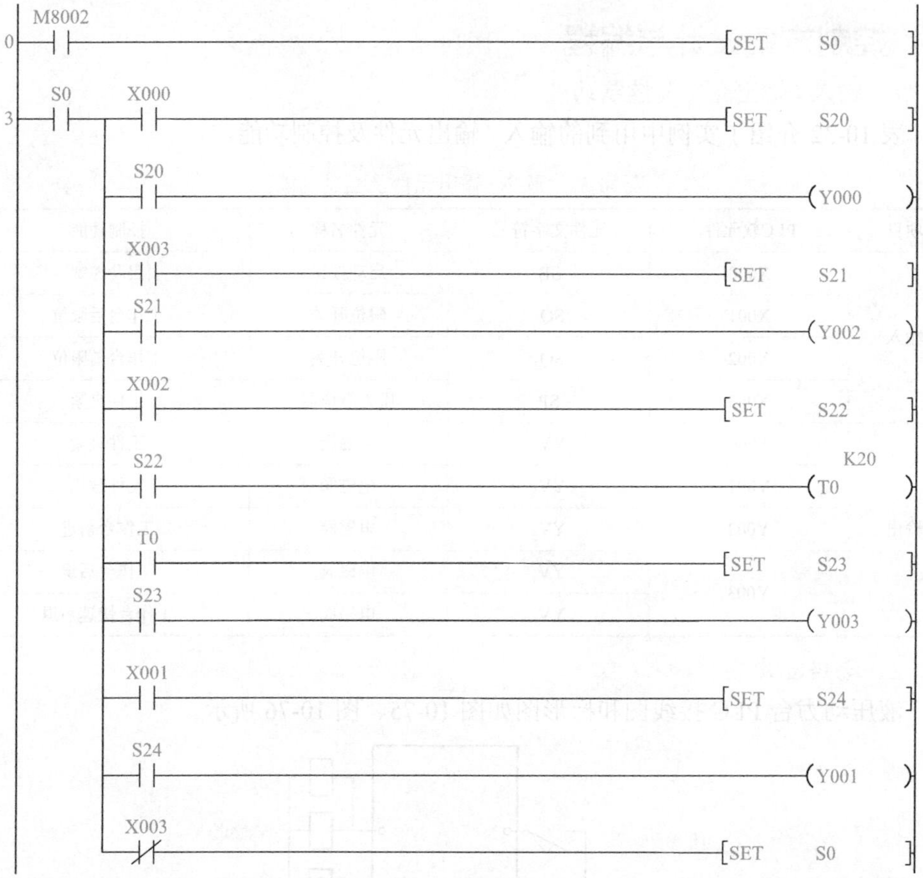

图10-76　液压动力台PLC梯形图

第二十九节　污水处理控制电路

一、控制要求

（1）控制方式　一个污水池，由两台污水泵实现对其污水的排放处理。两台污水泵定时循环工作，每隔 2min（实际时间可调整）实现换泵。当某一台泵在其工作期间出现故障时，要求另一台泵投入运行。当污水液位达到超高液位时，两台泵也可以同时投入运行。

（2）液位控制 污水池液位在高液位时，系统自动开启污水泵，污水池液位在低液位时，系统自动关闭污水泵，污水池液位达到超高液位时，系统自动开启两台污水泵。

（3）报警输出 污水池出现超低液位时，液位报警灯以 0.5s 的周期闪烁，污水池出现超高液位时，液位报警灯以 0.1s 的周期闪烁。

二、PLC 接线与编程

1. I/O 口分配表

污水处理三菱 FX2N 系列 PLC 控制 I/O 口分配表见表 10-33。

表 10-33 污水处理三菱 FX2N 系列 PLC 控制 I/O 口分配表

输入信号			输出信号		
名称	代号	输入点编号	名称	代号	输出点编号
污水池超高液位传感器	S_1	X000	1号水泵接触器	KM_1	Y000
1号水泵过载保护	FR_1	X001	2号水泵接触器	KM_2	Y001
2号水泵过载保护	FR_2	X002	超低液位指示灯	HL_1	Y002
停止按钮	SB_1	X003	低液位指示灯	HL_2	Y003
启动按钮	SB_2	X004	超高液位指示灯	HL_3	Y004
污水池超低液位传感器	S_2	X005	高液位指示灯	HL_4	Y005
污水池低液位传感器	S_3	X006	液位报警灯	HL_5	Y006
污水池高液位传感器	S_4	X007			

2. 接线图

污水处理三菱 FX2N 系列 PLC 控制接线图如图 10-77 所示。

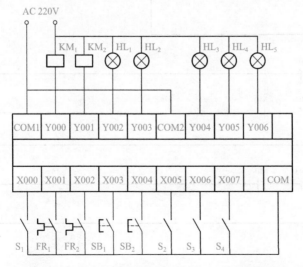

污水处理电路 PLC 应用

图 10-77 污水处理三菱 FX2N 系列 PLC 控制接线图

3. 梯形图

污水处理三菱 FX2N 系列 PLC 控制梯形图如图 10-78 所示。

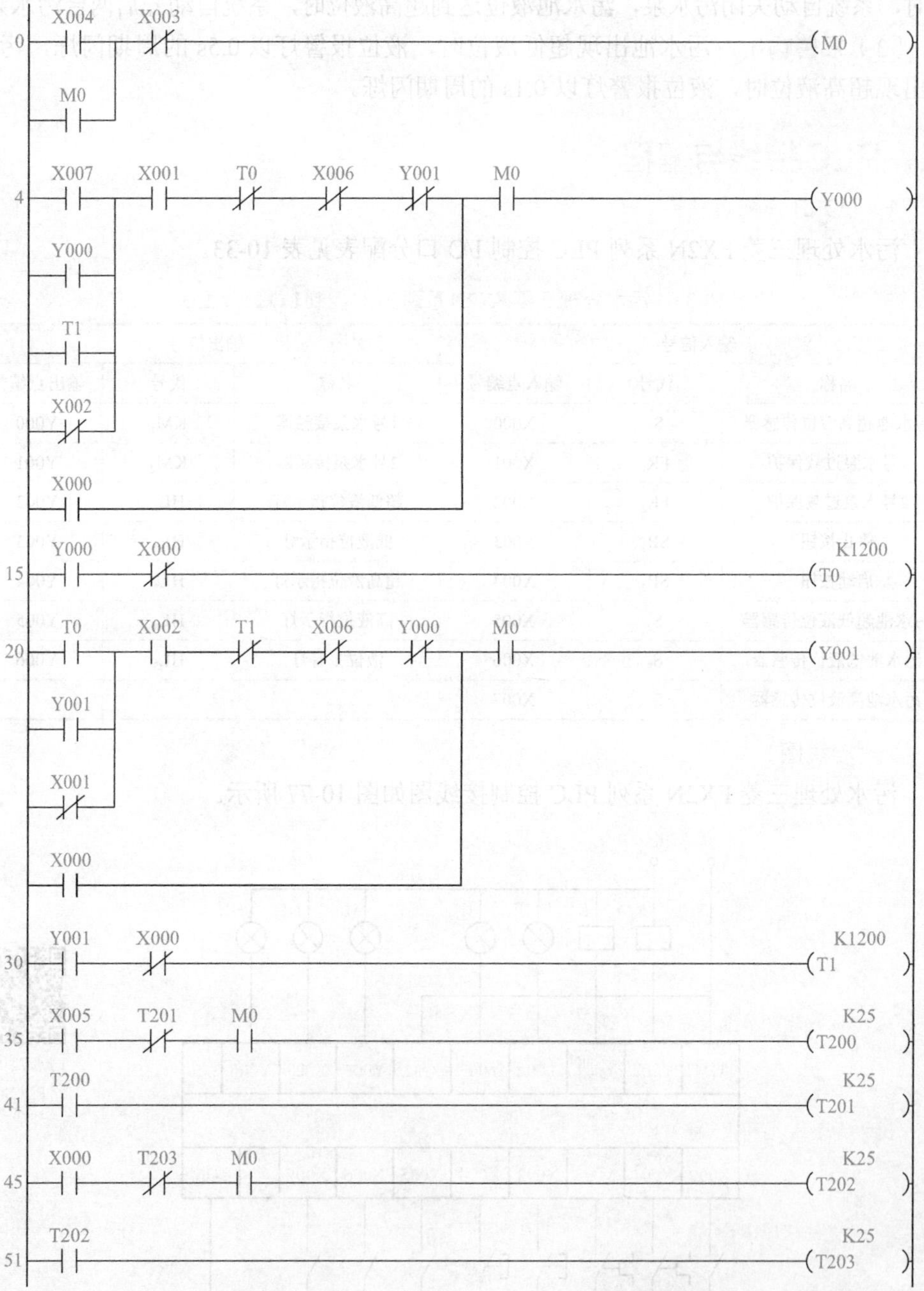

图10-78 污水处理三菱FX2N系列PLC控制梯形图

第三十节 锅炉水位控制电路

锅炉水位
PLC控制

一、控制要求

当锅炉处于高水位时，高水位指示灯亮；当压力继电器低于控制压力时，锅炉按引风机—鼓风机—炉排—出渣程序进行自动控制运转，此时燃烧正常指示灯亮；当压力继电器检测超过控制压力时，超压指示灯亮，锅炉停止运行；当水位低于危极水位时，缺水指示灯亮，同时电铃发出报警声，锅炉停止运行，且停炉指示灯亮，保证锅炉运行的安全；当锅炉水位达到高水位时，延时 10s，水泵停止运转。上煤信号用限位开关的触点实现锅炉用煤的翻斗车升降电机的倒顺控制。此处，引风、鼓风、炉排和出渣也可用手动控制单独运转。

二、PLC接线与编程

1. I/O 口分配表

锅炉水位三菱 FX2N 系列 PLC 控制 I/O 口分配表见表 10-34。

表10-34　锅炉水位三菱FX2N系列PLC控制I/O口分配表

输入信号			输出信号		
名称	代号	输入点编号	名称	代号	输出点编号
高水位继电器	ST_1	X000	高水位指示灯	HL_1	Y000
低压力继电器	ST_2	X001	燃烧正常指示灯	HL_2	Y001
高压力继电器	ST_3	X002	超压指示灯	HL_3	Y002
危极低水位继电器	ST_4	X003	缺水指示灯	HL_4	Y003
上煤电机启动按钮	SB_1	X004	锅炉停炉指示灯	HL_5	Y004
引风机手动启动按钮	SB_2	X005	引风机启动接触器	KM_1	Y005
引风机手动停止按钮	SB_3	X006	引风机Y启动接触器	KM_2	Y006
鼓风机手动启动按钮	SB_4	X007	引风机Δ运行接触器	KM_3	Y007
鼓风机手动停止按钮	SB_5	X010	鼓风机接触器	KM_4	Y010
炉排机手动启动按钮	SB_6	X011	炉排机接触器	KM_5	Y011
炉排机手动停止按钮	SB_7	X012	出渣接触器	KM_6	Y012
出渣机手动启动按钮	SB_8	X013	水泵电机接触器	KM_7	Y013
出渣机手动停止按钮	SB_9	X014	上煤电机上行接触器	KM_8	Y014
上煤电机上限位行程开关	SQ_1	X015	上煤电机下行接触器	KM_9	Y015
上煤电机下限位行程开关	SQ_2	X016	报警电铃	BY	Y016
总启动按钮	SB_{10}	X017			
总停止按钮	SB_{11}	X020			

2. 接线图

锅炉水位三菱 FX2N 系列 PLC 控制接线图如图 10-79 所示。

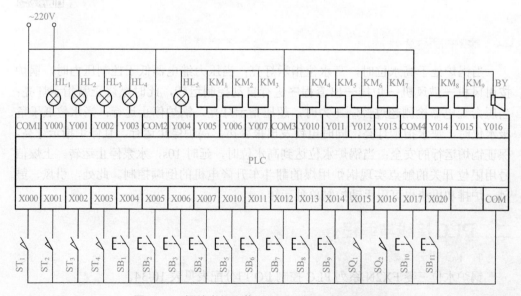

图10-79　锅炉水位三菱FX2N系列PLC控制接线图

3. 梯形图

锅炉水位三菱 FX2N 系列 PLC 控制梯形图如图 10-80 所示。

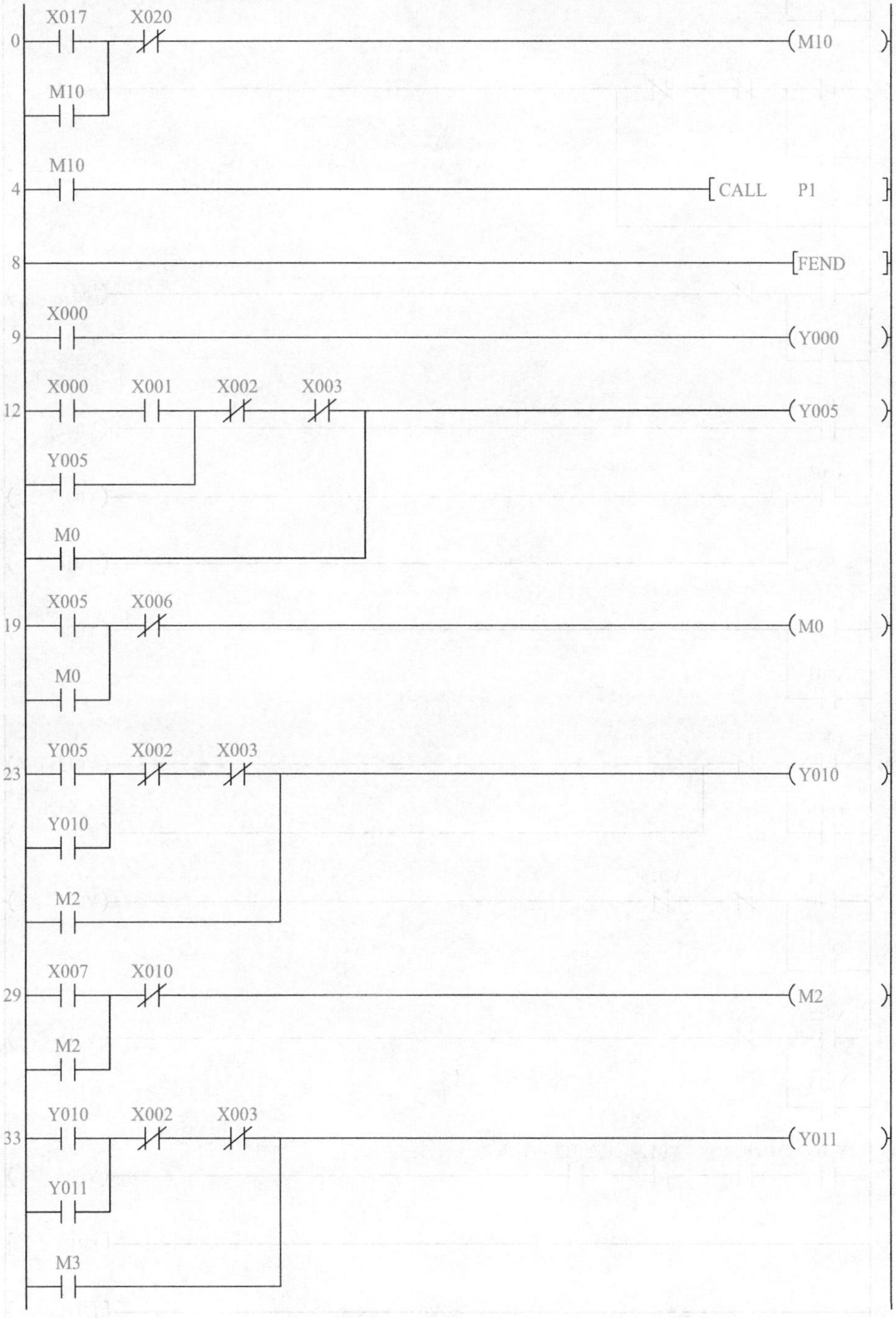

图10-80

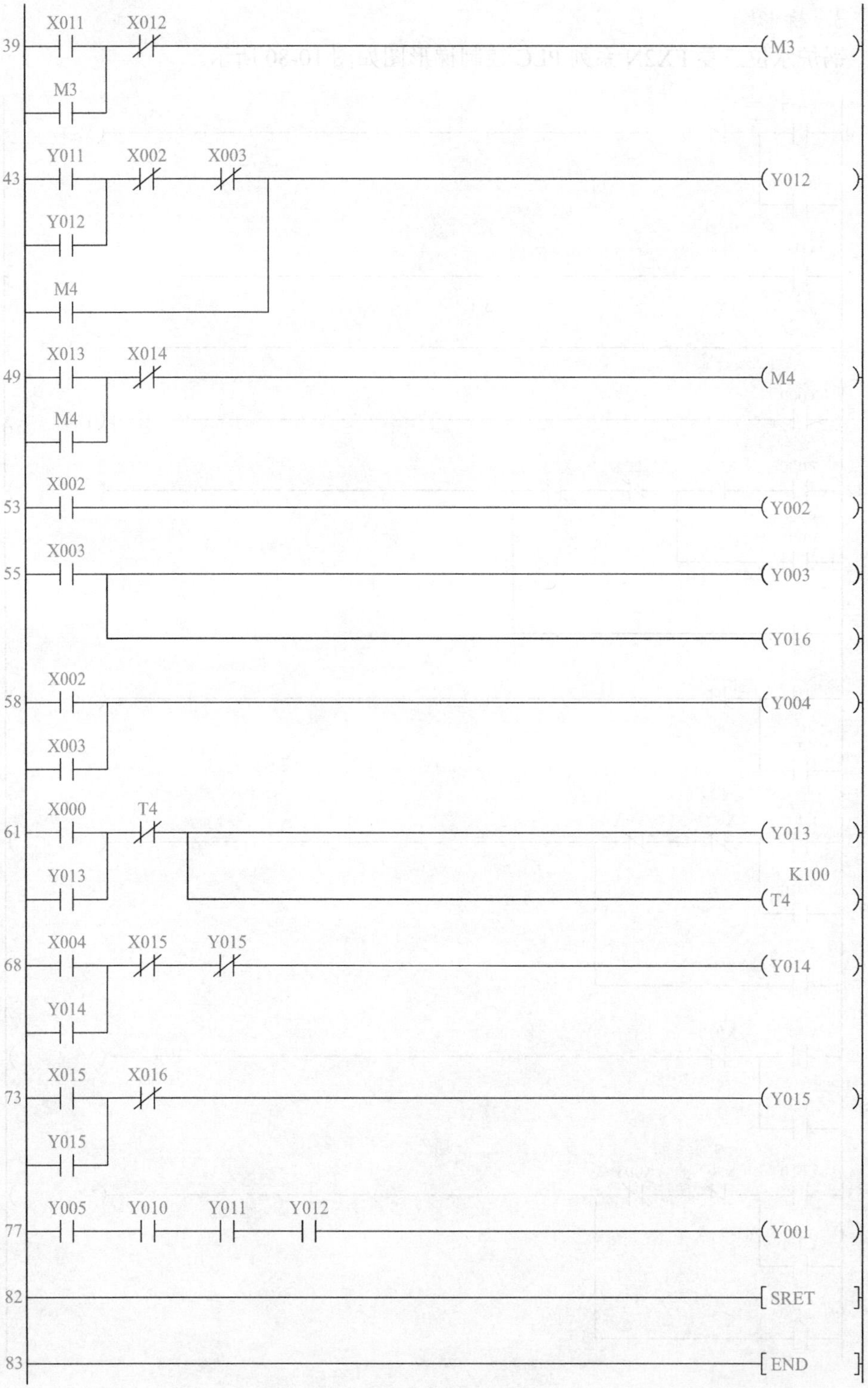

图10-80　锅炉水位三菱FX2N系列PLC控制梯形图

第三十一节 五层电梯控制电路

电梯控制
PLC 应用

一、控制要求

1. 五层电梯的基本控制要求

① 在每层楼电梯门厅处都装有一个上行呼叫按钮和一个下行呼叫按钮，分别或同时按动上行按钮和下行按钮，该楼层信号将会被记忆，对应的信号灯亮（表示该层有乘客要上行或下行）。

② 当电梯在上行过程中，如果某楼层有上行呼叫信号（信号必须在电梯到达该层之前呼叫，如果电梯已经过该楼层，则在电梯下一次上行过程响应该信号），则到该楼层电梯停止，消除该层上行信号，对应的上行信号灯灭，同时电梯门自动打开让乘客进入电梯上行，在电梯上行过程中，门厅的下行呼叫信号不起作用。

③ 当电梯在下行过程中，如果某楼层有下行呼叫信号，则到该楼层电梯停止，消除该层下行信号，对应的下行信号灯灭，同时电梯门会自动打开让乘客进入电梯下行，在电梯下行过程中，门厅的上行呼叫信号不起作用，电梯在上行或下行过程中，经过无呼叫信号的楼层，且轿厢内没有该楼层信号时，电梯不停止也不开门。

④ 在电梯上行时，电梯优先服务于上行选层信号，在电梯下行时，电梯优先服务下行选层信号，当电梯停在某层时，消除该层的选层信号。

⑤ 电梯在上行过程中，如果某楼层上行、下行都有呼叫信号时，电梯应优先服务于上行的呼叫信号；如果上一楼层无呼叫信号，而下一楼层有呼叫信号时，电梯服务于下一楼层信号。电梯在下行过程中的原理与电梯上行的工作原理相似。

⑥ 电梯在停止时，在轿厢内，可用按钮直接控制开门、关门，开门 5s 后若无关门信号，电梯门将自动关闭，电梯在楼层停下时，在门厅按下该层呼叫按钮也能开门，电梯在开门时，电梯不能上行、下行，电梯在上行或下行过程中电梯不能开门，在电梯门关闭到位后电梯方可上行或下行，在门关闭过程中人被门夹住时，门应立即打开，电梯采用高速启动运行、停止时，电梯先低速运行后到对应的楼层时准确停止。

⑦ 在每层楼电梯的门厅和轿厢内都装有电梯上、下行的方向显示灯和电梯运行到某一层的楼层数码管显示，在轿厢内设有楼层选层按钮和对应的楼层数字信号灯以及楼层数码管显示。

2. 电梯操作控制方式

电梯具备三种操作控制方式：乘客控制方式、司机控制方式和手动检修控制方式。

（1）乘客控制方式　在乘客控制方式下，乘客在某楼层电梯门厅处按上行呼叫按钮或者下行呼叫按钮时，对应的上行或下行信号灯亮，电梯根据乘客的呼叫信号，按优先服务的运行方式运行到有呼叫信号的楼层处停止并自动开门，乘客进入轿厢后，可手动操作关门（按关门按钮），电梯门也可自动关闭，在控制梯形图中设置了电梯开门 5s 后电梯门自动关闭，乘客按下选层按钮时，对应的楼层信号灯亮，当电梯到达该楼层后，电梯停止并自动开门（也可手动开门），同时对应的选层信号灯灭。

（2）司机控制方式　在司机控制方式下，乘客不能控制电梯的上行、下行和停止，电梯的运行状态完全由轿厢内的司机控制，司机按下某楼层选层按钮时，对应的楼层信号灯亮，电梯运行到该楼层时停止，对应的信号灯灭，同时显示该楼层的楼层号，电梯门自动打开，电梯门关闭到位后，电梯自动运行至下一选定的楼层。

当乘客按下某一楼层的呼叫按钮时，轿厢内对应的楼层信号灯闪烁以告诉司机该楼层有乘客（乘客上行时对应的信号灯以 1s 的周期闪烁，乘客下行时对应的信号灯以 4s 的周期闪烁），司机可以根据情况选择到该楼层停止或不停止。

（3）手动检修控制方式　在手动检修控制方式下，检修人员可以根据情况选择高速或低速运行方式，电梯开门、关门、上行、下行分别有点动控制和联动控制两种方式，以便检修工作，并可以不受楼层限位开关的控制，轿厢可以停在井道中的任何位置，而当电梯门开或关到极限位置时，轿厢上行到最上层或下行到最下层必须自动停止，在手动检修控制方式下，轿厢内和门厅处电梯上行、下行显示信号和楼层数字应能正常显示。

如图 10-81 所示为电梯电气元件布置图。

二、PLC 接线与编程

1. PLC 软元件分配表及控制功能

表 10-35 介绍了实例中用到的 FX2N-48 型 PLC 软元件分配表。

表 10-35　FX2N-48 型 PLC 软元件分配表

软元件	功能	1楼	2楼	3楼	4楼	5楼
输入继电器（X）	上呼按钮 手动按钮	X000 （上行）	X001 （下行）	X002 （低速）	X003 （点动）	
	下呼按钮		X004（停止）	X005	X006	X007
	内选层按钮	X010	X011	X012	X013	X014
	限位开关	X021	X022	X023	X024	X025
	其他	X015，开门；X016，关门；X017，手动；X020，司机；X026，开门限位；X027，关门限位				
输出继电器（Y）	上呼信号灯	Y000	Y001	Y002	Y003	
	下呼信号灯		Y004	Y005	Y006	Y007
	内选信号灯	Y010	Y011	Y012	Y013	Y014
	电动机控制	Y015 开门	Y016 关门	Y017 上行	Y020 下行	Y021 低速
	数码管笔画	Y022，b笔画；Y023，c笔画；Y024，d、a笔画；Y025，e笔画；Y026，f笔画；Y027，g笔画				

续表

软元件	功能	1楼	2楼	3楼	4楼	5楼
辅助继电器（M）	上呼信号	M0	M1	M2	M3	
	下呼信号		M4	M5	M6	M7
	内选信号	M10	M11	M12	M13	M14
	上或内选信号	M20	M21	M22	M23	
	下或内选信号		M41	M42	M43	M44
	上或下或内选信号	M31	M32	M33	M34	M35
	当前层记忆	M51	M52	M53	M54	M55
	其他	M100，上行辨别；M101，下行辨别；M102，停止信号				
定时器（T）	其他	T0，延时关门；T1，低速时间；T2，4s震荡；T3，4s震荡				

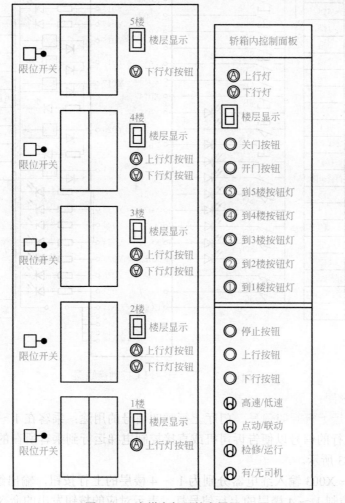

图10-81 电梯电气元件布置图

2. 接线图

五层电梯 PLC 控制接线图如图 10-82 所示。

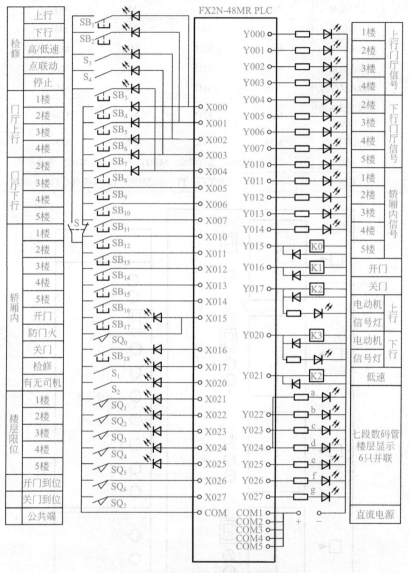

图10-82　五层电梯PLC控制接线图

3. 梯形图

（1）门厅上行呼叫信号　门厅上行呼叫信号的用途：乘客在 1～4 楼层时，用按钮发出上行的信号以便告诉司机或直接控制电梯运行到乘客所在的楼层，控制程序如图 10-83 所示。

X000～X003 输入继电器分别为 1～4 楼层的上行按钮，输出继电器 Y000～Y003 分别控制 1～4 楼层的上行信号灯，表示对应的按钮发出的命令，与同一楼层的上行按钮和上行信号灯装在一起，采用带灯按钮，当按钮按下时，按钮中的灯发红光显示向上行标志。

```
 X000    X021
 ─┤├──────┤/├──────────────────────────────────────( Y000 )─
 Y000
 ─┤├─

 X001    X022
 ─┤├──────┤/├──────────────────────────────────────( Y001 )─
 Y001    M101
 ─┤├──────┤├─

 X002    X023
 ─┤├──────┤/├──────────────────────────────────────( Y002 )─
 Y002    M101
 ─┤├──────┤├─

 X003    X024
 ─┤├──────┤/├──────────────────────────────────────( Y003 )─
 Y003    M101
 ─┤├──────┤├─
```

图10-83　门厅上行呼叫信号梯形图

例如，1 楼的乘客按下上行按钮 X000 时，Y000 得电自锁，1 楼上行信号亮，当电梯轿厢下行到 1 楼时，1 楼限位开关 X021 动作，其上行信号灯 Y000 灭。

2～4 楼的上行呼叫信号控制原理与 1 楼上行呼叫信号控制原理基本上是相同的。其中，M101 为下行标志，在下行时 M101=1，在上行时 M101=0，所以在上行过程中电梯上行到该楼层时，该楼层的上行信号灯熄灭，如果电梯在下行过程中到达该楼层，由于 M101=1，M101 常开接点闭合，不能断开该楼层的上行信号灯。

5 楼是顶层，没有上行呼叫信号。

门厅上行呼叫信号主要起两个作用：一是当乘客按下对应楼层的上行按钮发出上行呼叫指令时，对应的信号灯亮，表示该指令已经输入，等待执行；二是控制电梯，在电梯上行的过程中，电梯经过有上行呼叫信号的楼层时会停下来。门厅上行信号只有在上行过程中，到指定地点（即碰到楼层限位开关）才消除，在下行过程中上行的信号应保持。

（2）门厅下行呼叫信号　门厅下行呼叫信号的用途：乘客在 2～5 楼层，乘客按下按钮发出下行信号以便告知司机（在司机控制方式下）或直接控制电梯（在乘客控制方式下）运行到乘客所在的楼层。门厅下行呼叫信号控制程序如图 10-84 所示。图中 X004～X007 输入继电器分别为 2～5 楼层的下行呼叫按钮，输出继电器 Y004～Y007 分别控制 2～5 楼层的下行信号灯，表示对应的按钮所发出的指令，与同一楼层的下行按钮和下行信号灯装在一起，采用带灯按钮，当按钮按下时，按钮中发出绿光显示下行标志。

例如，5 楼乘客按下 5 楼下行按钮 X007 时，Y007 得电自锁，5 楼上行信号 Y007 亮，当电梯轿厢上行到 5 楼时，5 楼限位开关 X025 动作，其上行信号灯 Y007 灭。

2 ～ 4 楼下行呼叫信号控制原理与 5 楼下行呼叫信号控制原理基本上相同。其中 M100 为上行标志，在上行时 M100=1，在下行时 M100=0，所以在下行过程中电梯下行到该楼层时，该楼层的上行信号灯熄灭。如果电梯在上行过程中到达该楼层，由于 M100=1，M100 常开接点闭合，不能断开该楼层的上行信号灯。

图10-84 门厅下行呼叫信号梯形图

1 楼是底层，没有下行呼叫信号。

门厅下行呼叫信号也主要起两个作用：一是当乘客按下对应楼层的下行呼叫按钮发出下行呼叫信号指令时，对应的信号灯显示该指令已经存入 PLC 中，等待执行；二是控制电梯在下行过程中经过有下行呼叫指令的楼层停下来，使下行乘客进入轿厢，并清除所停楼层的下行呼叫信号。

电梯的下行过程中只能清除下行呼叫信号，不能消除反方向的上行呼叫信号，以便在上行过程中执行。同理，电梯在上行过程中只能清除上行呼叫信号。

（3）轿厢内选层信号 如图 10-85 所示，图中 X010 ～ X014 输入继电器分别为轿厢内 1 ～ 5 楼层的选层信号按钮，辅助继电器 M10 ～ M14 分别为 1 ～ 5 楼层的选层记忆信号。

例如，轿厢内某乘客要到 2 楼，按下 2 楼下行按钮 X011 时，M11 得电自锁，当电梯轿厢行驶到 2 楼时，2 楼限位开关 X022 动作，M11 失电，解除 2 楼的选层记

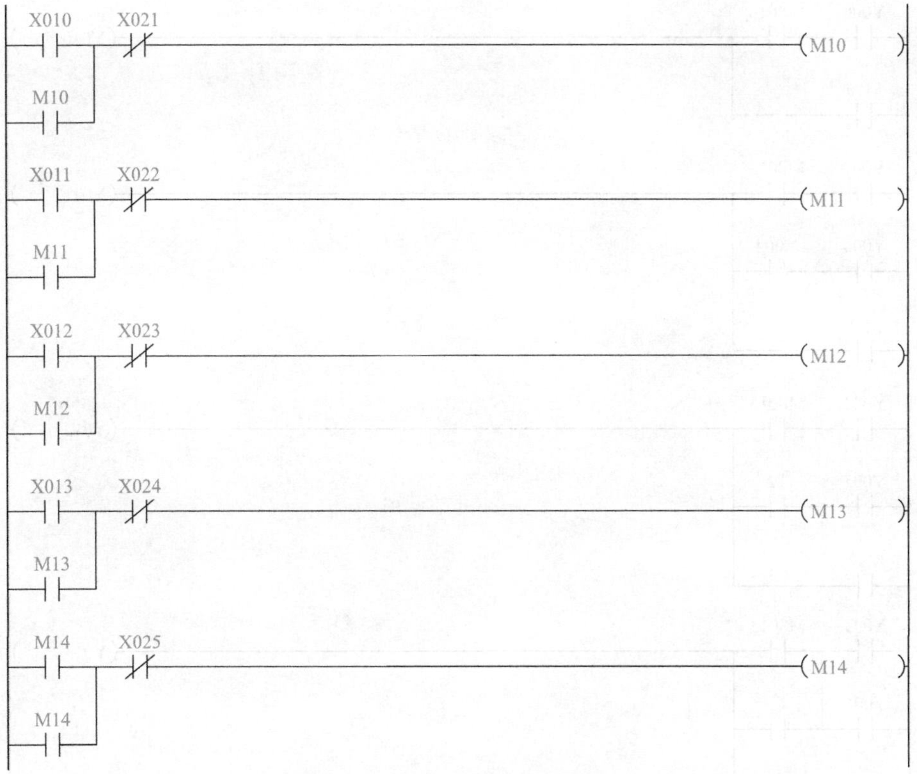

图10-85 轿厢内选层信号梯形图

忆信号。

（4）轿厢内选层信号灯的控制 轿厢内选层信号灯用于显示轿厢应到达的楼层，选层信号灯有两种工作方式。

① 乘客控制操作方式：在这种工作方式下，当轿厢内乘客按下某层按钮时，对应的选层信号灯显示所到的楼层，把楼层的选层按钮和信号灯装在一起，采用带信号灯的按钮。例如，轿厢里的乘客要到4楼，按下4楼选层按钮，则按钮中的信号灯亮，显示"4"，电梯到达4楼后，消除信号，4楼选层信号灯灭。轿厢内选层信号灯控制梯形图如图 10-86 所示。

② 司机控制工作方式：在这种工作方式下，电梯的工作方式完全由司机操作控制，乘客不能控制电梯的运行，但可以向司机发出请求信息。司机可以根据请求信息控制电梯来接送乘客，如果有一层楼都向轿厢内发送上行和下行信号则将使电路复杂，占用输出点增加。为了简化电路，节省可编程控制器的输出点，采用一个信号灯多种显示方式来表示不同的信号。在上行呼唤指令中串入 1s 脉冲信号，当有上行呼唤指令时，指令灯按 1Hz 频率闪光。在下行呼唤信号串入 4s 脉冲信号，当有下行呼唤信号时信号灯按 0.25Hz 频率闪光，当有轿厢内选层信号时，信号灯常亮，不闪动。选层信号灯的工作时序如图 10-87 所示。

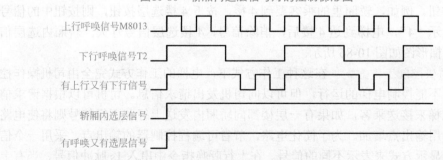

图10-86　轿厢内选层信号灯的控制梯形图

上行呼唤信号M8013

下行呼唤信号T2

有上行又有下行信号

轿厢内选层信号

有呼唤又有选层信号

图10-87　轿厢内信号灯工作时序图

由图 10-87 轿厢内信号灯工作时序图可知，电梯在上行、下行、呼唤指令及轿厢内选层指令之间，优先显示轿厢内选层指令，这是因为在司机操作控制方式下选层指令可以控制电梯运行，而上下行呼唤指令只是请求指令，不能控制电梯的运行。

（5）楼层位置信号 楼层位置记忆信号用于电梯的上、下行控制和楼层数码显示，如图 10-88 所示。在电梯运行过程中，必须要知道轿厢所在的楼层位置，而楼层位置是由各楼层的位置开关（X021～X025）来检测的，位置开关由一定长度的挡块来控制，起平层作用。为了保证准确停车，轿厢的牵引方式采用摩擦式上下平衡配重驱动，由于轿厢的配重物的重量基本相等，所以电梯的上行和下行的运行惯性相同。当轿厢运行到某一层时，限位开关在上行时碰到挡块的上端，或在下行时碰到挡块的下端，当限位开关动作时，电梯进入低速运行状态，运行一定时间后当限位开关处于挡块中部时停止，从而达到平层控制的作用。

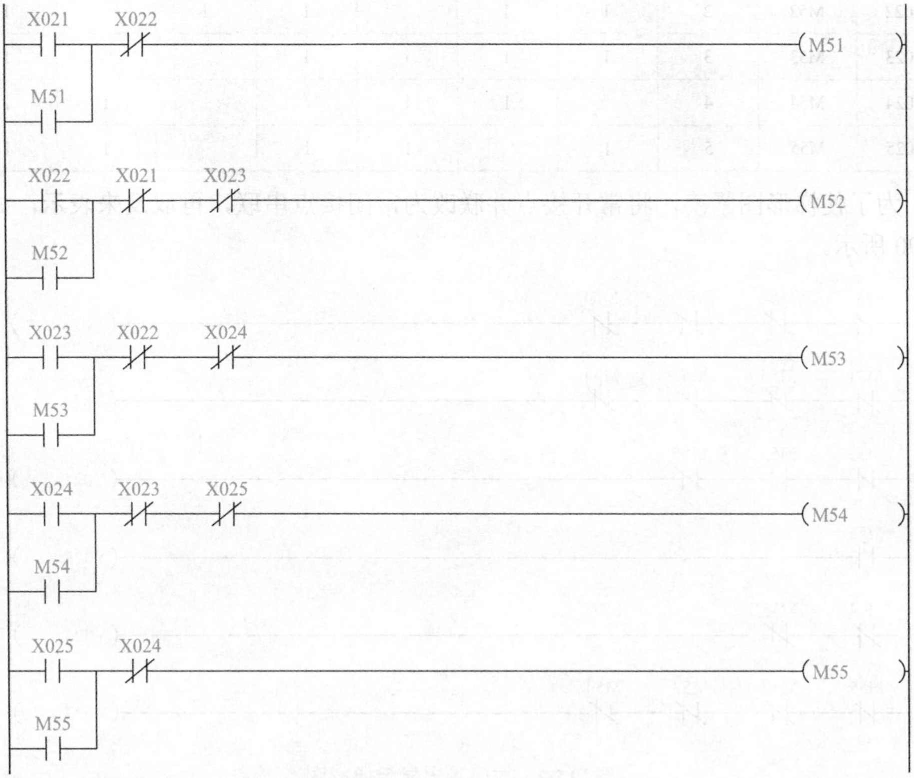

图10-88 楼层位置信号梯形图

当限位开关动作时，限位开关接点受挡块碰撞而闭合，但是当轿厢驶离时，限位开关将脱离挡块而复位，使信号消失。为了保持信号，在梯形图中采用自锁接点，当电梯到达相邻楼层，碰到位置开关时消除记忆，同时对所到达的楼层位置进行记忆。例如，当轿厢到达 2 楼时，X022 动作，M52 得电自锁，当轿厢离开 2 楼时，M52 仍得电，当上行到 3 楼碰到位置开关 X023，或下行到 1 楼碰到位置开关 X021 时，M52 失电。

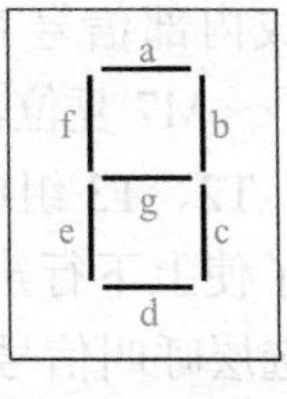

（6）七段数码管显示 七段数码管显示的笔画如图 10-89 所

图10-89 数码管笔画

示。在 1 楼时，1 楼的限位开关 X021 动作，使 1 楼限位记忆继电器 M51=1，显示数字 "1"（b，c 笔画亮），表示轿厢在 1 楼。同理，轿厢在 2 楼时，M52=1，数码显示 2（a，b，g，e，d 笔画亮，表示轿厢在 2 楼）。

各楼层限位记忆继电器 M51 ～ M55 和笔画对应关系如表 10-36 所示。

表 10-36　M51 ～ M55 和笔画对应关系

楼层位置开关	楼层记忆信号	楼层数码显示	Y024 a	Y022 b	Y023 c	Y024 d	Y025 e	Y026 f	Y027 g
X021	M51	1		1	1				
X022	M52	2	1	1		1	1		1
X023	M53	3	1	1	1	1			1
X024	M54	4		1	1			1	1
X025	M55	5	1		1	1		1	1

为了使梯形图紧凑，将常开接点并联改为常闭接点串联，再取反来表示，如图 10-90 所示。

图10-90　数码输出显示梯形图

（7）楼层呼叫选层综合信号　在电梯控制中，电梯的运行是根据门厅的上下行按钮呼叫信号和轿厢内选层按钮呼叫信号来控制的。在司机控制的方式下，要对上下行按钮呼叫信号进行屏蔽，应将上下行按钮呼叫输出信号 Y000 ～ Y007 转换成内部信号 M0 ～ M7，如图 10-91 所示。在司机控制的方式下，X020=1，只将 M0 ～ M7 复位，而 Y000 ～ Y007 不复位。

T2、T3 组成一个 2s 断、2s 通的振荡电路，用于轿厢内信号灯的下呼信号显示。为了使上下行辨别控制梯形图清晰简练，将每一层的门厅的上下行呼叫信号和轿厢内选层呼叫信号用一个辅助继电器来表示，如图 10-92 所示。

图10-91 司机控制的方式和4s振荡梯形图

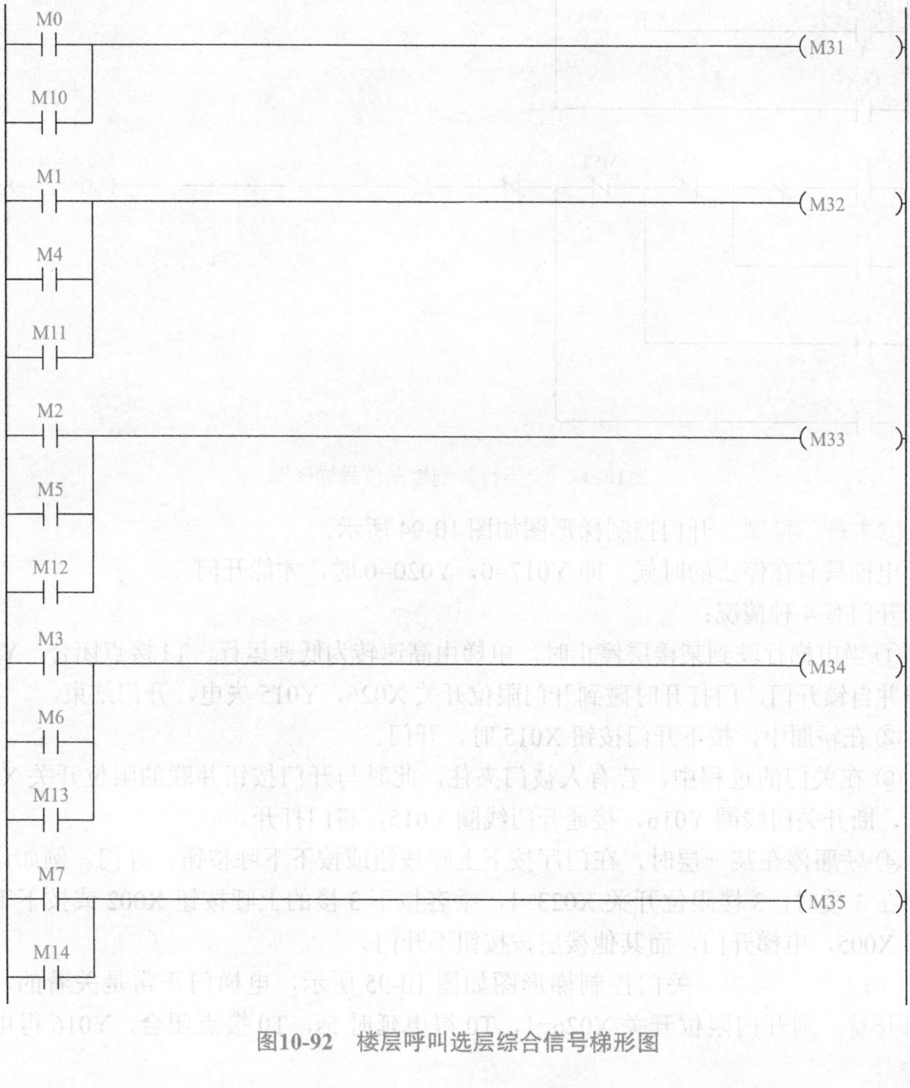

图10-92 楼层呼叫选层综合信号梯形图

在乘客控制的方式下，X020=0，各楼层信号 M31 ～ M35 接收乘客的门厅呼叫信号 M0 ～ M7。

在司机控制的方式下，X020=1，M0 ～ M7 被复位，各楼层信号 M31 ～ M35 不接收乘客的门厅呼叫信号 M0 ～ M7。也就是说，乘客在门厅不能控制电梯，但是给出灯光信号，参见"轿厢内选层信号灯的控制"。

（8）上下行辨别控制信号　上下行辨别控制信号梯形图如图 10-93 所示。

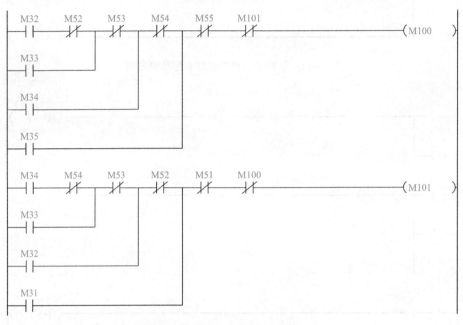

图10-93　上下行辨别控制信号梯形图

（9）开门控制　开门控制梯形图如图 10-94 所示。

电梯只有在停止的时候，即 Y017=0，Y020=0 时，才能开门。

开门有 4 种情况：

① 当电梯行驶到某楼层停止时，电梯由高速转为低速运行，T1 接点闭合，Y015 得电并自锁开门，门打开时碰到开门限位开关 X026，Y015 失电，开门结束。

② 在轿厢中，按下开门按钮 X015 时，开门。

③ 在关门的过程中，若有人被门夹住，此时与开门按钮并联的限位开关 X015 动作，断开关门线圈 Y016，接通开门线圈 Y015，将门打开。

④ 轿厢停在某一层时，在门厅按下上呼按钮或按下下呼按钮，开门。例如，轿厢停在 3 楼时，3 楼限位开关 X023=1，乘客按下 3 楼的上呼按钮 X002 或按下下呼按钮 X005，电梯开门，而其他楼层按按钮不开门。

（10）关门控制　关门控制梯形图如图 10-95 所示，电梯门正常是关着的，如果门开着，则开门限位开关 X026=1，T0 得电延时 5s，T0 接点闭合，Y016 得电自锁，将电梯门自动关闭。关门到位时，关门限位开关 X027=1，Y016 失电，关门结束。

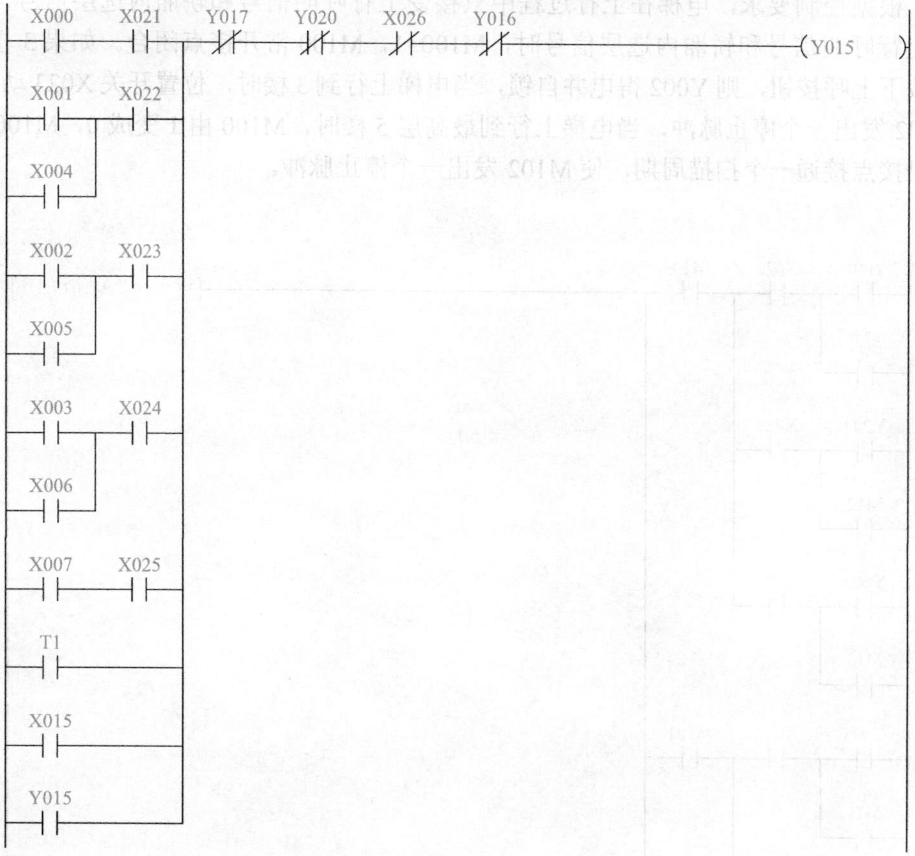

图10-94 开门控制梯形图

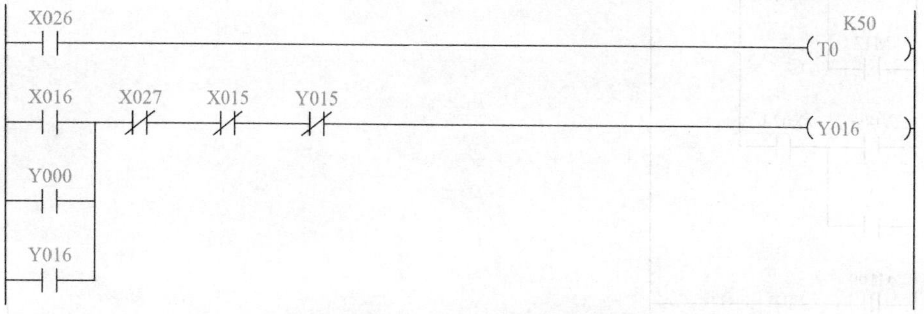

图10-95 关门控制梯形图

在轿厢内，按下关门按钮 X016 时，电梯立即关门。

在关门过程中，若有人被门夹住，限位开关 X015 动作停止关门，并将门打开，有人在轿厢中按住开门按钮 X015，门将不能关闭。

（11）停止信号 停止信号梯形图如图10-96所示，电梯在运行过程中到哪一层停止，取决于门厅呼叫信号和轿厢内选层信号。

根据控制要求，电梯在上行过程中只接受上行呼叫信号和轿厢内选层信号，当有上行呼叫信号和轿厢内选层信号时，M100=1，M100常开接点闭合。如果3楼有人按下上呼按钮，则Y002得电并自锁，当电梯上行到3楼时，位置开关X023动作，M102发出一个停止脉冲，当电梯上行到最高层5楼时，M100由1变成0，M100下降沿接点接通一个扫描周期，使M102发出一个停止脉冲。

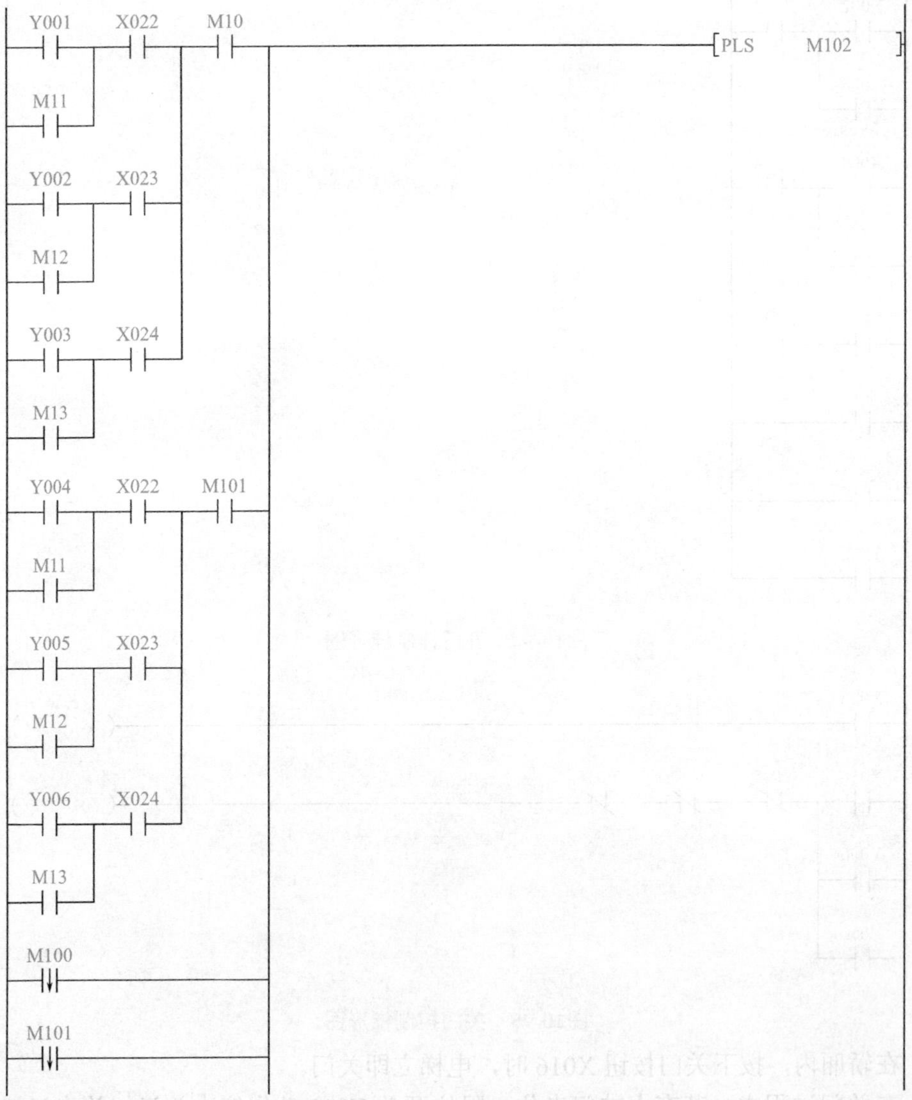

图10-96　停止信号梯形图

电梯在下行过程中只接受下行呼叫信号和轿厢内选层信号，当有下行呼叫信号和轿厢内选层信号时，M101=1，M101 常开接点闭合。例如，1 楼有人按下上呼按钮，当电梯下行到最低层 1 楼时，M101 由 1 变成 0，M101 下降沿接点接通一个扫描周期，使 M102 发出一个停止脉冲。

（12）升降电机控制　升降电机控制梯形图如图 10-97 所示。

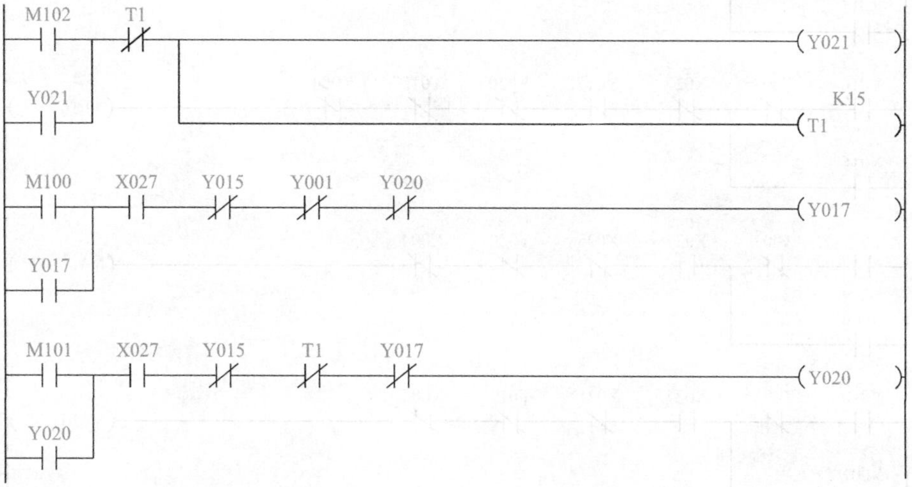

图10-97　升降电机控制梯形图

当上行信号 M100=1 时，门关闭后，关门限位开关 X027 闭合，Y017 得电，电梯上行，当某楼层有上行呼叫信号或轿厢内有选层信号时，M102 发出停止脉冲，接通 Y021，Y017 和 Y021 同时得电，升降电机低速运行，定时器 T1 延时 1.5s 断开 Y017 和 Y021，电梯停止。

如果轿厢停止到某楼层时，楼上已经没有上行或轿厢选层信号，则 M100=0，但是 Y017 自锁，此时停止脉冲 M102 接通 Y021，Y017 和 Y021 同时得电，升降电机低速运行，定时器 T1 延时 1.5s 断开 Y017 和 Y021，电梯停止。

（13）手动检修控制方式　手动检修控制方式 PLC 控制梯形图如图 10-98 所示。

电梯一般需要定期检修，当开关 S_1 动作时，S_1 常闭接点断开门厅呼叫按钮 $SB_4 \sim SB_{11}$，门厅呼叫信号无效，输入继电器 X000 ～ X007 可以另做他用，S_1 常开接点接通检修用的控制电路。S_1 另一常开接点接通 X017。

X017 常开接点闭合，执行跳转指令 CJ P1，跳过乘客控制方式和司机控制方式梯形图。X017 常闭接点断开，不执行跳转指令，而手动梯形图被执行。

X000 用于电梯上行控制，X001 用于电梯下行控制，X002 用于电梯低速运行，X003 用于点动联动控制，X004 用于停止控制。

（14）五层电梯控制总图　电梯控制总梯形图如图 10-99 所示。

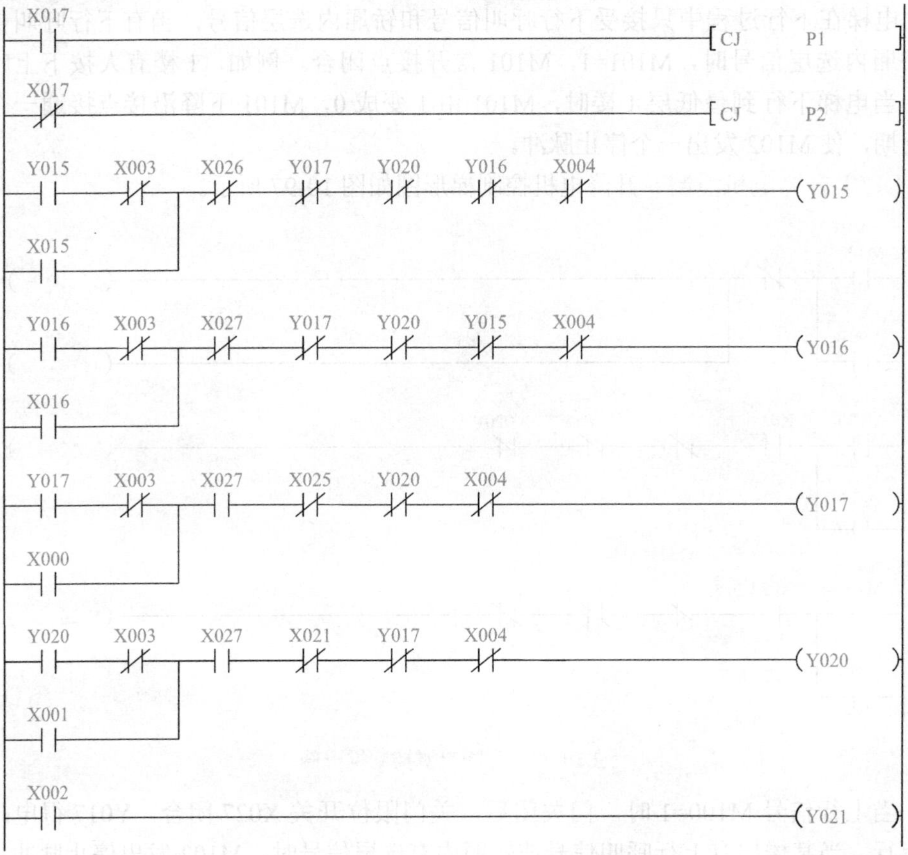

図10-98　手动检修控制方式梯形图

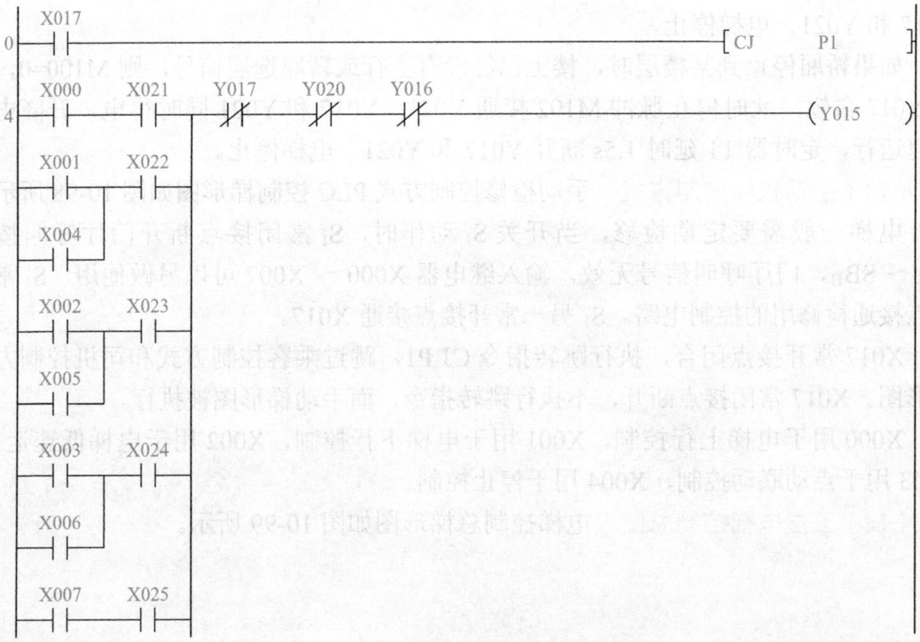

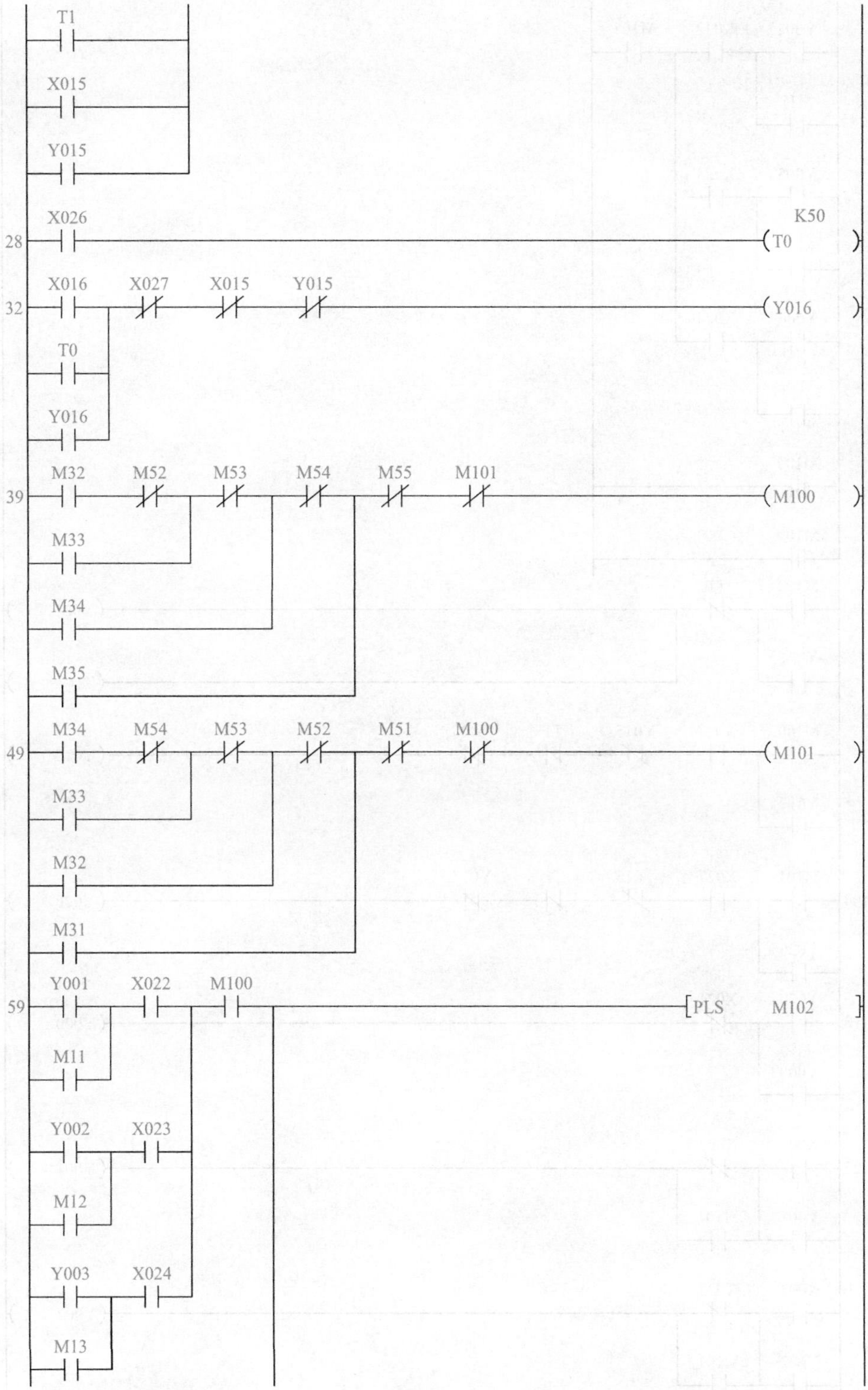

图10-99

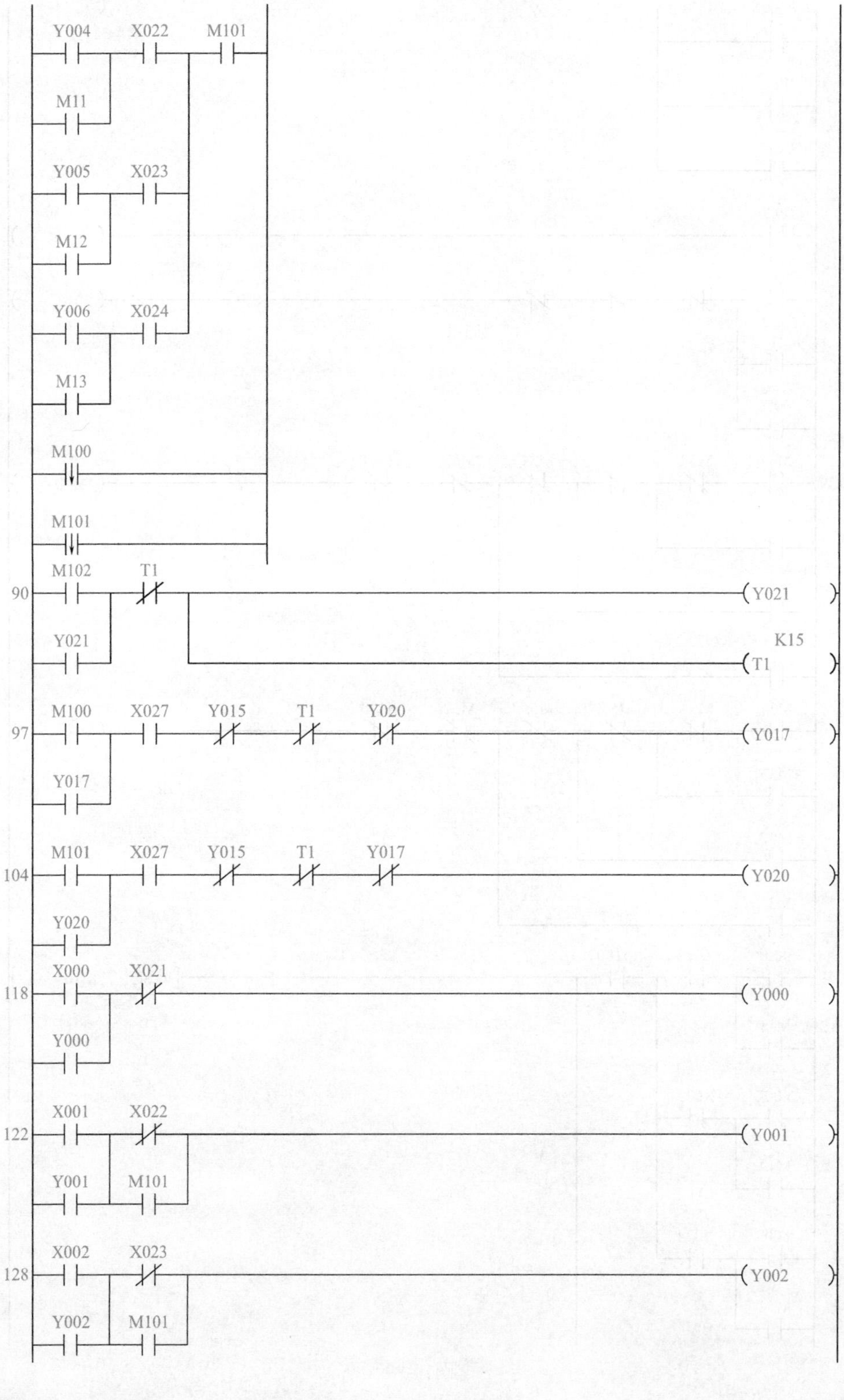
Y004
X022
M101
M11
Y005
X023
M12
Y006
X024
M13
M100
M101
M102
T1
90
Y021
Y021
K15
T1
M100
X027
Y015
T1
Y020
97
Y017
Y017
M101
X027
Y015
T1
Y017
104
Y020
Y020
X000
X021
118
Y000
Y000
X001
X022
122
Y001
Y001
M101
X002
X023
128
Y002
Y002
M101

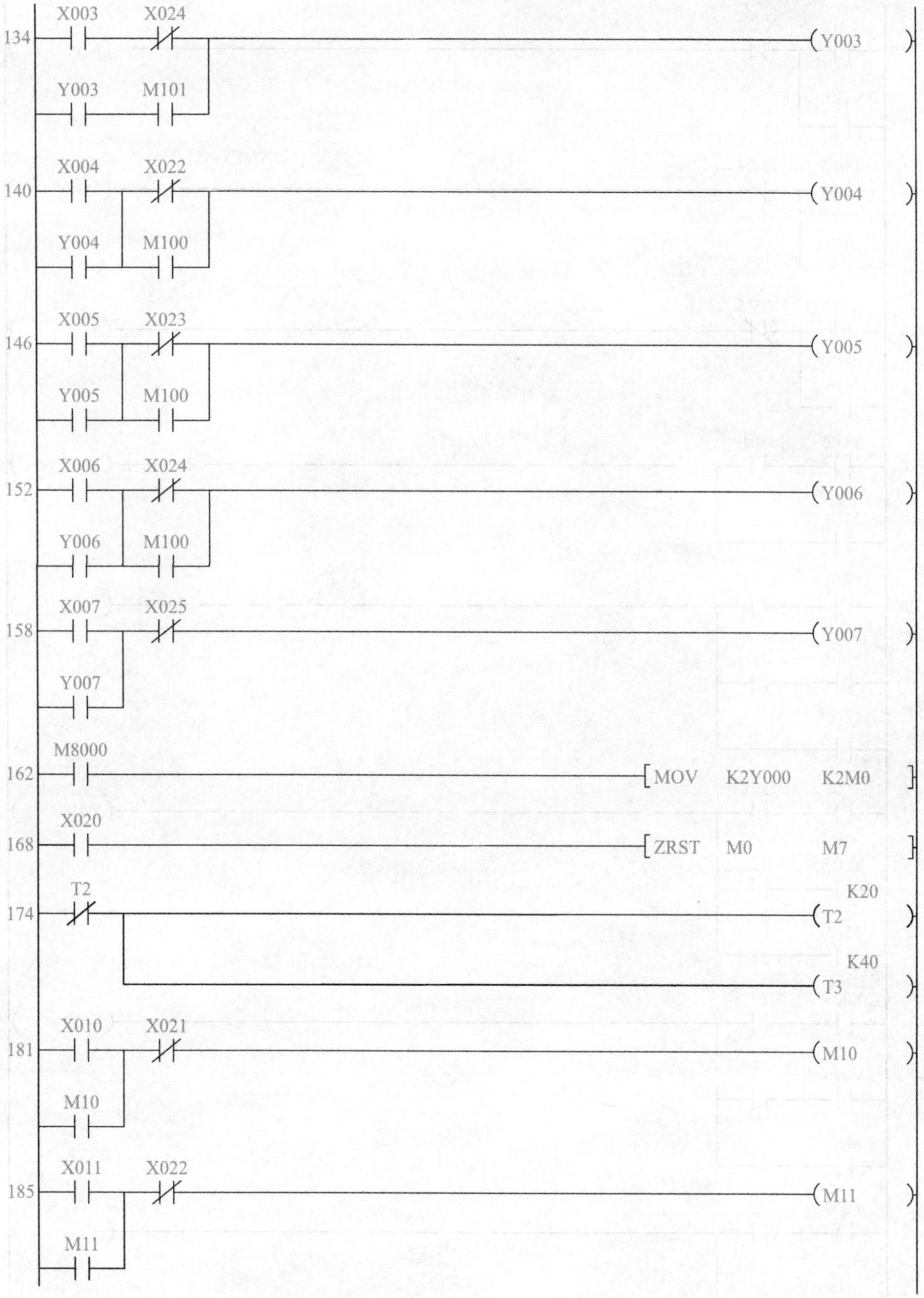

图10-99

```
        X012   X023                                      ( M12 )
189     ┤├────┤/├──────────────────────────────────────
        M12
        ┤├

        X013   X024                                      ( M13 )
193     ┤├────┤/├──────────────────────────────────────
        M13
        ┤├

        X014   X025                                      ( M14 )
197     ┤├────┤/├──────────────────────────────────────
        M14
        ┤├

        Y000   M8013                                     ( Y010 )
201     ┤├────┤├────────────────────────────────────────
        M10
        ┤├

        Y001   M8013                                     ( Y011 )
205     ┤├────┤├────────────────────────────────────────
        Y004   T2
        ┤├────┤├
        M11
        ┤├

        Y002   M8013                                     ( Y012 )
212     ┤├────┤├────────────────────────────────────────
        Y005   T2
        ┤├────┤├
        M12
        ┤├

        Y003   M8013                                     ( Y013 )
219     ┤├────┤├────────────────────────────────────────
        Y006   T2
        ┤├────┤├
        M13
        ┤├

        Y007   T2                                        ( Y014 )
226     ┤├────┤├────────────────────────────────────────
        M14
        ┤├
```

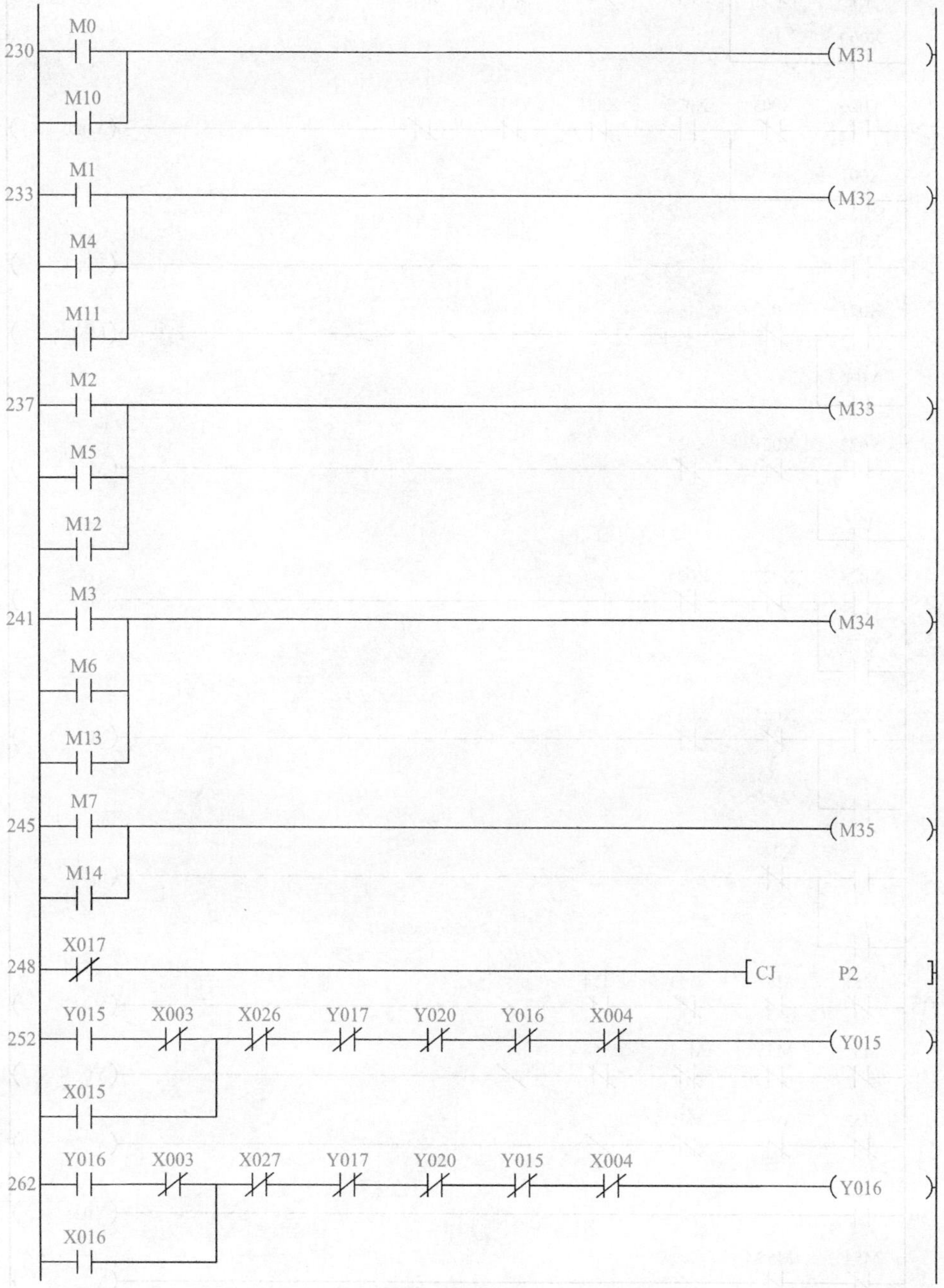

图10-99

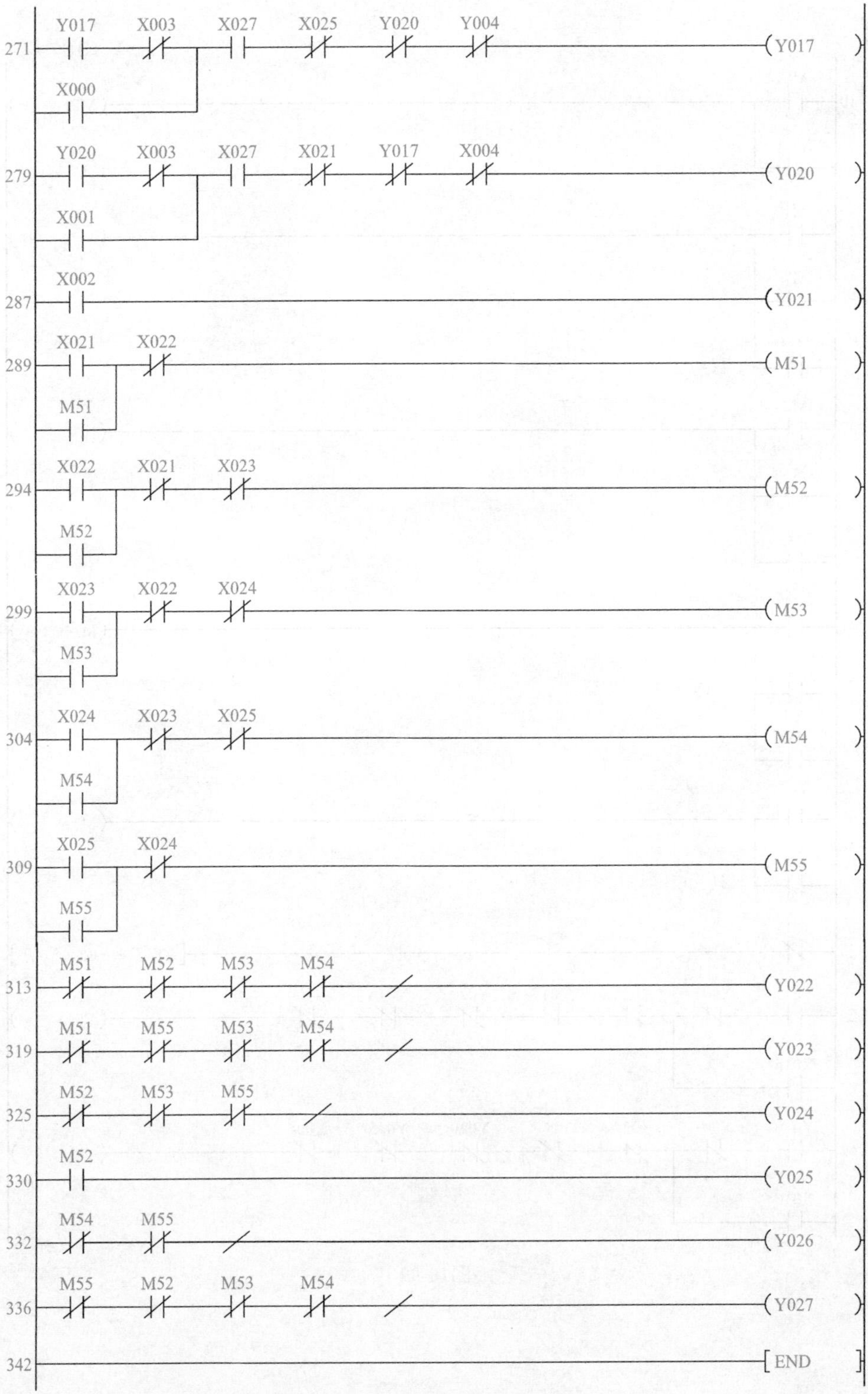

图10-99　电梯控制总梯形图

参考文献

［1］三菱电机. 三菱FX3U FX3UC系列微型可编程控制器编程手册（基本应用指令说明书），2005.

［2］三菱电机. FX3U FX3UC系列微型可编程用户手册（模拟量控制篇），2006.

［3］三菱电机. GX Developer版本8操作手册，2010.

［4］李金城. 三菱FX2NPLC功能指令应用详解. 北京：电子工业出版社，2011.

［5］陈苏波，陈伟欣. 三菱PLC快速入门与实例提高. 北京：人民邮电出版社，2008.

参考文献

[1] 李明华. 基于UEXU3C平台的嵌入式系统设计与开发. 北京：电子工业出版社，2008.

[2] 王志刚. UEXU3C嵌入式Linux应用开发. 北京：机械工业出版社，2006.

[3] 刘建国. QX Developer使用手册. 北京，2010.

[4] 张晓峰. 单片机与接口技术. 北京：电子工业出版社，2011.

[5] 陈国良. 嵌入式系统原理与应用. 北京：人民邮电出版社，2008.